"十四五"职业教育国家规划教材

网页设计与制作

HTML5+CSS3+JavaScript

第 5 版 | 微课版

Web Design with HTML5, CSS3 and JavaScript

赵丰年 / 编著

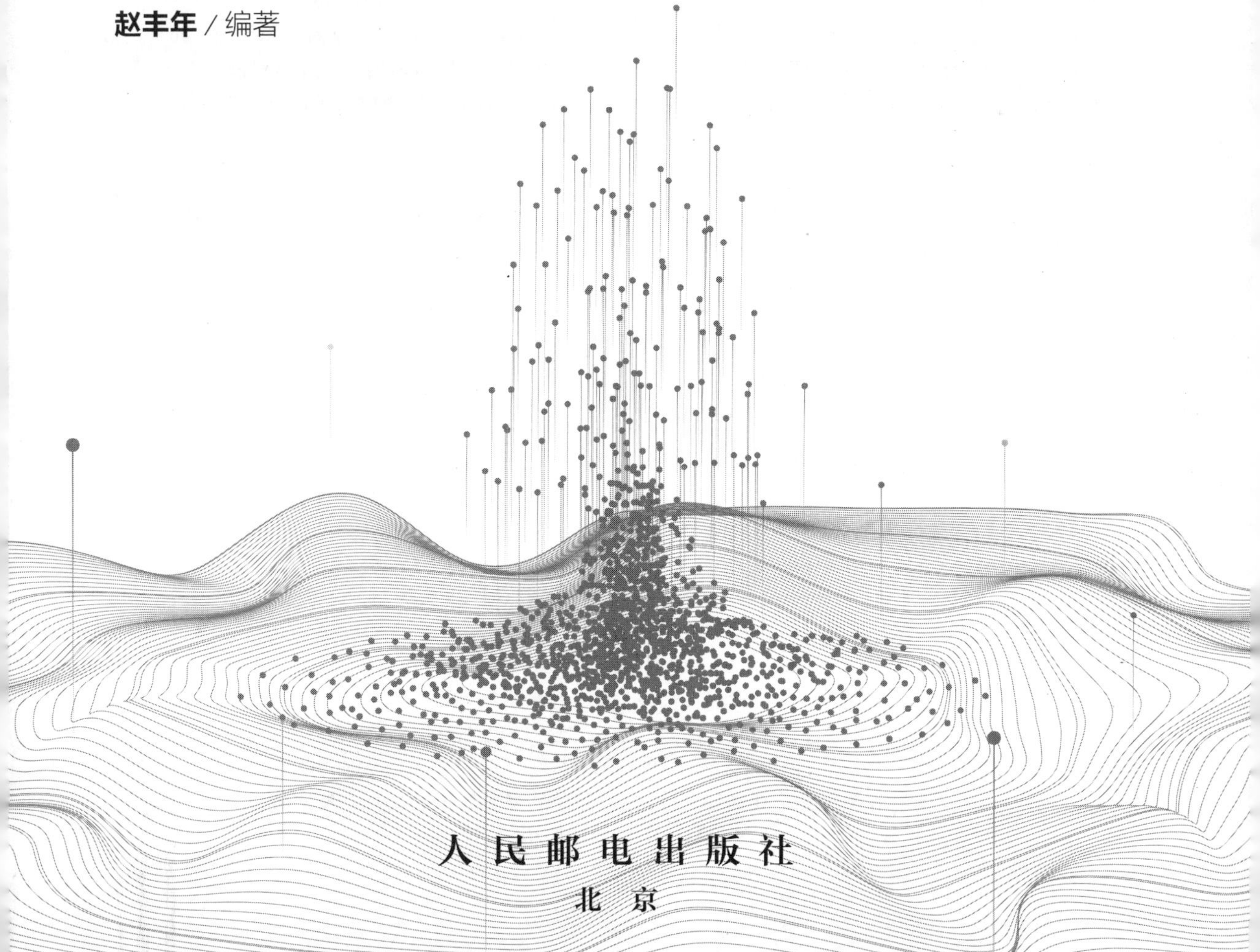

人民邮电出版社

北京

图书在版编目（CIP）数据

网页设计与制作 : HTML5+CSS3+JavaScript : 微课版 / 赵丰年编著. -- 5版. -- 北京 : 人民邮电出版社, 2024.6

工业和信息化精品系列教材

ISBN 978-7-115-63983-7

Ⅰ. ①网… Ⅱ. ①赵… Ⅲ. ①超文本标记语言－程序设计－教材②网页制作工具－教材③JAVA语言－程序设计－教材 Ⅳ. ①TP312②TP393.092

中国国家版本馆CIP数据核字(2024)第056113号

内 容 提 要

本书系统全面地介绍网页制作和前端开发技术的基本理论和实际应用。全书共 10 章，从逻辑上可分为三大部分。前 5 章为第 1 部分，主要介绍网页制作的基本技术——HTML 和 CSS，同时介绍 Photoshop 在网页制作过程中的应用；第 6 章和第 7 章为第 2 部分，主要介绍 CSS 技术的高级应用技巧和 JavaScript 编程，并对各种常见的前端开发技术进行系统梳理；最后 3 章为第 3 部分，其中，第 8 章从心理学和设计理论视角介绍如何进行网页设计，第 9 章介绍如何使用 Dreamweaver 制作网页，第 10 章则从项目实践的角度介绍如何设计和开发网站，使读者能够在具体应用中巩固所学知识。

本书以实用为基本出发点，不仅包括各种网页制作和前端开发技术的基础理论，还强调了它们的具体应用，使读者既能打下坚实的理论基础，又能掌握实际的操作技能。本书绝大部分内容经过了长期的教学检验，重点突出、详略得当。本书可作为高等院校、成人高校和培训班的“网页制作”和“前端开发”等课程的教材或参考书，也适合广大网页设计爱好者或相关从业人员自学使用。

◆ 编　　著　赵丰年
　责任编辑　赵　亮
　责任印制　王　郁　焦志炜

◆ 人民邮电出版社出版发行　　北京市丰台区成寿寺路 11 号
　邮编　100164　　电子邮件　315@ptpress.com.cn
　网址　https://www.ptpress.com.cn
　大厂回族自治县聚鑫印刷有限责任公司印刷

◆ 开本：787×1092　1/16
　印张：19.25　　　　2024 年 6 月第 5 版
　字数：571 千字　　　2025 年 6 月河北第 7 次印刷

定价：69.80 元

读者服务热线：(010)81055256　印装质量热线：(010)81055316

反盗版热线：(010)81055315

第5版前言

“花开花落，花落花开。少年江湖老，红颜鬓边白。”本书第 1 版付梓至今已经 20 余年。在此期间，本书受到了广大读者欢迎，目前累计印量已超 20 万册，两次入选教育部普通高等教育国家级规划教材，长期被选为北京市高等教育自学考试指定教材，2022 年入选职业教育国家规划教材。

党的二十大报告指出，教育、科技、人才是全面建设社会主义现代化国家的基础性、战略性支撑。必须坚持科技是第一生产力、人才是第一资源、创新是第一动力，深入实施科教兴国战略、人才强国战略、创新驱动发展战略，开辟发展新领域新赛道，不断塑造发展新动能新优势。

随着移动互联网的蓬勃发展和技术的进步，原书的很多内容已经显得陈旧和过时，不能体现技术的发展。为此，笔者根据自己多年来的“游戏化教学设计”学术研究和其他多位教师的共同教学实践，在保留原书特色的基础上，对本书进行了修订及升级。

本书内容可以分为三大部分：第 1 部分是“网页制作基础”，包括前 5 章，第 1 章介绍 HTML5 基础，第 2 章介绍文本格式与超链接，第 3 章介绍 CSS3 基础，第 4 章介绍图像，第 5 章介绍表格与表单；第 2 部分是“前端开发核心技术”，包括第 6 章和第 7 章，第 6 章介绍 CSS3 进阶，第 7 章介绍 JavaScript 与前端开发技术；第 3 部分是“综合提高”，包括最后 3 章，第 8 章介绍网页设计基础，第 9 章介绍用 Dreamweaver 制作网页，第 10 章介绍综合项目实践。

本书具有以下特点。

- 学思结合、立德树人。本书将知识教育与素质教育相结合，让读者在学习专业技能的同时，了解我国的先进技术发展、优秀传统文化等，引导读者树立正确的价值观，提升民族自豪感。

- 重点突出、讲解精练。本书不求面面俱到，但力争将网页设计与前端开发涉及的各种基本知识、原则和操作都介绍得清楚透彻。

- 实例贯穿、简明实用。根据“做中学”的原则，本书对每一个知识点都通过具体的典型实例来说明，使读者可以尽快掌握知识和技能的关键部分。

- 形式合理、适合教学。除了合理的知识点分布以外，本书大部分章节还提供了丰富的习题（包括个人实验、小组实验等）供读者练习。“综合实践”类题目提供了很大的自由发挥空间，适合想进一步提高的读者。

读者在使用本书时可以参考以下原则。

- 实战驱动。“纸上得来终觉浅，绝知此事要躬行。”读者可以把本书当作电子游戏的“攻略”，只在必要时参考，更多的时候应该是开发真实项目。如果是在教学场景中使用本书，强烈建议读者组成 3～6 人的异质开发团队，各展所长，在交流与合作中共同进步。如果是个人自学，也建议从一开始就着手做一个自己感兴趣的网站，边学边练，学以致用。

- 分散学习。网页设计和前端开发这种活动，是类似于玩电子游戏的一种体验，很容易“上瘾”。然而过犹不及，很多时候如果一时解决不了一些技术难题，最好的策略是暂时放手，灵感很可能在你散步、洗澡时突然出现，让你茅塞顿开。大脑的基本特点之一就是“喜新厌旧”，一天连续学习 8 小时，或许效果远远不如学习 4 天、每天两小时。

- 自成目的。人生苦短，当下的体验质量才是人生幸福的关键衡量指标（这是笔者玩了几十年、研究了 10 余年电子游戏得出的结论）。本书也正是在这种“游戏”的心态下写成的。如果读者能在学习前端开发和使用本书的过程中，也获得类似的“心流”体验（就是那种心无旁骛、意识不到时间存在、行云流水般的感觉），就已经获得了当下的“成功”。

本书是笔者 20 余年教学、研究、写作、开发和“游戏”的结晶，希望对读者有所帮助。如果能在推动教学改革方面起到些许作用，笔者就更感欣慰了。由于笔者水平有限，书中难免有疏漏之处，敬请各位读者指正（来信请发送至 zhaofengnian@263.net 或 zhaofn@bit.edu.cn）。本书提供了源代码、教学 PPT、微课视频、习题参考答案、试题库等配套资源，读者可以扫描封底二维码或登录人邮教育社区（www.ryjiaoyu.com）下载查看。

课程简介

编者

2024 年 2 月

目录 CONTENTS

第1章

第2章

第3章

第4章

第5章

第6章

第7章

第8章

第9章

第10章

附录1

附录2

附录3

第1章 HTML5基础

01

HTML 用于创建网页的基本结构，其关键概念是标记符和属性。学习完本章内容之后，读者将可以使用基本的标记符和属性，构建出单个的网页。

【知识目标】

1. 理解 Internet、WWW、网站和网页的概念及基本原理。
2. 理解 HTML 标记符和属性的语法规则。
3. 理解基于 Web 标准的网站开发。
4. 掌握<html>、<head>、<title>、<meta>和<body>等标记符的用法。
5. 掌握 HTML 中注释和特殊字符的添加方法。

【技能目标】

1. 掌握使用“记事本”和浏览器创建网页和测试网页的基本流程。
2. 掌握使用<html>、<head>、<title>、<meta>和<body>等标记符创建基本网页结构的方法。
3. 掌握在网页中添加内容（包括文本、图像、注释和特殊字符等）的基本过程。
4. 学会综合应用各种标记符和属性，创建内容完整的网页。

【素养目标】

1. 通过理解 Internet、WWW、网站和网页的概念和原理，提升自身的信息素养。
2. 通过实践，强化运用信息技术解决问题的能力。
3. 通过制作具有传统文化元素的人物介绍网页，领会“做中学”的职业发展理念，同时建立对传统文化的认同感。

1.1 什么是 HTML

本节首先介绍与网页有关的一些基本常识，然后介绍 HTML 的基本工作原理，接着介绍如何用“记事本”创建、编辑网页，以及如何测试网页，最后介绍了比较常见的网页编辑工具。

HTML 基本概念

1.1.1 网页的基本概念

1. Internet 与 WWW

通俗地讲，Internet 就是许多不同功能的计算机通过线路连接起来组成的一个世界范围内的网络。

从网络通信技术的角度看，Internet 是一个以传输控制协议/互联网协议（TCP/IP）连接各个国家、各个地区、各个机构的计算机网络的数据通信网。从信息资源的角度看，Internet 是一个集各个部门、各个领域的各种信息资源为一体，供网上用户共享的信息资源网。

说明 网络是指多台计算机通过特定的连接方式构成的一个计算机的集合体；而协议（protocol）则可以理解为网络中的设备在“打交道”时共同遵循的一套规则，即以何种方法获得所需的信息。

Internet 能提供的服务包括万维网（World Wide Web，WWW）服务（即网页浏览服务）、电子邮件服务、即时消息传送（如 QQ、微信等）、文件存储与传输（如各种云服务等）、网上购物、网络炒股、网络游戏等。

由此可见，WWW 并不就是 Internet，它只是 Internet 提供的服务之一。不过，它确实是现在 Internet 上发展得最为蓬勃的部分。相当多的其他 Internet 服务都是基于 WWW 服务的，例如网上聊天、网上购物、网络炒股等。我们平时所说的网上冲浪，其实就是指利用 WWW 服务获得信息并进行网上交流。

2. WWW 与浏览器

那么，什么是 WWW 呢？从术语的角度讲，WWW 是由遍布在 Internet 上的称为 Web 服务器的计算机组成的，它将不同的信息资源有机地组织在一起，让用户可以通过“浏览器”进行信息的浏览。

如果读者熟悉网上的各种操作，那么应该清楚地了解到：获取任何一种 Internet 服务都需要相应的客户端程序。例如，要收发电子邮件，最常使用的就是 Outlook 或 Foxmail 之类的电子邮件客户端程序；要进行网上即时信息传递，只要安装了微信或 QQ 等即时通信程序即可；要上网浏览，则应使用“浏览器”作为客户端程序。

网上冲浪的基本工作原理如图 1-1 所示。

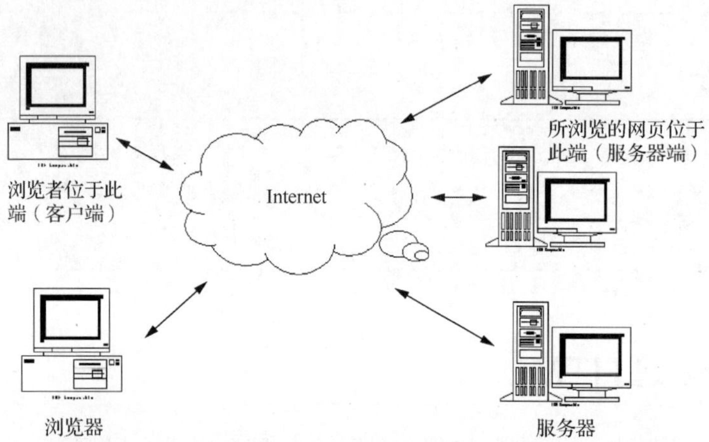

图 1-1　网上冲浪的基本工作原理

当用户连接到 Internet 后，如果在浏览器上输入一个 Internet 地址（实际上是对应一个网页）并按【Enter】键，相当于要求显示该 Internet 地址上的某个特定网页。首先这个“请求”被浏览器通过网线等传输介质传送到网页所在的服务器（Server）上，然后服务器做出“响应”，再通过传输介质把用户请求的网页传送到用户所在的计算机，最后由浏览器进行显示。当用户在网页中操作时（例如单击超链接），如果需要请求其他网页，则这种“请求”又会通过传输介质传送到提供相应网页的服务器，由服务器做出响应。

通过这个过程，浏览器和服务器之间建立了一种交互关系，使浏览者可以访问位于世界各地计算机（服务器）上的网页。在图 1-1 中，我们作为浏览者是位于浏览器端，或者说是客户端的；而 Internet 的另一端则包含大量的用于提供信息服务的服务器，它使我们能够访问形形色色的网页。这些位于相同或不同计算机上的网页通过超链接组织在一起，于是形成了像蜘蛛网一样的 WWW 系统。

根据以上说明可以看出，浏览器是获取 WWW 服务的基础，它的基本功能就是对网页进行显示。目前使用比较广泛的浏览器有 Chrome、Safari、Edge 和 Firefox 等。本书以 Chrome 作为默认浏览器。

3. 网站与主页

前面已经说过，WWW 是由无数的 Web 服务器构成的，我们通过浏览器访问这些服务器上的网页，不同的网页通过超链接联系在一起，构成了 WWW 的纵横交织结构。

当然，网页与网页之间的关系并不是完全相同的。通常我们把一系列逻辑上可以视为一个整体的网页叫作网站，或者说，网站就是一个链接的网页集合，它具有共享的属性，例如相关主题或共同目标。

说明 **网站的概念是相对的，大可以大到“新浪网”这样的门户网站，网页多得无法计数，而且位于多台服务器上；小可以小到一些个人网站，可能只有零星几个网页，仅在某台服务器上占据很小空间。**

“主页”是网站中的一个特殊网页，它是作为一个组织或个人在 WWW 上开始点的网页，其中包含指向其他网页的超链接。通常主页的名称是固定的，一般叫作 index.htm 或 index.html 等（后缀.htm 或.html 表示 HTML 文件）。

4. 网站中的各种文件

任何一个网站都是由若干个文件组成的，包括网页文件、图像文件等多种类型。这些文件通过一定的方式以文件夹的形式组织起来，构成了网站的根文件夹。表 1-1 列出了网站中各种常用文件类型的扩展名。

表 1-1 网站中常用文件的扩展名

文件扩展名	说明
.htm，.html	HTML 文件，即网页文件
.css	CSS 文件，即层叠样式表文件，用于设置网页内容的显示格式
.js	JavaScript 文件，通过程序的方式实现特定的功能
.gif，.jpg，.png	图像文件
.swf	Flash 文件
.wav，.mp3	音频文件
.mp4，.mov，.avi	视频文件

1.1.2 HTML 的工作原理

1. 网页的 HTML 本质

如果在 Chrome 浏览器中，打开任意一个网页（例如“淘宝网”首页），然后在窗口中的空白位置单击鼠标右键，在弹出的快捷菜单中选择“查看网页源代码”命令，则系统会显示图 1-2 所示的网页的源文件信息。

这些文本其实就是网页的本质——HTML 源代码。超文本标记语言（HyperText Markup Language，HTML）是表示网页的一种规范（或者说是一种标准），它通过标记符定义了网页内容的显示。例如，用 <table> 标记符可以在网页上定义一个表格。

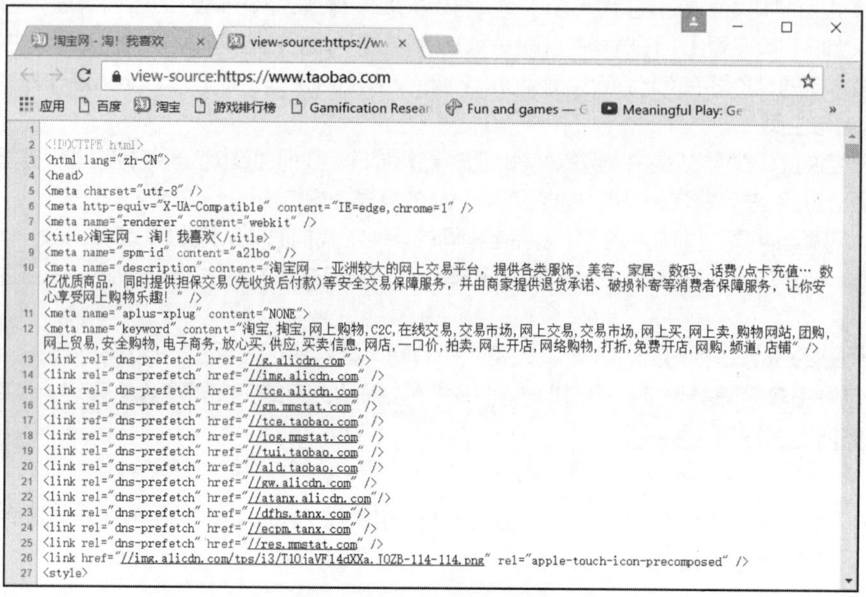

图 1-2　网页的源文件信息

说明　超文本是相对普通文本而言的，与普通文本按顺序定位不同，超文本最典型的特点就是文本中包含指向其他位置的链接，通过这些链接将文档组织成了网状结构，如图 1-3 所示（这实际上也是 WWW 信息组织的基本原理）。例如，我们可以把常规意义上的书本理解为普通文本，而把由超链接组织起来的电子文档理解为超文本。

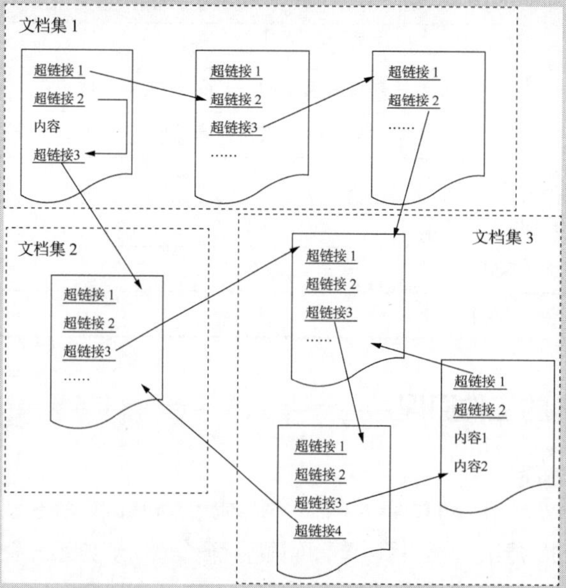

图 1-3　超文本示意图

在 HTML 文件中，使用标记符可以“告诉”浏览器如何显示网页，即确定内容的显示格式。浏览器按顺序读取 HTML 文件，然后根据内容周围的 HTML 标记符解释和显示各种内容。例如，如果为某段内容添加<h1></h1>标记符，则浏览器会以比一般文字大的粗体字显示该段内容，如图 1-4 所示。

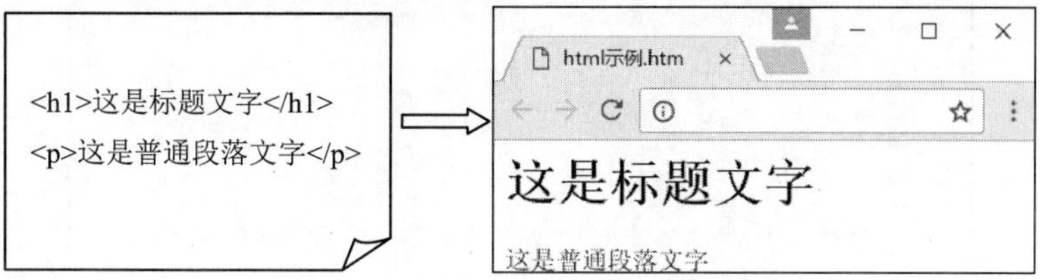

图 1-4　使用 HTML 标记符控制内容的显示

HTML 中的超文本功能，也就是超链接功能，使网页之间可以链接起来。网页与网页的链接构成了网站，而网站与网站的链接就构成了多姿多彩的 WWW。

HTML 由国际组织万维网联盟（W3C）制定和维护，随着技术的发展，W3C 不断推出新的版本。具有里程碑意义的 HTML 版本包括 HTML3.2、HTML4.0/4.01、XHTML1.0/1.1、HTML5 等。如果需要了解 HTML 的更详细的情况，请访问 W3C 的官方网站，从该网站中可以获得最新的 HTML 规范。

> **说明**　本书将以 HTML5 为基础进行讲解。

2. 关于 Web 标准

不管是设计何种类型的网站，一般都应遵循基于 Web 标准的开发原则。Web 标准由三大部分组成，以体现 Web 开发的整体性和结构化。这三大部分是结构（Structure）、表现（Presentation）和行为（Behavior）。

- 结构：对网页信息内容进行整理和分类。用于结构化设计的 Web 标准技术包括 HTML、XML 和 XHTML。
- 表现：对被结构化的信息进行显示控制。用于 Web 设计的标准技术是层叠样式表（Cascading Style Sheets，CSS，也称串联样式表或级联样式表），具体内容见本书第 3 章、第 6 章。
- 行为：对文档内部模型进行定义，用于控制动态交互内容。这部分标准技术包括文档对象模型（Document Object Model，DOM）、浏览器对象模型（Browser Object Model，BOM）和脚本程序语言 JavaScript 等，具体内容见本书第 7 章。

1.1.3　创建和测试网页

由于 HTML 文件的实质是纯文本文件，因此可以用任何纯文本编辑器编辑 HTML 文件，如可以使用 Windows 系统中的“记事本”程序；编写完毕之后，可以用任意浏览器对网页进行简单的测试。

网页制作操作

1. 创建网页

使用“记事本”创建网页的步骤如下。

（1）在 Windows（本书以 Windows 10 为例）中启动“记事本”程序。

（2）在“记事本”的窗口中输入 HTML 代码。

（3）输入代码结束后，选择“文件”菜单中的“保存”或“另存为”命令，弹出“另存为”对话框。

（4）在“文件名”框中输入网页的名称，注意文件名必须以.htm 或.html 为扩展名，如图 1-5 所示。如果必要，可定位到特定的目录。

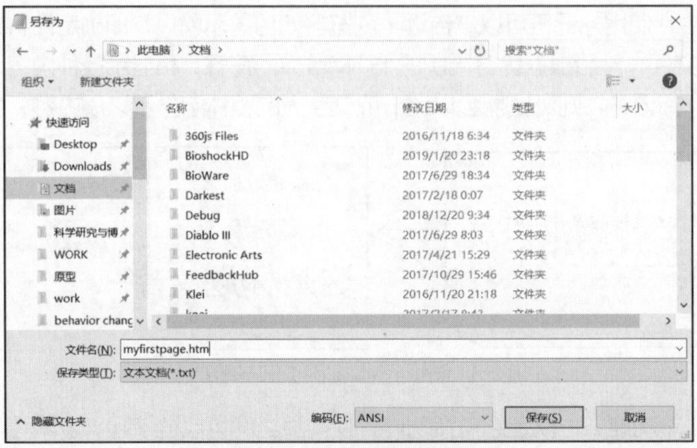

图 1-5　将文本文件保存为 HTML 文件

说明　网页的文件名中最好只包括英文字母、数字和下画线字符(_)。在中文操作系统中，也可以使用中文字符作为文件名，但不要包括诸如引号之类的特殊字符。需要特别强调的是，文件的命名和其他需要命名的地方一样，一定要让名称具有清楚明确的含义，而不要用一些让人可能无法理解其含义的字符序列。例如，文件名 xinqiji.htm 很容易被人理解为是与“辛弃疾”相关的网页，而 file1.htm 则是个抽象的名称，令人无法判断该文件的内容。又例如，yumeiren_liyu.jpg 是一个有明显含义的文件名，而 1952007154940_1.jpg 则是个无法判断其内容的文件名。

(5)单击“保存”按钮，即创建出了一个网页。

2. 测试网页

保存网页之后，在所选择的文件夹中将包含我们所创建的网页文件。该网页文件名称左边有一个图标(或者是其他当前计算机上默认浏览器的图标)，表示可以由 Chrome 将其打开。找到刚创建的网页文件并双击，则可以自动启动 Chrome 浏览器，此时所创建网页中的内容将在浏览器中显示。

一般情况下，浏览器可以正确显示所有 HTML 代码。如果浏览器不能按照我们的预想进行显示，则表示编写的 HTML 代码有问题，应对代码进行修改。

最方便的修改代码方式是在网页文件名上单击鼠标右键，然后在弹出的快捷菜单中选择“打开方式 > 记事本”命令，如图 1-6 所示。此时 HTML 文件将在“记事本”中打开，可以在其中对代码进行编辑。更改了 HTML 文件之后，重新将其保存(注意只有在保存之后，所做的更改才能生效)。再次在 Chrome 中打开相应网页文件，则可以看到更改后的页面效果。如此反复进行，即可以正确地对网页进行测试。

图 1-6　快捷菜单

1.1.4 网页编辑工具

除了使用像“记事本”这样的纯文本编辑器直接进行 HTML 代码编辑以外，制作网页时还可以使用以下两类软件工具来提高工作效率。

第一类工具叫作“HTML 编辑器”。它是把 HTML 代码编辑工作简化的一种工具，主要适用于手动编写 HTML 代码的场合。常见的“HTML 编辑器”包括 VS Code、Notepad++、Sublime Text、UltraEdit 和 Xcode（适用于 macOS）等。

第二类工具叫作“所见即所得的网页编辑器”。它是把 HTML 代码编辑工作用可视化的方式实现的一种工具。这是应用非常广泛的一类网页制作工具，尤其适合初学者使用。最常见的“所见即所得的网页编辑器”是 Dreamweaver，本书将在第 9 章介绍如何使用它来制作网页。

1.2 创建网页

本节介绍 HTML 的基本语法和网页中最基本的几个标记符，并相继介绍创建网页时需要考虑的一些基本问题，包括添加文本、图像等内容、添加注释、添加特殊字符等。

1.2.1 标记符基础

HTML 是影响网页内容显示格式的标记符集合，浏览器根据标记符决定网页的实际显示效果。

1. 基本的 HTML 语法

HTML 的语法比较简单，即使没有任何计算机编程语言（如 C、Java 等）的基础也很容易学。在 HTML 中，所有的标记符都用尖括号（<、>）括起来。例如，<html>表示 HTML 标记符。绝大多数标记符都是成对出现的，包括开始标记符和结束标记符，开始标记符和相应的结束标记符定义了标记符所影响的范围。结束标记符与开始标记符的区别是结束标记符在小于号之后有一条斜线。例如：

```
<h1>这里是标题</h1>
```

将以“标题 1”格式显示文字“这里是标题”，而不影响开始标记符和结束标记符以外的其他文字。

某些标记符，例如换行标记符
，只要求单一标记符，不需要结束标记符。

> **说明** HTML 标记符是不区分大小写的，也就是说，
、
 和
 都是一样的。但在 HTML5 中通常约定使用小写标记符，这有利于 HTML 文件的维护。

2. 标记符的属性

许多标记符还包括一些属性，以便对标记符作用的内容进行更详细的控制。实际上，有关 HTML 语法的讲解主要就是对各种标记符和相应的属性进行讲解。

> **说明** 属性是用来描述对象特征的特性。例如，一个人的身高、体重、性别就是人这个对象的属性；一个学生的学号、年级、专业等则是学生这个对象的属性。

在 HTML 中，所有的属性都放置在开始标记符的尖括号里，属性与标记符之间用空格分隔；属性的值放在相应属性之后，用等号分隔，并且一般用双引号包括（双引号必须成对出现）；而不同的属性之间用空格分隔。例如，在<a>标记符中使用 href 属性可以指定超链接的目标文件，使用 title 属性可以指定鼠标指针悬停到超链接上时的工具提示，HTML代码如下：

```
<a href="target.htm" title="点击有惊喜">超链接</a>
```

注意 HTML标记符和属性中的<、>、" "等字符都是英文字符，而不是中文字符。

3. HTML元素及其分类

HTML元素是指HTML标记符和其包含的内容，如图1-7所示。

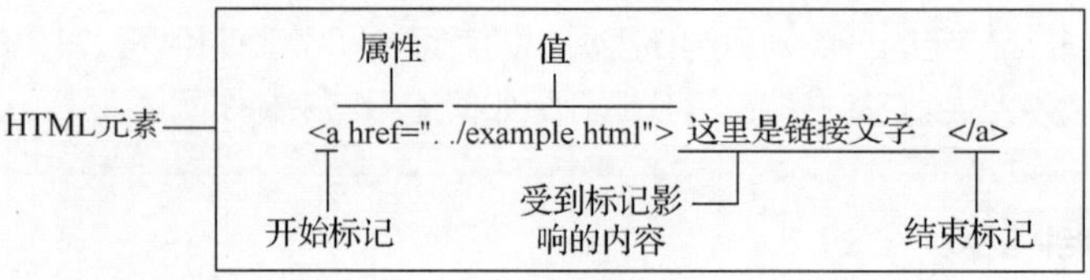

图1-7 HTML元素

HTML元素一般可以分为以下四大类。

- 顶级元素：html、head与body。
- 首部元素：放在head中的元素，包括title（标题）、style（样式）、link（相关文档）、meta（关于文档的数据）、base（文档URL）和script（客户端脚本）等。
- 块元素：相当于段落的元素，包括h1～h6（标题）、p（段落）、pre（预先设定格式的文本）、div（指定块）、ul、ol、dl（列表）、table（表格）与form（表单）等。HTML5中新增的article（文章）、section（分块）和nav（导航）等也是块元素。显示时，块元素总是另起一行，块元素后面的元素也另起一行。
- 行内元素：相当于块中的短语、单词和字符，包括a（锚点或超链接）、br（换行）、img（图像）、em（强调）、strong（重点强调）、sub（下标）、sup（上标）、code（计算机代码）、var（变量名）和span（指定一个范围）等。

4. HTML全局属性

所有HTML元素都允许使用下列全局属性。

- id——用于唯一标识页面中的元素。文档中的所有的 id 都不能重复。
- class——指定元素的类。
- style——指定元素的样式。
- title——指定元素标题，可以用于在浏览器中显示工具提示（tooltip）。
- lang——指定元素内容的语言。

1.2.2 网页的基本结构

一个网页通常对应于一个HTML文件，通常以 .htm 或 .html 为扩展名。任何HTML文件都包含的基本标记符包括：HTML 标记符（<html>和</html>）、首部标记符（<head>和</head>），以及正文标记符（<body>和</body>）。

1. HTML标记符

<html>和</html>分别是网页的第一个和最后一个标记符，网页的其他所有内容都位于这两个标记符之间。这两个标记符告诉浏览器或其他阅读该网页的程序，此文件是一个网页文件。

虽然HTML标记符的开始标记符和结束标记符都可以省略（因为 .htm 或 .html 扩展名已经告诉浏

览器该文件为 HTML 文件），但为了保持完整的网页结构，建议包含该标记符。另外，HTML 标记符一般不包含属性，但有时会用 lang 属性指出网页内容所使用的语言。例如<html lang="zh-cn">表明网页所使用的语言是中文。

2. 首部标记符

首部标记符<head>和</head>位于网页的开头，其中不包括网页的任何实际内容，而是提供一些与网页有关的特定信息。例如，可以在首部标记符中设置网页的标题、定义层叠样式表（CSS）、插入脚本等。

首部标记符中的内容也用相应的标记符括起来。例如，CSS 定义位于<style>和</style>之间；脚本定义位于<script>和</script>之间。

（1）标题标记符

在首部标记符中，最基本、最常用的标记符是标题标记符<title>和</title>，用于定义网页的标题，它告诉浏览者当前访问的网页是关于什么内容的。网页标题可被浏览器用作书签和收藏清单。当网页在浏览器中显示时，网页标题将在浏览器窗口的标签中显示。由于网页标题一般是浏览者最先看到的部分，因此它要一目了然地告诉浏览者有关当前网页的信息。设置网页标题时必须采用有意义的内容，例如“新浪首页”，而不是用一个泛泛的内容如“首页”作标题。

例如，以下 HTML 代码在浏览器中的显示效果如图 1-8 所示。

```
<html>
<head>
  <title>这里是网页标题</title>
</head>
<body> 请看浏览器的标签部分。 </body>
</html>
```

注意 **本书的 HTML 代码中，使用黑体的内容是需要引起读者注意的部分。实际上，HTML 文件相当于文本文件，不包含任何字符格式设置。**

图 1-8 标题标记符的效果

（2）<meta>标记符

首部标记符中另一个比较常用的标记符是<meta>，它用于说明与网页有关的信息（meta 这个单词是“元”的意思，表示关于信息的信息）。例如，可以说明文件创作工具、文件作者等信息。

<meta>标记符的常用属性包括 name、http-equiv，以及 content。其中，name 属性给出特性名；content 属性给出特性值；http-equiv 属性指定 HTTP 响应名称，通常用于替换 name 属性，HTTP 服务器使用该属性值为 HTTP 响应消息头收集信息。

说明　HTTP是HyperText Transfer Protocol（超文本传输协议）的缩写，它是Internet上最常用的协议之一。

例如：

- <meta name="generator" content="microsoft frontpage 4.0">说明用于编辑当前网页的工具是FrontPage。
- <meta name="keywords" content="网页制作，HTML，CSS">说明当前网页中的关键词有"网页制作""HTML"和"CSS"。
- <meta name="description" content="网页爱好制作者的家，各种网页制作工具的介绍">对当前网页进行了描述。
- <meta http-equiv="Content-Script-Type" content="text/javascript">设置客户端行内程序的语言为 JavaScript。
- <meta http-equiv="Content-Style-Type" content="text/css">设置行内样式的样式语言为CSS。
- <meta http-equiv="Content-Type" content="text/html; charset=UTF-8">设置网页内容采用的字符集为UTF-8（即支持中文，可用于解决中文网页出现乱码问题）。本语句也可以直接使用HTML5支持的charset属性，写为 <meta charset="UTF-8">。

说明　由于搜索引擎会自动查找网页的 meta 值来给网页分类，因此要提高网页被搜索引擎检索上的概率，可以给每个关键网页都设置 description（站点在搜索引擎上的描述）和keywords（搜索引擎借以分类的关键词）。

3. 正文标记符

正文标记符<body>和</body>中包含了网页的具体内容，包括文字、图像、超链接以及其他各种HTML对象。

如果没有其他标记符修饰，正文标记符中的文字将以无格式的形式显示（如果浏览器窗口显示不下，则自动换行）。

例如，以下HTML代码在浏览器中的显示效果如图1-9所示。

```
<html>
<head> <title>正文标记符中的内容没有格式</title></head>
<body>
    正文，正文，正文，正文，
    正文，正文，正文，
    正文，正文
</body>
</html>
```

注意　在HTML较早的版本中，正文标记符包括一些属性，可用于设置网页背景颜色和图案，以及设置文档中文字和超链接的颜色等。例如，bgcolor属性可以指定网页的背景颜色，background属性可以指定网页的背景图案。但这种用法在HTML5中已经完全被废弃，任何与视觉效果有关的设置都应该使用CSS技术（详见本书的第3章与第6章）。

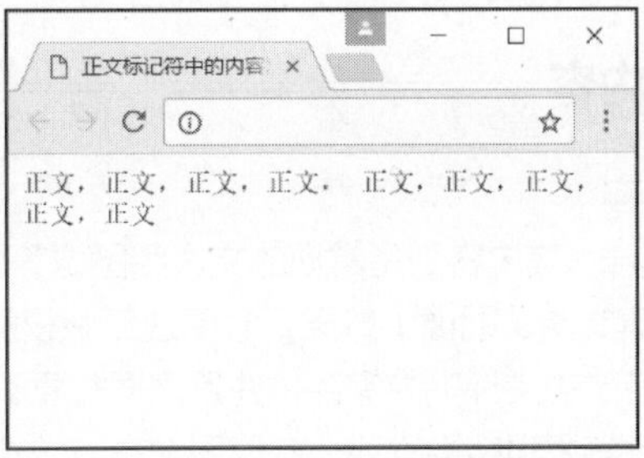

图 1-9　<body>标记符中的正文

4. 标记符的嵌套结构

从上面的介绍可以看出，<html>标记符包含了<head>标记符和<body>标记符，而<head>标记符又包含了<title>标记符，形成了一种嵌套关系。实际上，在 HTML 中，正是这种嵌套关系表明了网页内容之间的逻辑关系和结构层次。

如果一个标记符包含于另一个标记符之中，那么被包含的标记符称为“子标签”，包含的标记符称为“父标签”，如图 1-10 所示。该图中表示的元素嵌套关系说明网页最外层是<body>标记符（父标签）。接着是<h1>标记符，它相对于<body>是子标签，相对于<span>元素是父标签。最内层是<span>标记符（子标签），而位于标签之间的是文字内容。浏览器按照这个关系顺序解释 HTML 代码，最后将文字显示在浏览器的屏幕上。

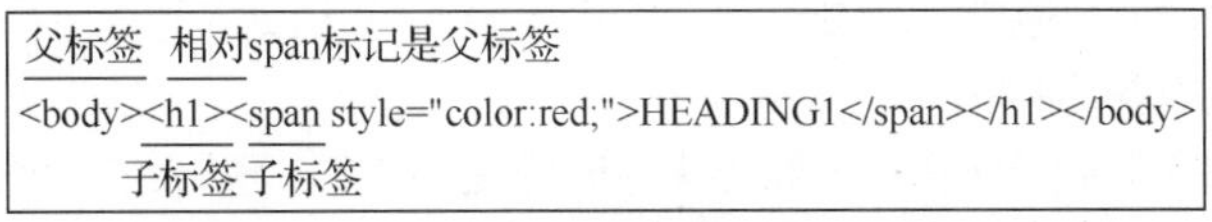

图 1-10　标记符的嵌套关系

嵌套结构规定每一个标记符必须闭合，表示一个有语义的网页内容标识。相互嵌套标记符必须能清楚地说明标记符之间的关系，开始标记符和结束标记符必须书写正确。例如，图 1-10 所示的代码，不能书写为：

```
<body><h1><span style=color:red>HEADING1</h1></span></body>
```

注意　**像这样有问题的代码，在大多数浏览器中却都能够正确地显示，可见浏览器在解释代码时并不十分严格，而是能智能地解析不正确的代码（即忽略某些“错误”代码）。但是，作为网页设计者，必须培养科学、严谨的工作作风，以编写出符合规范的网页代码。**

实际上，所有的 HTML 标记符根据其嵌套关系，可以形成图 1-11 所示的一种树状结构：最顶级元素是<html>，之下是<head>和<body>元素，<head>元素中包括<title>和<meta>等子元素，<body>元素中包括<h1>和<p>等块元素，块元素中可以包含<img>和<a>等行内元素。编写网页的过程，就是构造这种树状结构，并且向其中填写内容的过程。

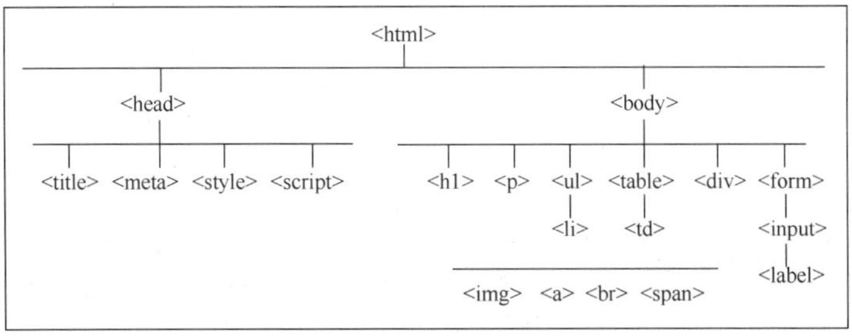

图 1-11　HTML 标记符的结构树

1.2.3 在网页中添加内容

1. 添加文本、图像等网页内容

网页的结构由 HTML 代码形成，其内容则是常规的文本和图像等。如果要制作网页，那么必须准备这些基本的素材。可以在网上搜集文本、图像（如果下载请注意版权问题）等资源，然后将收集到的文本资源和图像资源放置在计算机特定的文件夹中保存，并且根据需要不断地进行增删。

对于文本素材，如果需要保留其逻辑结构，那么应使用 Word 文档或 WPS 文档的格式，否则就直接用纯文本的 txt 格式。不管采用哪种格式，最终在网页编辑时都应放到“记事本”之类的纯文本编辑器中，去除所有格式信息，仅保留文本信息。对于多数文本，应放到<p>标记符中作为普通的段落。如果需要增加结构，则应使用<h1>等文档结构元素，具体请参见本书第 2 章。

对于图像素材，应使用合理的文件名进行保存（从网上下载的多数图像资源使用的都是类似“index.jpg”或“F001461SHgpJ001JiSHG.jpg”这种文件名，应将其更改为更有意义的文件名）。必要时，应使用图形图像处理软件进行加工，如消除水印等，具体请参见本书的第 4 章。

有了素材之后，就可以编辑 HTML 文件，将相应的内容通过各种标记符和属性放到网页中，如 1.3 节中的实例所示。

2. 添加注释

不论是编写程序还是制作网页，为代码添加注释都是一种良好的工作习惯。实际上，添加注释是任何程序开发工作必须遵循的规范之一。由于网站经常需要更新，因此创建的网页必须易于维护，而添加注释是增强代码可读性的重要手段。

HTML 代码的注释由开始标记符<!--和结束标记符-->构成，可以放在代码中的任何位置。这两个标记符之间的任何内容都将被浏览器解释为注释，而不在浏览器中显示。

例如，以下 HTML 代码在浏览器中的显示效果如图 1-12 所示。

```
<html>
  <head> <title>注释不在浏览器中显示</title> </head>
  <body> 正文，正文，正文 </body>
  <!-- 本行内容并不在浏览器中显示!  -->
</html>
```

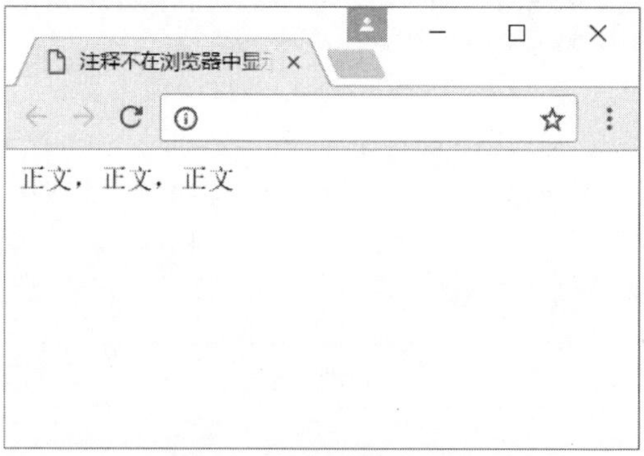

图 1-12 注释不在网页中显示

3. 添加特殊字符

如果需要在网页中显示某些特殊字符，如<、>等与 HTML 语法冲突的符号（浏览器会自动将<后的内容解释为 HTML 标记符），或×、∑、±等无法直接用键盘输入的符号，则需使用参考字符来表示，而不能直接输入。

参考字符以“&”号开始，以“;”结束，既可以使用数字代码，也可以使用代码名称。最常见的参考字符为 < 表示为<，> 表示为>，&表示为&，空格表示为 。有关参考字符完整的编码，请参见 w3school 中文网站上的相应页面，或者以“HTML 字符实体”“HTML 参考字符”等关键词在百度等网站上搜索。

注意 与 HTML 标记符不同，字符代码名称区分大小写。

例如，要在网页中显示内容“<Tom & Jerry> is a popular show.”，则需使用参考字符，相应的段落应写为：

```
<p> &lt;Tom &amp; Jerry&gt; is a popular show. </p>
```

1.3 综合实例：人物介绍网页

电子游戏是一种逐渐走向成熟的媒体形式和艺术形式，《古剑奇谭》是一款优秀的国产游戏，其中融合了大量传统文化元素，是古典文化与现代科技完美结合的典范。本节将制作一个图 1-13 所示效果的游戏人物介绍网页，作为对整章内容的总结和复习。

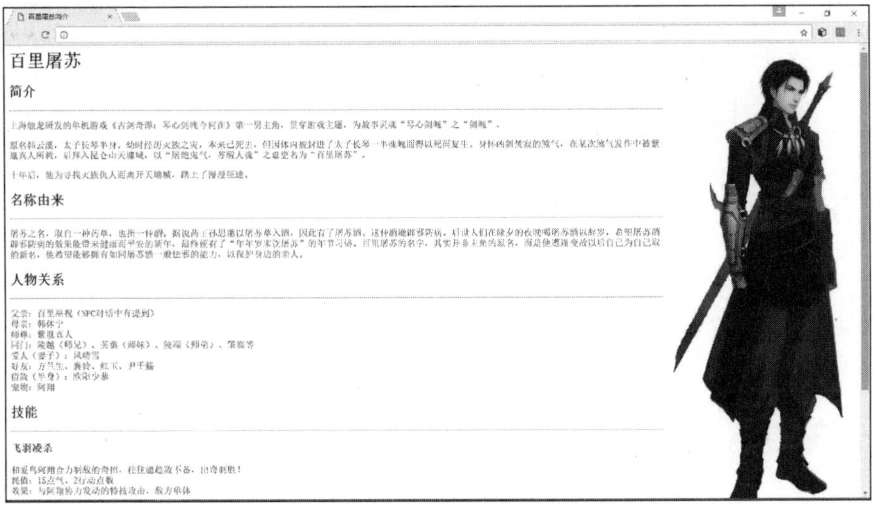

图 1-13 游戏人物介绍网页

在“记事本”中输入以下代码（请注意代码的层次关系和结构，尤其注意开始标记符和结束标记符的一一对应），并将其保存为 HTML 文件，同时确保网页文件所在的文件夹中包含“百里屠苏.jpg”这个图片文件。

```
 <html>
  <head><title>百里屠苏简介</title></head>
  <body>
  <h1>百里屠苏<img src="百里屠苏.jpg" align="right"></h1>
<!-- h1,h2,h3,...,h6 是标题标记符，用以表示网页中的大小标题，从而建立文档的逻辑结构 -->
<!-- img 标记符用于在网页中插入图片，src 属性指定目标文件，align 属性指定对齐方式 -->
  <h2>简介</h2>
  <hr>
```

```
<!-- hr 标记符用于生成一条水平线，常常用于作为内容的分割符 -->
    <p>上海烛龙研发的单机游戏《古剑奇谭：琴心剑魄今何在》第一男主角，贯穿游戏主题，为故事灵魂“琴心剑魄”之“剑魄”。</p>
<!-- p 标记符用于表示网页中的文本段落，一般而言所有的段落都应放到 p 标记符中 -->
    <p>原名韩云溪，太子长琴半身。幼时经历灭族之灾，本来已死去，但因体内被封进了太子长琴一半魂魄而得以死而复生。身怀凶剑焚寂的煞气，在某次煞气发作中被紫胤真人所救，后拜入昆仑山天墉城，以“屠绝鬼气，苏醒人魂”之意更名为“百里屠苏”。</p>
    <p>十年后，他为寻找灭族仇人而离开天墉城，踏上了漫漫征途。</p>
    <h2>名称由来</h2>
    <hr>
    <p>屠苏之名，取自一种药草，也指一种酒。据说药王孙思邈以屠苏草入酒，因此有了屠苏酒。这种酒能辟邪防病。后世人们在除夕的夜晚喝屠苏酒以辞岁，希望屠苏酒辟邪防病的效果能带来健康而平安的新年，最终便有了“年年岁末饮屠苏”的年节习俗。百里屠苏的名字，其实并非主角的原名，而是他遭逢变故以后自己为自己取的新名，他希望能够拥有如同屠苏酒一般祛邪的能力，以保护身边的亲人。</p>
    <h2>人物关系</h2>
    <hr>
    <p>父亲：百里巫祝（NPC 对话中有提到）<br>
   <!-- br 标记符用于在同一个段落内将行打断，形成换行的效果 -->
   母亲：韩休宁<br>
   师尊：紫胤真人<br>
   同门：陵越（师兄）、芙蕖（师妹）、陵端（师弟）、肇临等<br>
   爱人（妻子）：风晴雪<br>
   好友：方兰生、襄铃、红玉、尹千觞<br>
   宿敌（半身）：欧阳少恭<br>
   宠物：阿翔</p>
    <h2>技能</h2>
    <hr>
   <h3>飞羽凌杀</h3>
   <p>和爱鸟阿翔合力制敌的奇招，往往能趁敌不备，出奇制胜！<br>
   耗值：15 点气、2 行动点数<br>
   效果：与阿翔协力发动的特技攻击，敌方单体</p>
   <h3>玄真剑</h3>
   <p>习自师门的道家剑术，看似简单，但其中奥妙无穷！<br>
   耗值：22 点气、2 行动点数<br>
   效果：剑技攻击，敌方全体<br>
   <h3>毁殇</h3>
   <p>以自伤为代价，将体内凶戾之气融入天墉剑术的招式，非常凶煞！<br>
   耗值：4 点气、2 行动点数<br>
   效果：消耗自身精元发动强力攻击，敌方单体（终结技）</p>
  </body>
</html>
```

说明 **以上实例中，加粗的注释语句解释了部分 HTML 标记符和属性的用法（输入代码时可以忽略），详细信息请参见本书的第 2 章和第 4 章。**

【要点回顾】

① WWW 一般以“浏览器-服务器”模式运作，提供网页浏览服务。不同的网页通过超链接联系在一起，构成了 WWW 的网状结构。
② HTML 是表示网页的一种规范，使用标记符和属性控制内容的显示。
③ 标记符通常包括开始标记符和结束标记符，属性位于开始标记符中，并且具有属性值。
④ Web 标准包括结构、表现和行为 3 部分。
⑤ 基本的 HTML 标记符包括<html>、<head>、<title>、<meta>和<body>。

练习题

一、客观题

1.（判断题）可以用文本编辑器编辑 HTML 文件。（　　）

2.（判断题）title 标记符与 title 属性的含义相同。（　　）

3.（判断题）在网页的 head 部分加入<meta charset="UTF-8">，可以解决中文乱码问题。（　　）

4.（单选题）以下说法中，错误的是（　　）。

A．获取 WWW 服务时，需要使用浏览器作为客户端程序

B．WWW 服务和电子邮件服务是 Internet 提供的最常用的两种服务

C．网站就是一系列逻辑上可以视为一个整体的网页的集合

D．所有网页的扩展名都是.htm

5.（单选题）以下属性中，不属于全局属性的是（　　）。

A．id　　B．class　　C．style　　D．size

6.（单选题）在网页中显示特殊字符，如果要输入空格，应使用（　　）。

A．nbsp;　　B． 　　C． 　　D．

7.（填空题）在基于 Web 标准的开发中，结构对应的技术是 HTML，表现对应的技术是________，行为对应的技术是 JavaScript。

8.（填空题）HTML 元素一般可以分为以下四类：顶级元素、首部元素、块元素和____________。

二、问答题

1．简要说明 WWW 工作的基本原理。

2．简要说明 HTML 的基本工作原理。

3．简要说明 Web 标准的组成部分。

三、综合实践

1．选择一个自己感兴趣的话题，上网或去图书馆进行资料搜集，作为以后上机作业的主题。撰写一个报告，回答以下问题。

（1）此网站的目标是什么？

（2）此网站的观众是谁？请列举几个具体观众的情况。

（3）此网站要包括哪些内容？

（4）此网站的内容将如何组织？

需要注意的是，在选择主题时要尽量具体，避免过于宽泛。例如，“JJ（林俊杰）网”就比“歌星网”更具体，因此也就更容易实现。

2．仿照 1.3 节的实例，另外制作一个与人物介绍相关的网页。

第2章 文本格式与超链接

02

文本是网页内容的最基本表现形式，建立文本的逻辑结构和页面间的超链接是网站开发的核心工作。学习完本章内容之后，读者将可以使用多种标记符和属性，构建出基于文本、具有多个页面的网站。

【知识目标】

1. 掌握<p>、<h1>~<h6>、<hr>标记符的用法。
2. 学会区分物理字符样式和逻辑字符样式。
3. 掌握<ol>、<ul>和<li>标记符的用法。
4. 区分绝对 URL 和相对 URL。
5. 掌握<a>标记符的用法，学会区分站内链接、站外链接和锚点链接。

【技能目标】

1. 熟练使用<p>、<h1>~<h6>、<hr>标记符，建立基本的网页文本结构。
2. 使用逻辑字符样式，为网页文本增加逻辑。
3. 熟练使用<ol>、<ul>和<li>标记符，设置有序列表、无序列表和嵌套列表。
4. 熟练使用<a>标记符和 href 属性，创建各种超链接。
5. 学会综合应用各种标记符，创建基于文本的网站。

【素养目标】

1. 理解并实践“细节决定成败”的工匠精神。
2. 通过实践强化职业信念，提升职业技能，形成职业行为习惯。
3. 通过制作唐诗宋词网站，增强对传统文化的认同感，弘扬家国情怀。

2.1 设置文本格式

文本是网站内容的集中体现，对文本进行格式设置是调整网站内容逻辑结构的基本手段。文本格式主要分为段落格式（包括列表格式）和字符格式。段落是指具有统一样式的一段文本，而字符是组成段落的基本元素，相当于段落的局部。

2.1.1 段落格式

用于设置段落格式的标记符包括段落标记符<p>、换行标记符
、标题标记符<h1>～<h6>、水平线标记符<hr>。用于设置段落格式的基本属性是对齐属性 align。

**1. 段落标记符<p>与
**

根据不同的情况，可以选择两种标记符控制文本的换行——<p>标记符和
标记符。<p>标记符用于将文档划分为段落（分为开始标记符<p>和结束标记符</p>）。而
标记符用于在文档中强制换行，它是自结束的标记符，一般写为
或
。<p>标记符与
标记符的区别在于，前者用于将文本划分为段落，而后者用于在同一个段落中强制换行。

段落格式

注意 **正文中的段落都应使用<p>标记符进行分段，也就是说，逻辑上是段落的内容都应用<p>标记符包含，而不是用
标记符断开。这样做能确保 HTML 代码的逻辑含义正确、结构严谨，这是编写规范网页的基本要求之一。**

2. 标题标记符<h1>～<h6>

在 HTML 中，用户可以通过<h*n*>标记符来标识文档中的标题和副标题，其中 *n* 是 1~6 的数字；<h1>标记符用于标识级别最高的标题，<h6>用于标识级别最低的标题。浏览器在解释标题标记符时，会自动改变文本的大小并将字体设为黑体，同时自动将内容设置为一个段落。

注意 **使用<h*n*>标记符时一定要根据网页内容的逻辑含义来用，而不是为了获得相应的格式效果（格式效果应由 CSS 设置）。换句话说，只有逻辑上是“一级标题”的内容才能使用<h1>标记符，而且<h2>标记符一定是在<h1>标记符之后。**

3. 水平线标记符<hr>

在 HTML 中可以用添加水平线的方法分隔文档的不同部分。使用水平线将文档划分为不同的区块是一种很好的编程习惯。

添加水平线的标记符为<hr>，它与
类似，是自结束的标记符，一般写为<hr>或<hr/>。<hr>标记符包括 size、width 和 noshade 等属性。

size 属性用于设置水平线的粗细，取值是整数，它表示以像素（pixel，px）为单位的该线的粗细程度，默认值是 2。

说明 **像素是数字图像的最小单元。如光栅图像中的一个点，数字显示屏上的最小可寻址或可控制单位。**

例如，要在文档中包含一条粗细为 1 像素的细线，则需将<hr>替换为 <hr size="1">。

width 属性用于设置水平线的长度，取值既可以是数值（默认单位为 px），也可以是该线所占浏览器窗口宽度的百分比。

例如，要生成一条 100px 长的水平线，HTML 代码为<hr width="100">；如果想将这个长度改成横跨 60%的屏幕，则代码为<hr width="60%">。

说明 **使用百分比作为长度单位指定水平线长度时，表示水平线占当前浏览器窗口宽度的百分比，这样我们用缩放操作更改浏览器窗口的大小时，相应水平线的长度也会随之改变。**

在多数浏览器中，由<hr>标记符生成的水平线将以一种加阴影、具有立体效果的形式显示出来。但有时我们更希望使用一条简单的实线，此时就需在 <hr> 标记符内增加 noshade 属性。例如，如果要创建一条粗细为 5px、长度为 100px 的实心水平线，对应的 HTML 代码如下：

```
<hr size="5" width="100" noshade="noshade">
```

说明 像 noshade 这样属性的取值与属性名称相同的标记符属性，称为布尔属性。

注意 在网页制作过程中，任何与显示效果有关的功能都应该由 CSS 而非 HTML 来实现，因此 hr 标记符的各种属性都是不建议使用的，相应效果都应使用 CSS 来设置。不过，在实际开发过程中，为了快速看到显示效果，使用 HTML 属性的方法偶尔可以作为一种过渡的权宜之计（在最终代码中不会存在，但测试时可以存在）。

4. 对齐属性 align

段落对齐是常见的段落格式设置，例如，可以将一级标题用居中对齐方式显示，而将地址信息用右对齐方式显示。在 HTML 中，一般使用标记符的 align 属性设置段落对齐方式，其常见取值包括 right（右对齐）、left（左对齐）、center（居中对齐）和 justify（两端对齐）。

说明 两端对齐是指将一行文本在排满的情况下向左右页边对齐，从而保证左右页边的文本不会出现类似“锯齿”的形状，该对齐方式通常用于出版物。由于绝大多数浏览器目前均不支持 justify 属性值，因此在网页制作时通常不使用该值。

align 属性可应用于多种标记符，例如前面介绍的<p>、<h*n*>、<hr>等。对于不同的标记符，默认的 align 属性值不同。<p>和<h*n*>标记符的默认 align 属性值是 left，而<hr>标记符的默认 align 属性值是 center。

注意 align 属性在基于 Web 标准的网页制作中已经废弃，请在学习了 CSS 技术之后避免使用该属性。

5. 段落格式示例

以下通过一个具体的实例说明以上各标记符和属性的用法。请在“记事本”中输入以下代码，并将其保存为 HTML 文件。

```
<html>
<head><title>李商隐</title></head>
<body>
<h1 align="center">李商隐</h1>
<hr width="80%" size="1" />
<h2 align="center">锦瑟</h2>
<p align="center">锦瑟无端五十弦，一弦一柱思华年。<br />庄生晓梦迷蝴蝶，望帝春心托杜鹃。<br />
沧海月明珠有泪，蓝田日暖玉生烟。<br />此情可待成追忆，只是当时已惘然。</p>
<h2 align="center">夜雨寄北</h2>
<p align="center">君问归期未有期，巴山夜雨涨秋池。<br />何当共剪西窗烛，却话巴山夜雨时。</p>
<h2 align="center">无题（一）</h2>
<p align="center">昨夜星辰昨夜风，画楼西畔桂堂东。<br />身无彩凤双飞翼，心有灵犀一点通。<br />
```

```
隔座送钩春酒暖，分曹射覆蜡灯红。<br />嗟余听鼓应官去，走马兰台类转蓬。</p>
    <h2 align="center">无题（二）</h2>
    <p align="center">相见时难别亦难，东风无力百花残。<br />春蚕到死丝方尽，蜡炬成灰泪始干。<br />
晓镜但愁云鬓改，夜吟应觉月光寒。<br />蓬山此去无多路，青鸟殷勤为探看。</p>
    </body>
    </html>
```

在浏览器中打开该网页，效果如图 2-1 所示。

图 2-1　设置段落格式网页效果

2.1.2　字体格式

字体格式（包括大小、颜色、字体等）属于显示效果，通常使用 CSS 技术来进行设置（详见第 3 章和第 6 章），但在 HTML 中仍然可以用下面两种方式设置字体格式。

字体格式和列表格式

1. 物理字符样式

所谓物理字符样式，是指标记符本身就说明了所修饰字符的效果。例如，<b>标记符表示粗体，<sub>标记符表示下标。可以这么理解：b 是 bold（粗体）这个单词的首字母，而 sub 是 subscript（下标）这个单词的前 3 个字母。

常用的物理字符样式对应的标记符及其功能如表 2-1 所示。

表 2-1　常用的物理字符样式对应的标记符及其功能

标记符	功能	标记符	功能
<b></b>	粗体	<strike></strike>	删除线
<big></big>	大字体		下标
<i></i>	斜体		上标
<s></s>	删除线	<tt></tt>	固定宽度字体
<small></small>	小字体	<u></u>	下画线

使用这些物理字符样式时，只需将设置格式的字符括在标记符之间即可。例如，HTML 代码<p>H₂O</p>在网页中将显示为 H_2O。

注意 物理字符样式由于是用 HTML 的方式修饰网页内容，不符合“内容与表现分离”的原则，因此应尽量避免使用。例如，HTML5 规范对<b>标记符的描述是：在没有其他更合适的标记符时，才应该把<b>标记符作为最后的选项；应该使用<h1>～<h6>标记符来表示标题，使用<em>标记符来表示强调的文本，使用<strong>标记符来表示重要文本，使用<mark>标记符来表示标注的或突出显示的文本。

2. 逻辑字符样式

所谓逻辑字符样式是指标记符本身具有所修饰效果的逻辑含义。例如，<address>标记符本身的逻辑意义为“地址”，但并没有说明具体的物理效果。在使用逻辑字符样式时，应通过标记符表示内容的逻辑含义，使用 CSS 确定具体的显示效果。

常用的逻辑字符样式如表 2-2 所示。

表 2-2　常用的逻辑字符样式

标记符	功能
<address></address>	用于指定网页创建者或维护者的信息，通常显示为斜体
<cite></cite>	用于表示文本属于引用，通常显示为斜体
<code></code>	用于表示程序代码，通常显示为固定宽度字体
<dfn></dfn>	用于表示定义了的术语，通常显示为黑体或斜体
<em></em>	用于强调某些字词，通常显示为斜体
<kbd></kbd>	用于表示用户的键盘输入，通常显示为固定宽度字体
<samp></samp>	用于表示文本样本，通常显示为固定宽度字体
<strong></strong>	用于特别强调某些字词，通常显示为粗体
<var></var>	用于表示变量，通常显示为斜体

使用这些逻辑字符样式时，将要设置格式的字符括在标记符之间即可。例如，代码“<p>这里是<strong>需要强调的内容</strong></p>”会将在网页中以粗体方式强调内容。

注意 由于逻辑字符样式符合“内容与表现分离”的原则，因此是替换物理字符样式的较佳选择。例如，用<strong>标记符替换<b>标记符，用<em>标记符替换<i>标记符。

2.1.3 列表格式

列表是一种非常有效的展示信息的方式，能够增强文字内容的逻辑性。本节介绍如何在 HTML 中设置各种列表格式，包括有序列表、无序列表，以及嵌套列表。

1. 有序列表

有序列表也称数字式列表，它是一种在各项内容前显示有数字或字母的缩排列表，用来表示文本内容的前后顺序关系。例如，一个操作步骤列表（如菜谱）在逻辑上就应该是一个有序列表。

创建有序列表需要使用有序列表标记符<ol>和列表项标记符<li>，基本语法如下：

```
<ol>
  <li>列表项 1</li>
```

```
  <li>列表项 2</li>
  <li>列表项 3</li>
</ol>
```

ol 标记符的 type 属性可用来设置数字序列样式，属性值如表 2-3 所示。

表 2-3　有序列表的 type 属性值

值	含义
1	阿拉伯数字：1、2、3 等，此选项为默认值
A	大写字母：A、B、C 等
a	小写字母：a、b、c 等
I	大写罗马数字：Ⅰ、Ⅱ、Ⅲ、Ⅳ 等
i	小写罗马数字：ⅰ、ⅱ、ⅲ、ⅳ 等

例如，以下代码将创建一个以大写罗马数字排序的列表：

```
<ol type="I">
  <li>列表项 1</li>
  <li>列表项 2</li>
  <li>列表项 3</li>
</ol>
```

注意　用 type 属性设置列表类型显然也属于“设置显示效果”问题，建议使用 CSS 替代。

2. 无序列表

无序列表也称强调式列表，它是一种在各项内容前显示有特殊项目符号的缩排列表，用于表示并列的关系。例如，网站的导航条一般而言就应该是一个无序列表（只不过导航条有时显示为横向，而且没有列表符号，如何设计导航条请参见第 6 章）。

创建无序列表需使用无序列表标记符<ul>和列表项标记符<li>。与<ol>标记符类似，<ul>标记符也包含一个 type 属性，用于控制列表项前特殊符号的显示。无序列表中 type 属性的取值有 3 种：disc 表示实心圆，为默认值；circle 表示空心圆；square 表示实心或空心的方块（取决于浏览器）。

因此，创建无序列表的基本语法如下：

```
<ul type="disc|circle|square">
  <li>列表项 1</li>
  <li>列表项 2</li>
  <li>列表项 3</li>
</ul>
```

3. 嵌套列表

如果把整个列表作为某个列表项下的内容，则能形成嵌套列表。有序列表和无序列表都可以嵌套，也可以互相嵌套，如以下实例代码所示（效果见图 2-2）：

```
<html>
<head><title>混合嵌套列表</title></head>
<body>
<h1>如何开始玩《王者荣耀》？</h1>
<hr />
```

```
<ol>
  <li>选择英雄：</li>
    <ul type="square">
       <li>坦克（项羽、程咬金等）</li>
       <li>法师（诸葛亮、貂蝉等）</li>
       <li>射手（后羿、孙尚香等）</li>
       <li>战士（花木兰、杨戬等）</li>
       <li>刺客（孙悟空、阿珂等）</li>
       <li>辅助（鬼谷子、张飞等）</li>
    </ul>
  <li>组队战斗！</li>
</ol>
</body>
</html>
```

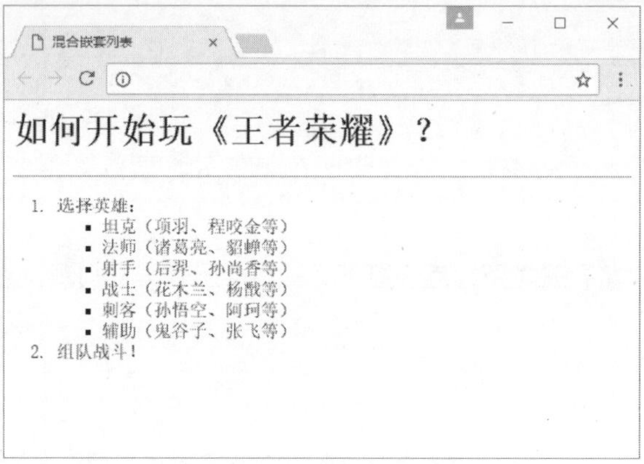

图 2-2　混合嵌套列表网页效果

2.2 创建超链接

超链接是组成网站的基本元素，是网站功能的基本体现方式之一，本节介绍相关的基本概念和如何创建各种超链接。

超链接

2.2.1 URL 概述

1. 什么是 URL

URL（Uniform Resource Locator，统一资源定位符）是表示 Web 上资源的一种方法，通常可以理解为资源的地址。一个 URL 通常包括 3 部分：一个协议代码、一个所需文件的计算机地址（或一个电子邮件地址等），以及具体的文件地址和文件名。

协议表明应使用何种方法获得所需的信息，最常用的协议包括 HTTP、FTP（File Transfer Protocol，文件传输协议）、mailto（电子邮件协议）、news（Usenet 新闻组协议）、telnet（远程登录协议）等。

对于 mailto，应在协议后放置一个冒号，然后跟 E-mail 地址；而对于常用的 HTTP 和 FTP 等，则是在冒号后加两个斜杠（/），斜杠之后则是相关信息的主机地址。例如，mailto: somebody@263.net、http://www.ptpress.com.cn、ftp://ftp.nease.net。

当用户在 Internet 上浏览或定位资源时，常常可以省略所要访问信息的详细地址和文件名，因为服务器会按照默认设置为访问者定位资源。例如，如果在浏览器的地址栏中输入 www.ptpress.com.cn 并按【Enter】键，实际上是访问人民邮电出版社站点服务器设置为主页的某个文件。

注意 **在 HTML 中，总是使用斜杠“/”分隔目录，而不是使用 Windows 或 DOS 中的反斜杠“\”。**

在指定 Internet 资源时，可以使用绝对路径，也可以使用相对路径。相应的 URL 分别称为绝对 URL 和相对 URL。

2. 绝对 URL

绝对 URL 是指 Internet 上资源的完整地址，包括完整的协议种类、计算机域名和包含路径的文档名。其形式为：

```
协议://计算机域名/文件名
```

例如，https://www.ptpress.com.cn/shopping/index.htm 就表示一个绝对 URL，其中 http 表示用来访问文件的协议的名称，www.ptpress.com.cn 表示文件所在计算机的域名，/shopping/index.htm 表示包含路径的文件名。

如果在网页中需要指定外部 Internet 资源，应使用绝对 URL。

说明 **省略了最后部分文件名的 URL 通常也被认为是绝对 URL，因为它能够完全定位资源的位置。例如，http://www.ptpress.com.cn 就是一个绝对 URL。**

3. 相对 URL

相对URL是指Internet上资源相对于当前页面的地址，它包含从当前页面指向目的页面位置的路径。例如，public/example.htm 就是一个相对 URL，它表示当前页面所在目录下 public 子目录中的 example.htm 文件。

当使用相对 URL 时，可以使用与 DOS 文件目录类似的两个特殊符号：句点（.）和双重句点（..），分别表示当前目录和上一级目录（父目录）。例如，./image.gif 表示当前目录中的 image.gif 文件，相当于 image.gif；../public/index.htm 表示与当前目录同级的 public 目录下的 index.htm 文件，也就是当前目录上一级目录下的 public 目录中的 index.htm 文件。

相对URL本身并不能唯一地定位资源，但浏览器会根据当前页面的绝对URL正确地理解相对URL。使用相对 URL 的好处在于：当用户需要移植站点时（例如，将本地站点上传到 Internet 上，或者移动到 U 盘上），只要保持站点中各资源的相对位置不变，就可以确保移植后各页面之间的超链接仍能正常工作。用户在编写网页时，通常使用的都是相对 URL（除非需要引用外部网页）。

2.2.2 页面链接

创建超链接需要使用<a>标记符，它的最基本属性是 href，用于指定超链接的目标。通过为 href 指定不同的值，可以创建出不同类型的超链接。另外，在<a>和</a>之间可以用任何可单击的对象作为超链接的源，例如文字或图像。

常见的超链接是指向其他网页的超链接，浏览者单击这样的超链接时将跳转到相应的网页。如果超链接的目标网页位于同一站点，则应使用相对 URL，这称为站内链接或内部链接；如果超链接的目标网页位于其他位置，则需要指定绝对 URL，这称为站外链接或外部链接。

在指定超链接时，如果 href 属性指定的文件格式是浏览器能够直接显示或播放的，那么单击超链接时将会直接显示相应文件。例如，将 href 的值指定为图像文件，那么单击超链接就可以直接在浏览器中显示图像。如果 href 属性指定的文件格式是浏览器所不能识别的格式，那么将获得下载相应文件的效果。例如，如果我们将超链接的目标文件指定为某压缩文件，那么当浏览者单击相应超链接时，将弹出提示文件下载的对话框。

超链接默认显示有下画线，并且显示为蓝色。当浏览者将鼠标指针移动到超链接上时，鼠标指针通常会变成手形，同时状态栏中显示超链接的目标地址。

注意 **使用超链接时，一定要确保 href 属性所指定的网页存在于指定的位置，否则会导致无法正确显示网页（通常会显示一个通知网页，告诉访问者该网页不存在），这是最常见的错误之一。**

以下实例展示了如何创建页面链接，从而形成一个非常简单、页面互相链接的网站。

（1）在“记事本”中输入以下代码，将文件保存在某个特定的文件夹中，命名为“tangshi-intro.htm”：

```
<html>
<head><title>唐诗简介</title></head>
<body>
<hr width="80%" size="1" />
<p align="center"><strong>唐诗简介</strong> | 李白 | 杜甫 | 白居易 | <a href="
lishangyin.htm">李商隐</a></p>
<hr width="80%" size="1" />
<h1 align="center">唐诗简介</h1>
<p>唐代（公元 618-907 年）是我国古典诗歌发展的全盛时期。唐诗是我国优秀的文学遗产之一，也是全世界文学宝库中的一颗灿烂的明珠。尽管唐代离现在已有一千多年了，但许多诗篇还是广为流传。 </p>
<p>唐代的诗人特别多。李白、杜甫、白居易固然是世界闻名的伟大诗人，除他们之外，还有其他无数诗人，像满天的星斗一样。这些诗人，今天知名的就有二千三百多人。他们的作品，保存在《全唐诗》中的就有四万八千九百多首。唐诗的题材非常广泛，有的从侧面反映当时社会的阶级状况和阶级矛盾，揭露了封建社会的黑暗；有的歌颂正义战争，抒发爱国思想；有的描绘祖国河山的秀丽多娇；此外，还有抒写个人抱负和遭遇的，有表达儿女爱慕之情的，有诉说朋友交情、人生悲欢的等。总之从自然现象、政治动态、劳动生活、社会风习，直到个人感受，都逃不过诗人敏锐的目光，成为他们写作的题材。在创作方法上，既有现实主义的流派，也有浪漫主义的流派，而许多伟大的作品，则又是这两种创作方法相结合的典范，形成了我国古典诗歌的优秀传统。</p>
<p>......</p>
<hr />
<p>参考资料：<a href = "https://baike.baidu.com/item/唐诗/21033">百度百科-唐诗</a></p>
</body>
</html>
```

注意 **以上代码中，第 1 个超链接“李商隐”是一个相对的页面链接，它指向当前目录（也就是网页所在目录）中的一个名为“lishangyin.htm”的网页文件；第 2 个超链接是个绝对的页面链接，它指向“百度百科”的“唐诗”页面。**

“唐诗简介”页面在浏览器中的效果如图 2-3 所示。如果单击“李商隐”超链接，会显示页面不存在（因为该页面我们还没有制作）；如果单击“百度百科-唐诗”超链接，在联网的情况下则会显示相应的百度百科页面。

（2）在“记事本”中打开我们在 2.1.1 节中制作的“李商隐”页面（即图 2-1 对应的页面），将其在

"tangshi-intro.htm" 所在目录另存为 "lishangyin.htm"（即确保这两个页面在同一个目录下），然后在<body>之后，<h1 align="center">李商隐</h1>之前，编写以下代码：

```
    <hr width="80%" size="1" />
    <p align="center"><a href="tangshi-intro.htm">唐诗简介</a> | 李白 | 杜甫 | 白居易 |
<strong>李商隐</strong></p>
    <hr width="80%" size="1" />
```

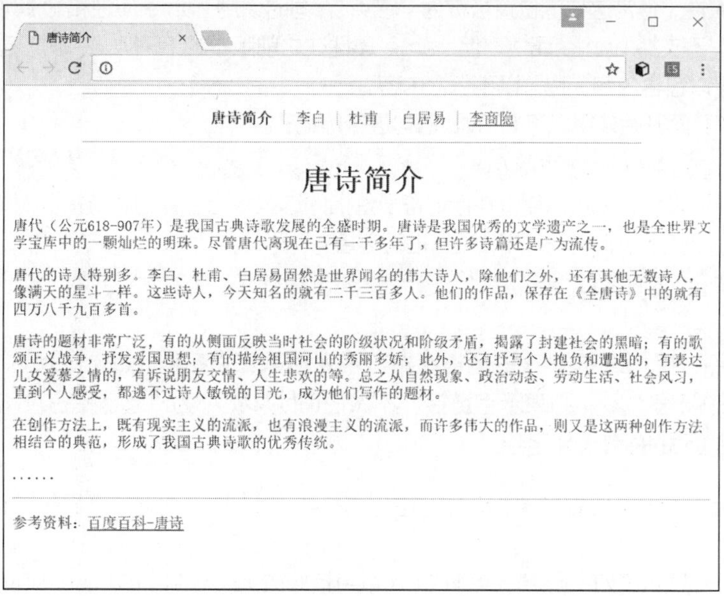

图 2-3 "唐诗简介"页面效果

保存网页，在浏览器中预览，效果如图 2-4 所示。单击"唐诗简介"超链接，可以跳转到刚才我们制作的"唐诗简介"页面；同样，在"唐诗简介"页面中单击"李商隐"超链接，将跳转到对应的页面。这样，通过页面链接和外部链接，就构成了一个基本的网站。

图 2-4 "李商隐"页面效果

2.2.3 锚点链接

除了可以对不同页面或文件进行链接以外，用户还可以对同一网页的不同部分进行链接。例如，可以在长文档的顶部或底部以超链接的方式显示一个目录，并在页面的底部放一个返回顶部的超链接。

如果要设置这样的超链接，首先应为页面中需要跳转到的位置命名。命名时应使用<a>标记符的name属性和id属性（通常这样的位置被称为“锚点”，同时使用name属性和id属性是为了确保兼容性，因为HTML5不支持name属性，但name属性在之前版本的HTML中被广泛使用）。在标记符<a>与</a>之间可以包含内容，也可以不包含内容。

例如，可以在页面开始处用以下HTML语句进行标记：

```
<a name="top" id="top">目录</a>
```

对页面进行标记之后，就可以用<a>标记符设置指向这些标记位置的超链接。例如，如果在页面开始处标记了"top"，则可以用以下HTML语句进行链接：

```
<a href="#top">返回目录</a>
```

注意 **对于锚点链接，应将href的值指定为符号#后跟锚点名称。如果将href的值指定为一个单独的符号“#”，则表示空链接，不做任何跳转（称为“超链接占位符”），这在制作比较大的网站时常常会用到。**

这样设置之后，当用户在浏览器中单击超链接“返回目录”时，将显示“目录”超链接所在的页面部分。

以下实例进一步展示了如何创建锚点链接（可以直接修改上一节制作的“lishangyin.htm”页面，效果如图2-5所示。单击各超链接可以跳转到相应部分，可将窗口缩小以使效果更明显）：

```
<html>
<head><title>李商隐</title></head>
<body>
<hr width="80%" size="1" />
<p align="center"><a href="tangshi-intro.htm">唐诗简介</a> | 李白 | 杜甫 | 白居易 | <strong>李商隐</strong></p>
<hr width="80%" size="1" />
<h1 align="center">李商隐</h1>
<hr width="80%" size="1" />
<p align="center"><a name="mulu" id="mulu"></a><a href="#jinse">锦瑟</a> | <a href="#yyjb">夜雨寄北</a> | <a href="#wuti1">无题（一）</a> | <a href="#wuti2">无题（二）</a></p>
<h2 align="center"><a name="jinse" id="jinse">锦瑟</a></h2>
<p align="center">锦瑟无端五十弦，一弦一柱思华年。<br />庄生晓梦迷蝴蝶，望帝春心托杜鹃。<br />沧海月明珠有泪，蓝田日暖玉生烟。<br />此情可待成追忆，只是当时已惘然。</p>
<p align="center"><a href="#mulu">返回目录</a></p>
<h2 align="center"><a name="yyjb" id="yyjb">夜雨寄北</a></h2>
<p align="center">君问归期未有期，巴山夜雨涨秋池。<br />何当共剪西窗烛，却话巴山夜雨时。</p>
<p align="center"><a href="#mulu">返回目录</a></p>
<h2 align="center"><a name="wuti1" id="wuti1">无题（一）</a></h2>
<p align="center">昨夜星辰昨夜风，画楼西畔桂堂东。<br />身无彩凤双飞翼，心有灵犀一点通。<br />隔座送钩春酒暖，分曹射覆蜡灯红。<br />嗟余听鼓应官去，走马兰台类转蓬。</p>
<p align="center"><a href="#mulu">返回目录</a></p>
```

```
<h2 align="center"><a name="wuti2" id="wuti2">无题（二）</a></h2>
<p align="center">相见时难别亦难，东风无力百花残。<br />春蚕到死丝方尽，蜡炬成灰泪始干。<br />晓镜但愁云鬓改，夜吟应觉月光寒。<br />蓬山此去无多路，青鸟殷勤为探看。</p>
<p align="center"><a href="#mulu">返回目录</a></p>
</body>
</html>
```

图 2-5　加入锚点链接后的“李商隐”页面效果

实际上，在网页中不但能指定同一个页面内的锚点链接，而且可以指定不同页面之间的锚点链接。只要在 href 属性中指定页面位置和相应锚点（当然必须事先用<a name="xxx" id="xxx"></a>定义好），就可以访问到相应页面的锚点位置。

例如，如果要在“唐诗简介”页面中访问图 2-5 所示页面（文件名为“图 2-5.htm”）中的“夜雨寄北”部分，可以使用以下 HTML 代码（确保两个页面文件在同一个目录下）：

```
<a href="图 2-5.htm#yyjb">夜雨寄北</a>
```

2.3 综合实例：唐诗宋词网站

中华文化是中华民族的“根”和“魂”，必须使其“薪火相传、代代守护”。唐诗宋词作为中华优秀传统文化中的瑰宝，蕴含着丰富的人文精神。本节我们将使用前面学习的知识，制作一个唐诗宋词网站，页面效果如图 2-6～图 2-8 所示。

图 2-6　唐诗宋词网站首页

综合实例：唐诗宋词网站

图 2-7　唐诗宋词网站“唐诗”页面效果

图 2-8　唐诗宋词网站“李白”页面效果

2.3.1　网站规划

做任何事情之前，先进行一定的规划工作可以为后续工作节省大量时间。网站规划的第一步是确定站点目标。我们要做的网站是个简单的“信息型”网站，目的是在网页上展示出一些著名的唐诗和宋词，供浏览者欣赏，使其对中华民族宝贵文化遗产有更多理解与认同。

接下来要确定如何组织需要展示的内容，比如站点应该包括哪些栏目，每个栏目中页面应如何组织等。为简单起见，我们的网站中只包括“唐诗”和“宋词”两个栏目，每个栏目中的页面按照作者来组织。也就是说，“唐诗”中包括“李白”和“杜甫”等页面，“宋词”中包括“辛弃疾”和“李清照”等页面，其相应逻辑结构如图 2-9 所示。

在规划组织站点的文件时，也采用类似结构，如图 2-10 所示（其中还包括一个用来存放图片文件的 images 文件夹）。

- 首页
  - 唐诗首页
    - “李白”页面
    - “杜甫”页面
  - 宋词首页
    - “辛弃疾”页面
    - “李清照”页面

图 2-9　站点的逻辑结构

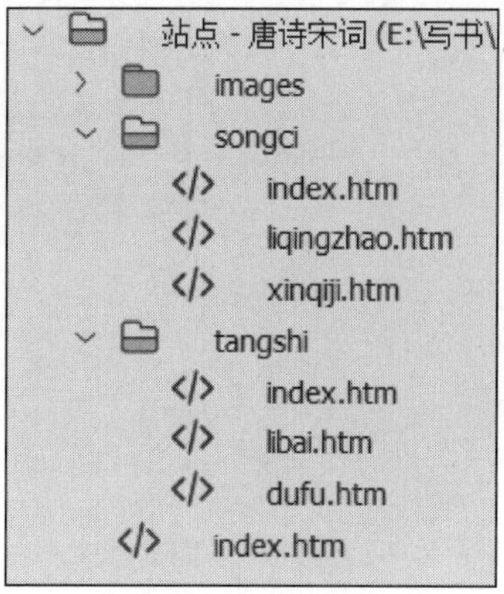

图 2-10　站点的文件结构

在考虑如何展示内容时，重要的一点是规划网站的导航系统，也就是超链接系统，以便让浏览者能够在站点中自然、流畅地浏览页面。对于我们的网站，其导航系统设计如下。

- 首页中包含网站的两个栏目“唐诗”和“宋词”。
- 除了首页以外，所有其他页面都在页面顶部显示“主导航”，其中包括“首页”“唐诗”“宋词”3 个超链接。
- “主导航”下面是“面包屑”，也就是指示浏览者当前位置的超链接提示。
- “面包屑”下面是“二级导航”，表示在第二层次上的导航选项。例如，对于“唐诗”栏目，包括“唐诗简介”“李白”“杜甫”“白居易”“李商隐”等超链接。
- 对于内容页面，可以包含锚点链接，以链接到页面内的不同部分。
- 每页的底部包括“页脚导航”，其内容与主导航相同，但以较小字体显示。

2.3.2　网页设计

不论是多么简单的网站，在具体实现前，建议将其设计简单地在纸上或图像处理软件中绘制出来，可以在具体编写代码时有所依据，并能提早发现设计中的问题。本网站的设计比较简单，分别如图 2-11、图 2-12 和图 2-13 所示。

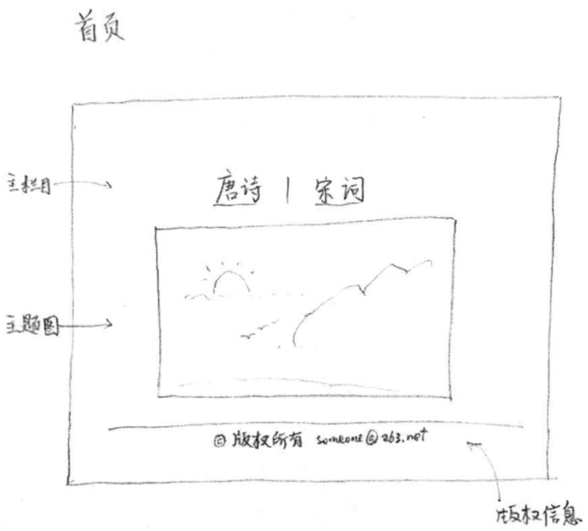

图 2-11　站点首页设计

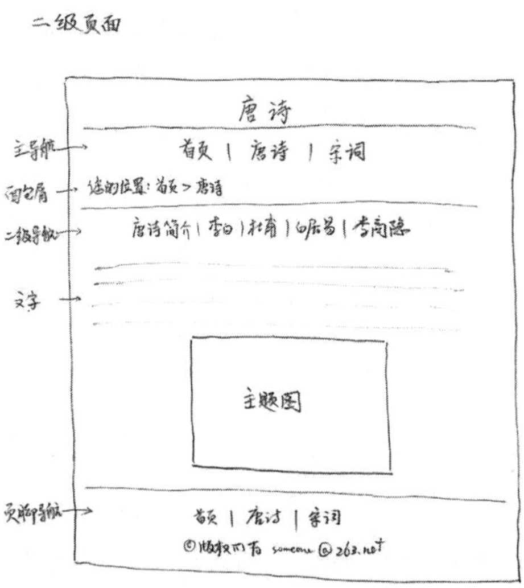

图 2-12　二级页面设计

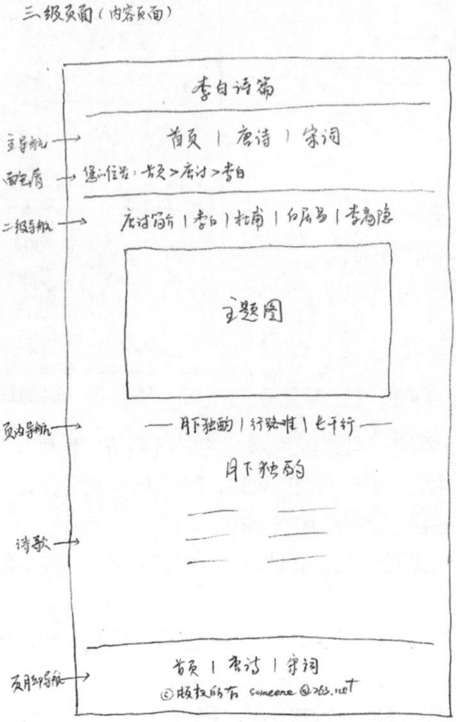

图 2-13　三级页面设计

2.3.3　网页制作

1. 首页（index.htm）

首页 index.htm 位于网站根目录，其 HTML 代码如下（注意其中的注释），效果如图 2-6 所示。

```
<html>
<head><title>唐诗宋词网首页</title></head>
<body>
<p> </p> <!-- 这种用来增加页面空白的方法在学习了 CSS 之后要废弃 -->
<p> </p>
<p> </p>
<h1 align="center"> <a href="tangshi/index.htm">唐诗</a> | <a href="#">宋词</a></h1>
<!-- 宋词页面在本书中暂不制作，所以使用#表示这是一个空页面，需要未来增加 -->
<p> </p>
<p align="center"><img src="images/theme.jpg" width="500" /></p>
<!-- <img>标记符的 width 属性可以控制图像的显示大小，详见第 4 章。此处注意在根目录下建立一个 images 
文件夹，并将 theme.jpg 文件放到该文件夹 -->
<p> </p>
<hr size="1" width="80%">
<p align="center">&copy; 版权所有
<a href="mailto:someone@263.net">someone@263.net</a></p>
<!-- 将<a>标记符的 href 属性指定为“mailto:电子邮件地址”的形式，可以创建电子邮件链接。单击这种
超链接时，会启动系统默认的电子邮件客户端程序。-->
</body>
</html>
```

2. 二级页面（tangshi/index.htm）

二级页面“唐诗”栏目的首页 index.htm（虽然其文件名与网站首页相同，但因为其位于不同的文件夹，所以不会产生冲突）位于网站根目录下的 tangshi 目录中，其 HTML 代码如下（注意其中的注释），效果如图 2-7 所示。

```
<html>
<head><title>唐诗首页</title></head>
<body>
<h1 align="center">唐诗</h1>
<hr size="1">
<p align="center"><big><a href="../index.htm">首页</a> | <strong>唐诗</strong> | <a href="#">宋词</a></big></p> <!-- 这是主导航 -->
<p><small>您的位置：<a href="../index.htm">首页</a> > <strong>唐诗</strong></small></p> <!-- 这是面包屑 -->
<hr size="1">
<p align="center"><strong>唐诗简介</strong> | <a href="libai.htm">李白</a> | <a href="#">杜甫</a> | <a href="#">白居易</a> | <a href="#">李商隐</a></p>
<!-- 这是二级导航，暂时不做的页面用 # 代替 -->
<p>唐代（公元 618-907 年）是我国古典诗歌发展的全盛时期。唐诗是我国优秀的文学遗产之一，也是全世界文学宝库中的一颗灿烂的明珠。尽管唐代离现在已有一千多年了，但许多诗篇还是广为流传。</p>
<p>唐代的诗人特别多。李白、杜甫、白居易固然是世界闻名的伟大诗人，除他们之外，还有其他无数诗人，像满天的星斗一样。这些诗人，今天知名的就有二千三百多人。他们的作品，保存在《全唐诗》中的就有四万八千九百多首。唐诗的题材非常广泛，有的从侧面反映当时社会的阶级状况和阶级矛盾，揭露了封建社会的黑暗；有的歌颂正义战争，抒发爱国思想；有的描绘祖国河山的秀丽多娇；此外，还有抒写个人抱负和遭遇的，有表达儿女爱慕之情的，有诉说朋友交情、人生悲欢的等。总之从自然现象、政治动态、劳动生活、社会风习，直到个人感受，都逃不过诗人敏锐的目光，成为他们写作的题材。在创作方法上，既有现实主义的流派，也有浪漫主义的流派，而许多伟大的作品，则又是这两种创作方法相结合的典范，形成了我国古典诗歌的优秀传统。</p>
<p>......</p>
<p align="center"><img src="../images/tangshi.jpg" width="500"/></p>
<!-- 此处注意确保根目录的 images 文件夹下有 tangshi.jpg 这个图片文件 -->
<hr size="1">
<p align="center"><small><a href="../index.htm">首页</a> | <strong>唐诗</strong>
 | <a href="#">宋词</a></small></p> <!-- 这是页脚导航 -->
<p align="center"><small>&copy; 版权所有<a href="mailto:someone@263.net"> someone@263.net</a></small></p>
</body>
</html>
```

3. 三级页面（tangshi/libai.htm）

三级页面“唐诗”栏目的内容页面 libai.htm 位于网站根目录下的 tangshi 目录中，其 HTML 代码如下（注意其中的注释），效果如图 2-8 所示。

```
<html>
<head> <title>李白诗篇</title> </head>
<body>
<h1 align="center">李白诗篇</h1>
<hr size="1">
<p align="center"><big><a href="../index.htm">首页</a> | <a href="index.htm">唐诗</a> | <a href="#">宋词</a></big></p> <!-- 这是主导航 -->
<p><small>您的位置：<a href="../index.htm">首页</a> > <a href="index.htm">唐诗</a> > <strong>李白</strong> </small></p> <!-- 这是面包屑 -->
```

```
<hr size="1">
<p align="center"><a href="index.htm">唐诗简介</a> | <strong>李白</strong> | <a href="#">杜甫</a> | <a href="#">白居易</a> | <a href="#">李商隐</a></p>
<!-- 这是二级导航，暂时不做的页面用 # 代替 -->
<p align="center"><img src="../images/libai.jpg" width="500"/></p>
<!-- 此处注意确保根目录的 images 文件夹下有 libai.jpg 这个图片文件 -->
<div align="center">
<!-- div 标记符用于包括整块内容，在其中用 align 属性可以让包含其中的所有内容居中对齐 -->
  <p><strong>------ <a href="#poem1">月下独酌</a> | <a href="#poem2">行路难</a> |<a href="#poem3">长干行</a> ------ </strong></p> <!-- 这是页内导航 -->
  <p> </p>
  <h2><a name="poem1" id="poem1">月下独酌</a></h2>
  <p>花间一壶酒，独酌无相亲。</p>
  <p>举杯邀明月，对影成三人。</p>
  <p>月既不解饮，影徒随我身。</p>
  <p>暂伴月将影，行乐须及春。</p>
  <p>我歌月徘徊，我舞影零乱。</p>
  <p>醒时同交欢，醉后各分散。</p>
  <p>永结无情游，相期邈云汉。</p>
  <p> </p>
  <h2><a name="poem2" id="poem2">行路难</a></h2>
  <p>金樽清酒斗十千，玉盘珍羞直万钱。 </p>
  <p>停杯投箸不能食，拔剑四顾心茫然。 </p>
  <p>欲渡黄河冰塞川，将登太行雪满山。 </p>
  <p>闲来垂钓碧溪上，忽复乘舟梦日边。 </p>
  <p>行路难！行路难！多歧路，今安在？ </p>
  <p>长风破浪会有时，直挂云帆济沧海。 </p>
  <p> </p>
  <h2><a name="poem3" id="poem3">长干行</a></h2>
  <p>妾发初覆额，折花门前剧。郎骑竹马来，绕床弄青梅。 </p>
  <p>同居长干里，两小无嫌猜。十四为君妇，羞颜未尝开。 </p>
  <p>低头向暗壁，千唤不一回。十五始展眉，愿同尘与灰。 </p>
  <p>常存抱柱信，岂上望夫台。十六君远行，瞿塘滟滪堆。 </p>
  <p>五月不可触，猿鸣天上哀。门前迟行迹，一一生绿苔。 </p>
  <p>苔深不能扫，落叶秋风早。八月蝴蝶来，双飞西园草。 </p>
  <p>感此伤妾心，坐愁红颜老。早晚下三巴，预将书报家。 </p>
  <p>相迎不道远，直至长风沙。 </p>
  <p> </p>
</div>
<hr size="1">
<p align="center"><small><a href="../index.htm">首页</a> | <a href="index.htm">唐诗</a> | <a href="#">宋词</a></small></p> <!-- 这是页脚导航 -->
<p align="center"><small>&copy; 版权所有<a href="mailto:someone@263. net"> someone@263.net</a></small></p>
</body>
</html>
```

【要点回顾】

① HTML 中用于进行文本分段的标记符包括段落标记符<p>、换行标记符
、标题标记符<h1>~<h6>、水平线标记符<hr>。

② 物理字符样式和逻辑字符样式可用于控制文字显示效果，但后者更常用。

③ <ol>和<li>标记符用于创建有序列表，<ul>和<li>标记符用于创建无序列表。

④ 绝对 URL 和相对 URL 分别用于创建外部链接和内部链接。

⑤ 使用<a>标记符，指定不同的 href 属性值，可以创建出页面链接和锚点链接等不同类型的超链接。

练习题

一、客观题

1.（判断题）网页正文划分段落时应该用
标记符。(　　)

2.（判断题）指定水平线粗细的属性是 width。(　　)

3.（判断题）<hr>标记符的 align 属性默认取值是 left。(　　)

4.（单选题）以下有关列表的说法中，错误的是 (　　)。

A. 有序列表和无序列表可以互相嵌套

B. 指定嵌套列表时，也可以具体指定项目符号或编号样式

C. 无序列表应使用<ol>和<li>标记符进行创建

D. type 属性用于控制列表的项目符号或编号样式

5.（单选题）以下有关字体格式的说法中，错误的是 (　　)。

A. 一般应避免使用物理字符样式

B. 逻辑字符样式能体现出文本的逻辑含义

C. 字体格式一般应使用 CSS 进行设置

D. <font>标记符常用于设置字体大小和颜色

6.（单选题）<a>标记符 href 属性的取值不能是 (　　)。

A. 绝对 URL　　B. 相对 URL　　C. #　　D. 任意字符串

7.（填空题）已知站点文件夹结构如图 2-14 所示，要在 interest.htm 这个网页中创建一个能跳转到 index.htm 文件的超链接（链接文字为“返回”），应使用语句__________。

图 2-14　站点文件夹结构

8.（填空题）在网页中，如果想强调一段文本，将其用粗体显示，最好使用__________标记符。

二、问答题

1. 简要说明段落格式和字符格式各包括哪些内容。
2. 请解释绝对 URL 与相对 URL 的含义。
3. 举例说明如何创建站内链接、站外链接和锚点链接。

三、综合实践

1. 制作一个个人简历页面“resume_姓名.html”，要求合理使用<h*n*>、<p>、<hr>等标记符，并至少用到一种列表。
2. 根据本章学习的知识，完善 2.3 节制作的唐诗宋词网站，要求至少再制作 3 个风格一致的网页，且网页之间能够正确链接。
3. 仿照唐诗宋词网站制作一个完整的网站，要求正确设置文字格式和超链接。
4. 分成两人一组，互相检查“第 3 题”的结果，并提出评价和改进意见。

第3章 CSS3基础

03

CSS 是基于 Web 标准的网站开发中的“表现”部分，用于设置网页的显示效果。学习完本章内容之后，读者将可以使用 CSS 技术对网页进行基本的修饰和美化。

【知识目标】

1. 理解 CSS 的概念和优点。
2. 掌握 CSS 中样式表项的定义方式。
3. 掌握常用的 CSS 长度单位和颜色单位。
4. 学会区分站点样式、网页样式、行内样式的使用方法和应用场景。
5. 掌握标记符选择器、类选择器、ID 选择器、伪类选择器和群组选择器的用法。
6. 掌握常用的 CSS 颜色与背景属性、字体属性和文本属性。

【技能目标】

1. 熟练设置站点样式、网页样式和行内样式。
2. 针对具体的应用场景，熟练使用 5 种选择器，构造适当的样式表项。
3. 熟练使用 color、background-color、background-image 和 background 等颜色与背景属性。
4. 熟练使用 font-family、font-size、font-style、font-weight 和 font 等字体属性。
5. 熟练使用 line-height、text-align、text-decoration 和 text-indent 等文本属性。
6. 综合应用 CSS 技术，对基于文本的网站进行合理的视觉设置。

【素养目标】

1. 理解“结构与表现分离”的工程设计思想并能将其运用于网页设计。
2. 能够对比 HTML 和 CSS 技术，归纳总结结构化语言和技术的基本要素和特征。
3. 通过电影欣赏网站的制作，理解文化的多样性和包容性，对比不同媒体表现形式在文化传播过程中发挥的作用。

3.1 CSS 入门

本节首先介绍 CSS 技术的基础知识，然后介绍 CSS 样式定义和 CSS 的属性单位。

3.1.1 什么是 CSS

CSS 概念和 3 种样式

CSS（Cascading Style Sheets，层叠样式表）技术是一种格式化网页的标准方式，它扩展了 HTML 的功能，使网页设计者能够以更有效的方式设置网页格式。通过在网页中使用 CSS，可实现“内容/结构”与“显示/表现”的分离，使得网页开发者可以更高效地制作网页。

下面以一个实例来看一下 CSS 技术的优越性和单纯 HTML 的局限性。假如现在要在网页中为所有的“标题 1”标记符（<h1>）应用“居中”对齐方式（参见第 2 章 2.1.1 节和 2.3 节中的实例）并将其设置为带有下画线的格式，那么如果使用 HTML 方式解决，则必须在每次出现该标记符时使用 align="center"属性，并使用<u></u>标记符，代码如下所示。

```
<html>
<head><title>使用 HTML 方式</title></head>
<body>
<h1 align="center"><u>一级标题</u></h1>
<p>…其他正文…</p>
<h1 align="center"><u>一级标题</u></h1>
</body>
</html>
```

显而易见，如果出现 100 个<h1>标记符，就要重复设置同样的格式 100 次；另外，如果要更改格式，如将“下画线”更改为“斜体”，那么就需要重复上面的设置过程，工作量相当大。但假如使用 CSS 方式解决，就会简单有效得多，代码如下所示。

```
<html>
<head><title>使用 CSS 方式</title>
<style>
   h1 {text-align:center; text-decoration:underline;}
/* 如果要将“下画线”更改为“斜体”，只需将 text-decoration:underline;替换为 font-style:italic;即可；同样，若要将居中对齐更改为左对齐，只需要将 center 替换为 left。（注：此处使用的是 CSS 注释。）*/
  </style>
</head>
<body>
<h1>一级标题</h1>
<p>…其他正文…</p>
<h1>一级标题</h1>
</body>
</html>
```

上面的代码在 style 标记符中定义了 CSS 样式，该样式应用于网页中的所有<h1>标记符，使该标记符中的内容采用“居中”对齐和“下画线”格式。这样，只要一个样式定义，就解决了前面 HTML 方式所固有的两个问题——格式定义的重复和格式维护的困难。

实际上，使用 CSS 样式不但能简化格式设置工作，增强网页的可维护性，而且可以大大加强网页的表现力。因为相对于 HTML 标记符而言，CSS 样式属性提供了更多的格式设置功能。例如，可以通过 CSS 样式定义使网页中的超链接去掉下画线，或者为列表指定图像作为项目符号，甚至可以为图像设置半透明效果等。

使用 CSS 技术除了可以在单独网页中应用一致的格式以外，对于大网站的格式设置和维护更具有重要意义。将 CSS 样式定义到样式表文件中，然后在多个网页中同时应用该文件中的样式，就能确保多个网页具有一致的格式，并且能够随时更新（只要更改样式表文件就可以使所有网页自动更新），从而可大大减少网站的开发和维护工作量。由于 CSS 具有以上这些优点，因此它已经成为网站开发时必不可少的实用技术。

3.1.2 CSS 样式定义

正如我们在前面看到的，样式表项的组成如下：

```
selector {property1:value1; property2:value2; ……}
```

其中，selector 表示需要应用样式的内容，也叫作“选择器”；property 表示由 CSS 标准定义的样式属性；value 表示样式属性取值，如图 3-1 所示。注意，在定义样式表项时，所有的标点符号均为英文标点符号。

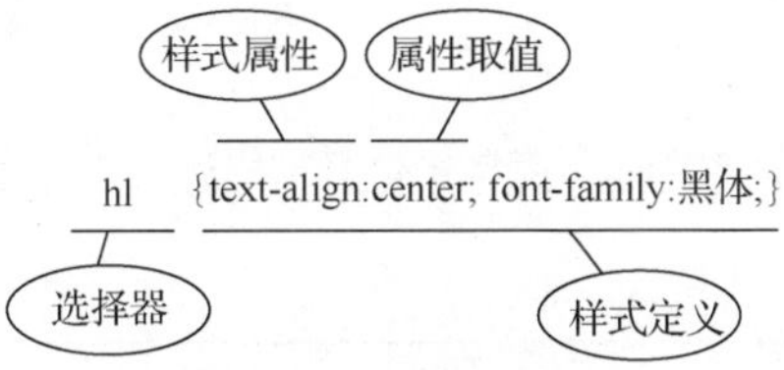

图 3-1 CSS 样式定义

学习 CSS，实际上就是学习对网页中的什么内容应用 CSS（即确定用什么样的选择器）、使用哪些 CSS 属性和如何通过设置属性的值来控制内容的显示效果。3.3 节将介绍 CSS3 的 5 种基本选择器，3.4 节将介绍 CSS3 的基础属性和其对应的取值。

3.1.3 CSS 的属性单位

由于 CSS 样式定义是由属性及其值组成的，所以我们有必要深入了解这些属性单位。

1. 长度单位

长度单位用来描述内容的长短、大小、尺寸等，长度单位及其描述如表 3-1 所示。

表 3-1 长度单位及其描述

单位	描述
%	使用百分比单位的格式是：先写上“+”号或“-”号，然后紧跟一个数字，最后是百分号“%”。如果百分比值为正，那么正号可以忽略不写，也就是说，“+50%”和“50%”是等效的。符号和百分号之间的数字可以是任意值，但由于在某些环境下浏览器不能处理带小数点的百分数，因此建议不要使用小数。另外，符号、数字和百分号之间不能有空格。 百分比值总是相对于另一个值来说的，在使用百分比值单位指定属性的同时也定义了这个百分比值的参照值。很多情况下，这个参照值是该元素本身的字体尺寸。 例如： p{line-height:150%} 表示该段文字的行高为标准行高的 1.5 倍
px	像素
em	1em 等于当前的字体尺寸，2em 等于当前字体尺寸的两倍。例如，如果某元素以 12pt 显示，那么 2em 是 24pt。在 CSS 中，em 是非常有用的单位，因为它可以自动适应用户所使用的字体
pt	点（1 pt 等于 1/72 英寸）

续表

单位	描述
pc	皮卡，相当于12点（1 pc = 12 pt）
cm	厘米
mm	毫米
in	英寸
ex	ex是一个相对长度单位，ex的值为当前字体小写字母“x”的高度，即x-height

说明 以上单位中最为常用的是px、em和%，其他单位较少在实际场合使用。

2. 颜色单位

CSS中的颜色可以用多种方法来指定，颜色单位及其描述如表3-2所示。

表3-2 颜色单位及其描述

单位	描述
颜色名	直接使用标准颜色名称（或浏览器支持的其他颜色名称），例如blue表示蓝色。HTML和CSS颜色规范中定义了147种颜色，包括17种标准颜色和130种其他颜色。17种标准色是aqua、black、blue、fuchsia、gray、green、lime、maroon、navy、olive、orange、purple、red、silver、teal、white、yellow
#rrggbb	使用两位十六进制数表示颜色中的红色、绿色、蓝色含量，例如#0000ff表示蓝色。如果rgb含量两两相同，也可以用#rgb的方式予以简化，例如，#00f相当于#0000ff（蓝色）
rgb(r, g, b)	使用十进制数表示颜色的红色、绿色、蓝色含量，其中r、g和b都是0~255的十进制数，例如rgb(0,0,255)表示蓝色
rgb(r%, g%, b%)	使用百分数表示颜色的红色、绿色、蓝色含量，例如rgb(0, 0, 100%)表示蓝色
rgba(r,g,b,a)	在rgb模式的基础上增加了一个alpha参数，用来规定内容的不透明度，alpha参数是介于0.0（完全透明）与1.0（完全不透明）之间的数字。例如，rgb(0,0,255,0.5)表示半透明的蓝色。注意这种方式只有较新版本的浏览器才支持

说明 除了RGB模式以外，较新版本的浏览器还支持HSL模式（以及相应的HSLA模式），即使用hue（色调）、saturation（饱和度）、lightness（亮度）这3个值指定颜色，但这种用法相对较少。

3.2 在网页中使用CSS

本节介绍如何在网页中使用CSS技术，包括在网页<head>标记符中使用<link>标记符链接外部的CSS文件（即站点样式）、通过在网页<head>标记符中使用<style>标记符嵌套样式信息（即网页样式）、使用HTML标记符的style属性嵌套样式信息（即行内样式）。

3.2.1 使用站点样式

使用 CSS 的最大优势是实现了内容与表现的分离，可以达到“一处定义，多处使用”的效果。在一个网站中，将需要重复在多个网页中使用的样式放在外部样式表文件中，然后通过链接的方式引用其中的样式，可以让整个网站具有一致的视觉效果，形成独特的设计风格。外部样式表通常应用于整个网站的多个网页，因此也叫作“站点样式”。使用站点样式的优点很明显，网页设计者可以在一个链接的 CSS 文件上做修改，然后所有引用它的网页样式都会自动更新，如图 3-2 所示。

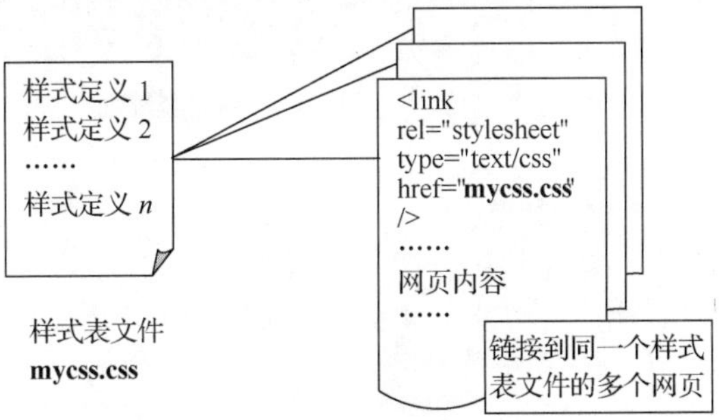

图 3-2 链接外部样式

链接引用外部样式表的方法为：在<head>标记符内使用<link>标记符，通过指定相应属性链接到外部样式表。用法如下：

```
<link rel="stylesheet" type="text/css" href="样式表文件的 URL" />
```

其中，rel 属性规定了被链接文件的关系，在链接样式表文件（.css 文件）的情况下，取值永远是"stylesheet"；type 属性规定了链接文件的 MIME 类型，它的值永远是"text/css"；href 属性指定了要链接的样式表文件。

创建样式表文件的方式非常简单，只要将样式定义放置到一个空白的文本文件中，然后将文件扩展名修改为.css 保存即可，操作方法与用“记事本”保存 HTML 文件类似。

例如，在 2.3 节“唐诗宋词”实例的根目录中制作一个 mycss.css 文件，其内容如下（具体属性含义请参见 3.4 节和第 6 章）：

```
body{
  background:url(images/background.jpg);      /*设置背景图案*/
  margin:50 auto;                             /*设置页面内容居中*/
  width:60%;                                  /*设置页面宽度为 60%*/
}
h2{                                           /*为 h2 增加下画线效果*/
  border-bottom:1px black solid;
}
```

在网站首页代码中，在<head></head>之间加入以下代码：

```
<link rel="stylesheet" type="text/css" href="mycss.css" />
```

在其他网页代码中，在<head></head>之间加入以下代码：

```
<link rel="stylesheet" type="text/css" href="../mycss.css" />
```

在浏览器中打开该网站，就会看到所有网页就好像添加了“皮肤”一样，呈现出一种统一的视觉效果，如图 3-3 所示。

图 3-3 链接外部样式表文件后的唐诗宋词网站效果

3.2.2 使用网页样式

在设计网站的视觉效果时，具有共性的部分显然更多，因此外部样式表（站点样式）是应用最广泛的一种样式表。虽然如此，具体到每一个单独的网页，也有可能需要设置仅适用于当前网页的效果，这时候就需要使用网页样式。这就是 3.1.1 节中示例所使用的方法：在<head>标记符内使用<style>标记符，然后在<style>标记符中定义样式。

例如，在上面的唐诗宋词网站中，如果“李白”页面的背景颜色需要单独设置（此处仅为举例，实际设计时最好保持一致），可以在其代码中进行以下设置：

```
<html>
<head> <title>李白诗篇</title>
<link rel="stylesheet" type="text/css" href="../mycss.css" />
<style>
 body{background:aliceblue;}    /*重新设置背景颜色，将覆盖之前设置的背景图案*/
</style>
</head>
<body>
……
```

在浏览器中打开相应页面，页面显示效果就变为图 3-4 所示的结果。

注意 **同时设置站点样式和网页样式时，应先使用<link>标记符，再使用<style>标记符，以确保网页样式的优先级高于站点样式。**

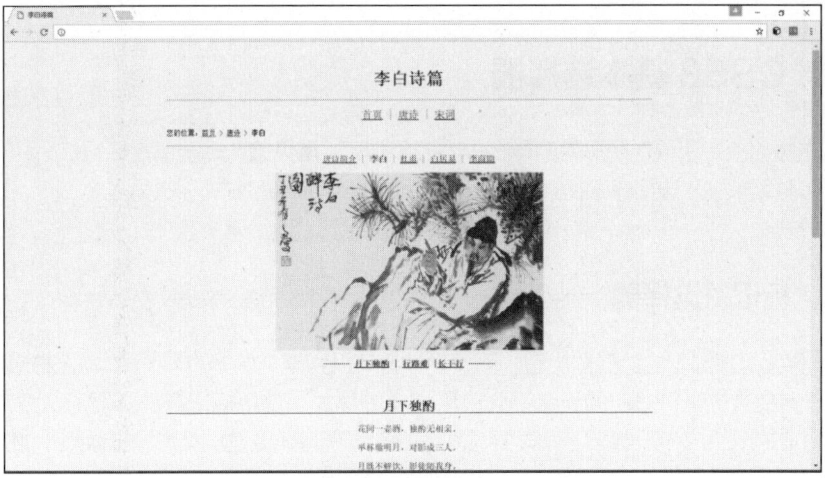

图 3-4　单独设置了背景颜色的“李白”页面效果

3.2.3　使用行内样式

如果要为整个网站设置一致的风格，应使用站点样式（用<link>标记符链接到外部样式表文件）；如果要为单独的页面设置独特的效果，应使用页面样式（用<style>标记符在页面内设置样式）；这两种方法适用于绝大多数的场合。不过，还有一种样式叫作“行内样式”，可以在极其特殊的场合（通常是指测试某种视觉效果时）使用。所谓行内样式，是指在 HTML 标记符中使用 style 属性直接嵌入样式定义，如下所示：

```
<标记符 style="property1:value1; property2:value2; ……">
```

也就是将 style 属性的值指定为 CSS 属性和相应值的配对，配对之间用分号分隔。例如，在上一节制作的“李白”页面中，如果将其面包屑部分的代码更改为如下所示：

```
<p style="background:lightgreen;font-family: 楷体 ;font-size:small">您的位置： <a href="../index.htm">首页</a> > <a href="index.htm">唐诗</a> > <strong>李白</strong></p>
```

则页面显示效果如图 3-5 所示。

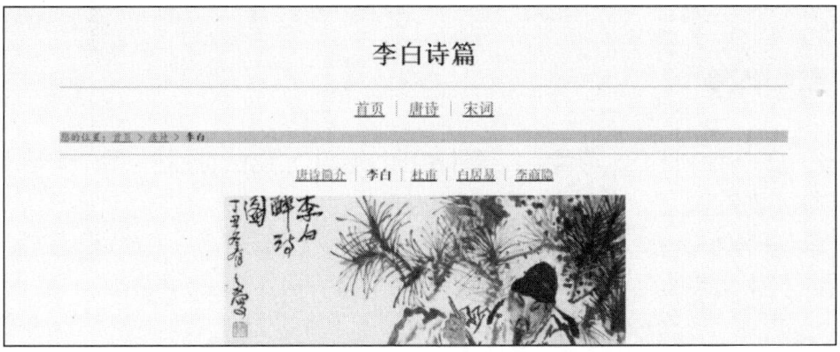

图 3-5　为面包屑增加了行内样式的“李白”页面效果

注意　**行内样式的用法违背了“内容与表现分离”的基本设计原则，与 CSS 的使用初衷背道而驰，因此强烈不建议使用。只有当我们想要快速查看（即测试）某种效果是否可行时，才能临时使用。一旦确定要使用相应效果，就应将行内样式删除，代之以网页样式或站点样式。**

3.3 CSS3 基本选择器

CSS 的选择器决定了要对网页中的什么内容应用样式。常见的选择器包括标记符选择器、类选择器、ID 选择器和伪类选择器。也可以使用编组的方式一次为多个选择器指定样式。

CSS3 基本选择器

3.3.1 标记符选择器

标记符选择器是最典型的选择器类型。网页设计者可以为某个具体的 HTML 标记符应用样式定义，此时网页中所有的该标记符对应的元素都会应用相应的样式。使用标记符选择器时，要点是理解每个 HTML 元素对应的网页内容。例如，如果要对网页中的所有超链接设置某种视觉效果（如去掉下画线），其对应的选择器显然应该是<a>标记符，对应的 CSS 样式代码如下：

```
a{ text-decoration:none; }
```

类似地，如果要为某个网页设置背景颜色，代表整个网页的标记符应该是<body>，对应的 CSS 样式代码如下：

```
body{ background-color:aliceblue; }
```

此外，在使用 HTML 标记符选择器时，还要理解对应元素的作用范围。例如，如果对 h2 元素应用以下 CSS 样式：

```
h2{ border-bottom:1px black solid; }
```

那么二级标题的底部就会出现页面宽度那么长的一条下画线（参见图 3-4）。这是因为 h2 是块元素，对其底部应用边框属性（参见第 6 章）的作用范围是整个 h2 元素，而不仅仅是有文字的部分（请对比 text-decoration 这种文本属性的作用范围）。

> **注意** **块元素是指自带换行效果的 HTML 元素，它们在网页中被当作整行对待（不管其中包含多少内容）。常见的块元素包括 h1～h6、p、ul/ol、li、div 等。与块元素相对应的是行内元素，行内元素是指不带换行效果的 HTML 元素，相当于单个的文字。最常见的行内元素是 a 和 img。**

3.3.2 类选择器

如果要对网页中的多种 HTML 元素定义某种类别，可以使用类选择器，用一个句点和类名表示。例如，以下 CSS 样式代码定义了一个叫作 center 的类：

```
.center{ text-align:center; }
```

在 HTML 标记符中如果指定 class 属性为 center，则会应用相应的类样式，如下所示：

```
<h1 class="center">此段标题 1 将居中显示</h1>
<p class="center">此段落将居中显示</p>
```

这种类也叫作通用类，因为任何 class 属性为 center 的 HTML 元素都可以应用该样式。

如果在类名前添加了 HTML 标记符，那么只有 class 属性为类名，同时又是对应的 HTML 元素时才会应用该样式。例如，h1.center 这个选择器定义了一个只能用于 h1 元素的 center 类。

另外，使用“标记符.classname”这种方式时该类名可以用于别处（代表其他的类）而不会互相影响。例如，在以下代码对应的网页中，“标题文本”将显示为蓝底白字，而“段落文本”将显示为红底黄字：

```
<html>
<head>
<style>
  h1.fancy{ background:blue; color:white;}  /*蓝底白字*/
  .fancy{ background:red; color:yellow; }   /*红底黄字*/
</style>
</head>
<body>
<h1 class="fancy">标题文本</h1>
<p class="fancy">段落文本</p>
</body>
</html>
```

3.3.3 ID 选择器

如果想要对网页中某个独一无二的元素设置特定效果，那么可以使用 ID 选择器。具体做法是，在 HTML 标记符中为该元素用 id 属性进行命名，然后在 CSS 中使用以下方式进行样式定义：

```
#IDname{property:value ……}
```

例如，网页中的“面包屑”显然是一个独一无二的元素，那么就可以定义一个 ID 样式，如下所示：

```
#bread {    /*淡绿色背景、小字号、楷体字*/
      background:lightgreen; font-family:楷体; font-size:small; }
```

然后在逻辑含义为“面包屑”的 HTML 标记符（在我们之前的代码中是<p>，在真实的网页开发中也经常用<div>）中指定其 id 属性为 bread，如下所示：

```
<p id="bread">您的位置：<a href="../index.htm">首页</a> > <a href="index.htm">唐诗</a>
> <strong>李白</strong></p>
```

与类名可以与 HTML 标记符一起进行特殊指定类似，我们偶尔也会见到下面这种用法：

```
div#sidebar{……}
```

表示只有 id 属性为 sidebar 的<div>标记符才能应用该样式。不过，既然某个 ID（如 sidebar）在网页中本身就是独一无二的，那么为其指定具体的标记符就显得画蛇添足。

> **注意** **所谓 ID 在网页中应该是独一无二的，是指在任意一个具体的网页中，id 属性等于某个特定值的元素应该只有一个。这并不是说，在整个网站的多个网页中，该 ID 只能出现一次。很显然，对于上面的例子，在一个网站的多个网页中都会有 bread 这个元素，它们共享一个 ID。**

> **注意** **虽然使用 .classname 和使用#IDname 这两种方式在视觉效果上并没有区别，但其逻辑含义是完全不同的，不应混淆使用。“按照语义而非视觉效果编写网页代码（包括 HTML 代码和 CSS 代码）”是基于 Web 标准的网站开发的基本要求，因此，何时使用类、何时使用 ID，应根据具体的语义场景进行确定。最基本的原则是：ID 表示独一无二（整个网页上就出现一处），而类表示某个类别（网页中很可能多次出现）。**

3.3.4 伪类选择器

对于<a>标记符，可以用伪类的方式设置不同类型超链接的显示方式。所谓不同类型超链接，是指访问过的、未访问过的、激活的以及鼠标指针悬停于其上的这4种状态的超链接。

可以通过指定下列选择器之一设置超链接样式。

- a:link：当超链接没被访问过时，所设置的样式应用于超链接。
- a:visited：当超链接已被访问过时，所设置的样式应用于超链接。
- a:hover：当鼠标指针移动到超链接之上时，所设置的样式应用于超链接。
- a:active：当超链接当前为被选中状态时，所设置的样式应用于超链接。

例如，以下一组样式定义可以使网页中的超链接文字在未访问过时以黑色显示，访问过和被选中时以灰色显示，鼠标指针悬停其上时以红色显示。除了鼠标指针悬停时有下画线，其他状态均没有下画线。

```
a:link {color:black; text-decoration:none;}
a:visited {color:gray; text-decoration:none;}
a:hover {color:red; text-decoration:underline;}
a:active {color:gray; text-decoration:none;}
```

注意 **如果同时指定超链接的多种状态，应按照a:link、a:visited、a:hover、a:active的顺序（可用LoVeHAte这组英文单词辅助记忆），以避免样式冲突。**

注意 **:hover 伪类除了可以应用于<a>标记符以外，还可用于其他标记符。例如，p:hover{background:#eee; border:1px solid black;}将使段落在鼠标指针悬停时显示出背景色和边框。**

伪类选择器也可以与类选择器或ID选择器联合使用，例如：

```
a#bread:hover{border-bottom:1px dotted black;}
```

表示只有id属性为bread的超链接（即<a id="bread"></a>）在鼠标指针悬停时才显示虚线下画线（要查看此效果，应先用a{text-decoration:none;}去掉超链接的下画线）。

3.3.5 群组选择器

如果多个选择器拥有相同的样式声明，那么可以使用逗号的方式将其编组。例如，现有以下两个样式定义：

```
a:visited {color:gray; text-decoration:none;}
a:active {color:gray; text-decoration:none;}
```

可以编组简写为：

```
a:visited, a:active{color:gray; text-decoration:none;}
```

又例如，以下样式定义将所有的标题都设置为楷体字：

```
h1,h2,h3,h4,h5,h6{font-family:楷体;}
```

3.4 CSS3 基础属性

本节介绍几种常用的CSS属性，包括：颜色与背景属性、字体属性与文本属性。

3.4.1 颜色与背景属性

在CSS中，颜色属性可以设置元素内文本的颜色，而各种背景属性则可以控制元素的背景颜色以及背景图案。CSS 颜色属性只有一个 color，背景属性包括 background-color、background-image、background-attachment、background-position、background-repeat 和 background 等。

CSS3 基本属性

1. color 属性

color 属性用于控制 HTML 元素内文本的颜色，取值可以使用 3.1.3 节中介绍的任意一种方式。例如，可以用以下任意一种方式为 h1 元素设置绿色的文本颜色：h1{color:green}、h1{color:#00ff00}、h1{color:#0f0}、h1{color:rgb (0,255,0)}、h1{color:rgb(0,100%,0)}。

2. background-color 属性

background-color 属性用于设置 HTML 元素的背景颜色，取值与 color 属性一样，可以使用任意一种表示颜色的方式。此属性的默认值是 transparent，表示没有任何颜色（或者说是透明色）。此时上级元素的背景可以在子元素中显示出来。

3. background-image 属性

background-image 属性用于设置 HTML 元素的背景图案，取值为 url（imageurl）或 none。默认值为 none，即没有背景图案。当指定图案的位置时，应包括在“url”字样后的括号中。

4. background-attachment 属性

background-attachment 属性控制背景图像是否随内容一起滚动，取值为 scroll | fixed。默认值为 scroll，表示背景图像随着内容一起滚动；fixed 表示背景图像静止，而内容可以滚动，这种效果也叫作水印效果。

5. background-position 属性

background-position 属性指定了背景图像相对于关联区域左上角的位置。该属性通常指定由空格隔开的两个值，可以使用关键字 left | center | right 和 top | center | bottom，也可以指定百分数，或者指定以标准单位计算的距离。例如，50%表示将背景图像放在区域的中心位置，25px 的水平值表示背景图像左侧距离区域左侧 25px。如果只提供了一个值而不是一对值，则相当于只指定水平位置，垂直位置自动设置为 50%。指定距离时，也可以使用负值，表示背景图像可超出边界。此属性的默认值是“0% 0%”，表示背景图像与区域左上角对齐。

6. background-repeat 属性

background-repeat 属性表示当使用背景图案时，背景图案是否重复显示。取值可以是 repeat | repeat-x | repeat-y | no-repeat，默认值是 repeat，表示在水平方向和垂直方向都重复，即像铺地板一样将背景图案平铺；repeat-x 表示在水平方向上平铺；repeat-y 表示在垂直方向上平铺；no-repeat 表示不平铺，即只显示一幅背景图案。

7. background 属性

background 属性是一个组合属性，可用于同时设置 background-color、background-image、background-attachment、background-position、background-repeat 等背景属性。在指定 background 属性时，各属性值的位置可以是任意的（浏览器可以根据属性取值来自行判断哪个值对应于哪个属性）。

注意 **如果给某个元素指定了 background 属性，其中只使用了部分值，那么没有指定的属性值将使用默认值。例如，h1{background:lightblue;}相当于 h1{background:lightblue none;}（由于 background-image 属性取值为 none，也就不存在其他的背景属性了）。这一特性有时会造成样式冲突的问题，详见第 6 章。**

以下示例显示了颜色与背景属性的用法，效果如图3-6所示。

```
<html>
<head><title>颜色与背景属性示例</title>
<style>
   h1{ font-family:楷体;    /*设置字体，参见下一节*/
         background-image:url(bg.jpg); }
   .author{font-family:隶书; color:#00008b;}
   p{font-size:larger;      /*设置字号，参见下一节*/}
   body{background:#f0f8ff;text-align:center;}
</style>
</head>
<body>
  <h1>冬夜读书示子聿</h1>
  <p class="author">陆游</p>    <p>古人学问无遗力，</p>
  <p>少壮工夫老始成。</p>    <p>纸上得来终觉浅，</p>    <p>绝知此事要躬行。</p>
</body>
</html>
```

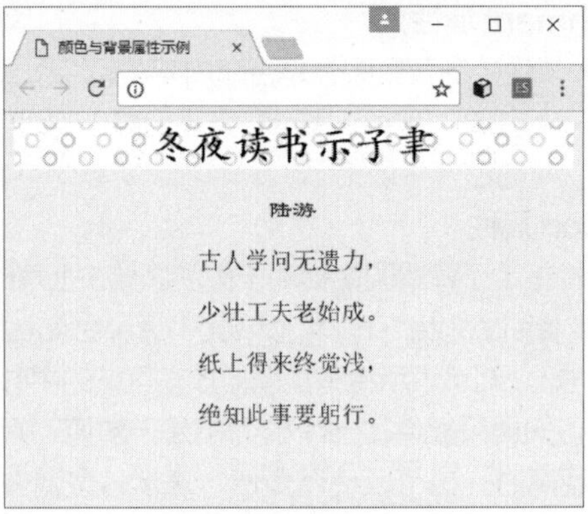

图3-6　颜色与背景属性示例

3.4.2　字体属性

字体属性用于控制网页中的文本的字符显示方式，例如控制文字的大小、粗细以及使用的字体等。CSS中常用的字体属性包括font-family、font-size、font-style、font-variant、font-weight和font等。

1. font-family属性

font-family属性用于确定要使用的字体列表，取值可以是字体名称，也可以是字体族名称，值之间用逗号分隔。例如：h1{font-family:楷体,黑体}表示将h1元素设置为楷体，如果楷体不能显示，那么显示黑体（如果黑体不能显示，则显示默认的字体，通常是宋体）。

在使用字体或字体族时，如果名称由多个单词构成，那么应对字体或字体族名加上引号（例如"Times New Roman"）。CSS定义了以下字体族名：cursive、fantasy、monospace、serif和sans-serif。字体族中通常包含多种字体，例如，serif字体族中包含Times字体；monospace字体族中包含Courtier字体等。

2. font-size属性

font-size属性用于控制字体的大小，它的取值分为4种类型：绝对大小、相对大小、长度值以及百分数。该属性的默认值是medium。

当使用绝对大小类型时，可能的取值为 xx-small | x-small | small | medium | large | x-large | xx-large，表示越来越大的字体。

当使用相对大小类型时，可能的取值为 smaller | larger，分别表示比上一级元素中的字体小一号和大一号。例如，如果在上级元素中使用了 medium 大小的字体，而子元素采用了 larger 值，则子元素的字体大小将是 large。

说明　上一级元素是指包含当前元素的元素。例如，body 元素显然是所有网页内容元素的上级元素。

当使用长度值类型时，可以直接指定，一般使用 px 或 em 作为单位。

当使用百分数类型时，表示相对当前默认字体（即 medium 所代表字体的大小）的百分比。

3. font-style 属性

font-style 属性用于确定指定元素显示的字形。font-style 属性的值包括 normal、italic 和 oblique 3 种。默认值为 normal，表示普通字形；italic 和 oblique 表示斜体字形，两者在显示时一般没有区别，一般用 italic 即可。

4. font-variant 属性

font-variant 属性用于指定浏览器显示指定元素的字体变体。该属性有两个值：small-caps 和 normal。默认值为 normal，表示使用标准字体；small-caps 表示小体大写，也就是说所有小写字母看上去与大写字母一样，不过尺寸要比标准的大写字母小一些。

5. font-weight 属性

font-weight 属性用于定义字体的粗细值，它的取值可以是以下值中的一个：normal | bold | bolder | lighter | 100 | 200 | 300 | 400 | 500 | 600 | 700 | 800 | 900。默认值为 normal，表示正常粗细，bold 表示粗体。也可以使用具体数值指定，范围为 100 至 900，对应粗细为从最细到最粗。normal 相当于 400，bold 相当于 700。如果使用 bolder 或 lighter，则表示相对于上一级元素中的字体更粗或更细。

注意　虽然 font-weight 属性的值规定了各种粗细的字体，但实际上一般的计算机系统只有两种字体粗细，即“正常”（normal）和“加粗”（bold），设置为其他粗细的值会就近显示为这两种粗细。

6. font 属性

使用 font 属性可一次性设置前面介绍的各种字体属性（属性之间以空格分隔）。在使用 font 属性设置字体格式时，应遵循以下表达式：

```
[<'font-style'>||<'font-variant'>||<'font-weight'>]?<'font-size'>[/<'line-height
'>]? <'font-family'>
```

font-style、font-variant、font-weight 这 3 个属性可有可无，如果有的话，可以以任意顺序首先出现；font-size 和 font-family 这两个属性必须有，而且必须按照 font-size 在先、font-family 在后的顺序出现；line-height 这个属性可有可无，如果出现的话，必须在 font-size 后用斜线隔开。

按照这个规则，以下 CSS 定义有的能够工作，有的不能：

```
font: italic 20px Serif;     /* 正确 */
font: 20px;                  /* 错误，因为缺少了必须有的 font-family */
font: 18em Fantasy;          /* 正确 */
font: bold small-caps;       /* 错误，因为缺少了必须有的 font-size 和 font-family */
```

以下示例显示了常用字体属性的用法，效果如图 3-7 所示。

```
<html>
<head><title>字体属性示例</title>
<style>
    .s1{ font-family:黑体; font-size:x-large; font-style:italic; }
    .s2{ font-size:larger;}
    .s3{ font-variant:small-caps;}
    .s4{ font-weight:bolder;}
    .s5{ font:bolder italic 2em 楷体;}
</style>
</head>
<body>
<p class="s1">生活最沉重的负担，不是工作，而是——无聊。</p>
<p class="s2">我需要工作，工作就是我的生活。</p>
<p class="s3">life means struggle.</p>
<p class="s4">学者贵于行之，而不贵于知之。</p>
<p class="s5">将来属于那些工作勤勉的人。</p>
</body>
</html>
```

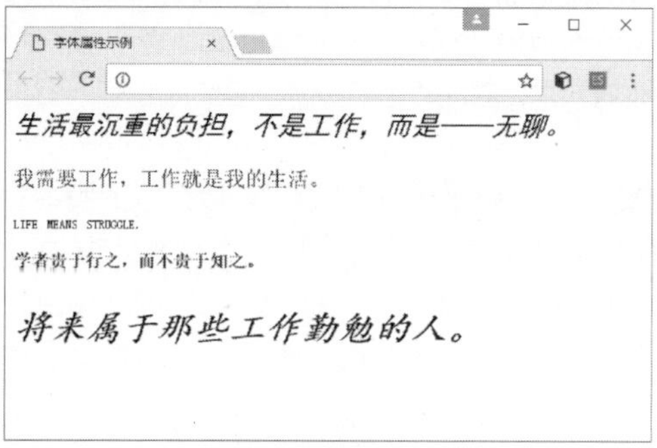

图 3-7　字体属性示例

3.4.3　文本属性

文本属性用于控制文本的段落格式，例如设置首行缩进、段落对齐方式等。CSS 中的常用文本属性包括 line-height、text-align、text-decoration 和 text-indent。

1. line-height 属性

line-height 属性决定了相邻行之间的间距（或者说行高）。其取值可以是数字、长度或百分数，默认值是 normal。当以数字指定值时，行高就是当前字体高度与该数字相乘的倍数。例如，div{font-size: 10pt; line-height:1.5;} 表示的行高是 15pt。如果指定具体的长度值，则行高为该值。如果用百分数指定行高，则行高为当前字体高度与该百分数相乘。

2. text-align 属性

text-align 属性指定了所选元素的对齐方式（类似于 HTML 标记符的 align 属性），取值可以是 left | right | center | justify，分别表示左对齐、右对齐、居中对齐和两端对齐。此属性的默认值依浏览器的类型而定。

3. text-decoration 属性

text-decoration 属性可以对特定选项的文本进行修饰，它的取值为 none | [underline |

overline | line-through | blink]。默认值为 none，表示不加任何修饰。underline 表示添加下画线；overline 表示添加上画线；line-through 表示添加删除线；blink 表示添加闪烁效果（有的浏览器并不支持此值）。

4. text-indent 属性

text-indent 属性可以对特定选项的文本进行首行缩进，取值可以是长度值或百分数。此属性的默认值是 0，表示无缩进。在中文网页中，如果按照印刷文本的惯例指定两个汉字的首行缩进，可以设置 text-indent 值为 2em。

以下示例显示了各种常用文本属性的用法，效果如图 3-8 所示。

```
<html>
<head><title>文本属性示例</title>
<style>
  .s1{line-height:400%;}
  .s2{text-align:center;}
  .s3{text-decoration:underline overline;}     /*同时显示上画线和下画线*/
  .s4{text-indent:2em; line-height:1.5;}
</style>
</head>
<body>
  <p class="s1">伟大人物最明显的标志，就是他坚强的意志。</p>
  <p class="s2">天才就是耐心。</p>
  <p class="s3">人思考越多，话越少。</p>
  <p class="s4">一个人的生命是应该这样度过的：当他回首往事的时候，不因虚度年华而悔恨，也不因碌碌无为而羞耻。这样，在临死的时候，他才能够说："我的整个生命和全部的精力都献给了世界上最壮丽的事业——为人类的解放而斗争。"</p>
</body>
</html>
```

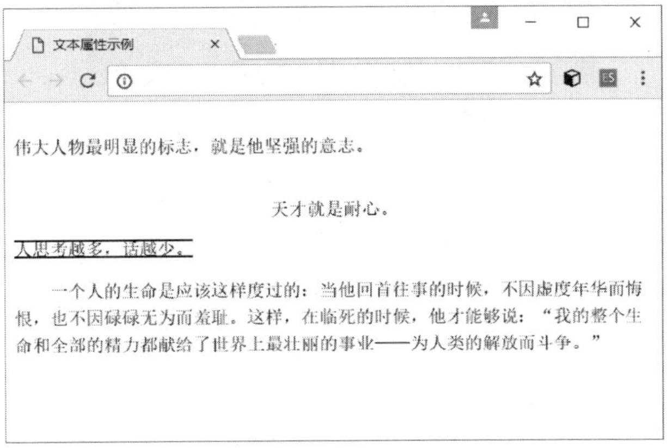

图 3-8 文本属性示例

3.5 综合实例：电影欣赏网站

电影是一种视听艺术，包含着丰富的文化观念和文化符号。电影又是一种主流的媒体形式，是叙事的最佳载体之一。通过欣赏电影，观众可以在潜移默化中理解文化的深层意义，塑造自己的心灵。本节我们将使用前面学习的知识，制作一个简单的电影欣赏网站，页面效果如图 3-9～图 3-12 所示。

综合实例：电影欣赏网站

图 3-9　电影网站首页

图 3-10　动画栏目首页

图 3-11　科幻栏目首页

图 3-12 “哪吒”页面

3.5.1 网站规划与设计

1. 站点的信息架构

本示例站点的文件结构如图 3-13 所示。其中，根目录中包括 index.htm（首页）和 css.css（站点的 CSS 文件）两个文件；另外有 html 和 images 两个文件夹，分别用来存储 HTML 文件和图片文件。

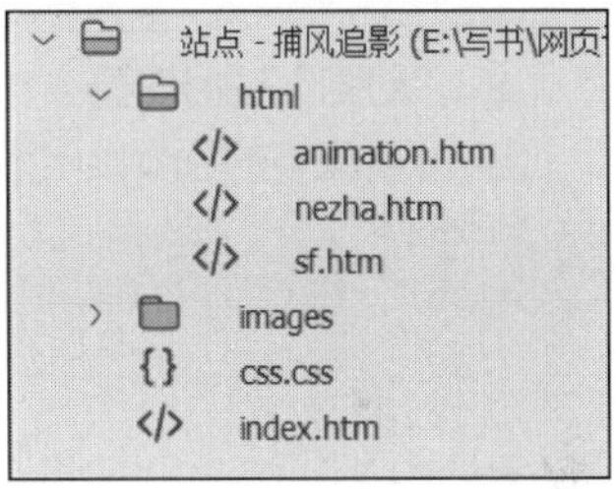

图 3-13 电影欣赏网站的文件结构

网站分为“剧情”“动画”“科幻”“动作”和“悬疑”5 个栏目，每个栏目中包括一个主页和若干个内容页面。例如，“动画”栏目中有一个“动画主页”和“哪吒”“千与千寻”“疯狂动物城”这 3 个内容页面。

与第 2 章中的综合实例类似，导航系统包括主导航和面包屑。但本示例并没有包含二级导航，浏览者可以通过主导航或者面包屑回到上级页面来进行二级导航。

2. 视觉设计

本网站的一些主要视觉设计如下：每一个页面，都用一个“盒子”将其宽度设置为 80%（详见第 6 章）；主导航设置背景颜色（background:lightblue;）和字体效果（font: 36px/2em 楷体;），并且每一页都一致；所有的超链接都去掉下画线（a{text-decoration:none;}），并且在鼠标指针悬停时加上下画线和文本变成红色（a:hover{text-decoration:underline; color:red;}）；不同的栏目采用不同的页顶图片和背景色进行区分（例如，“动画”栏目中的所有页面都采用 lightyellow 作为背景颜色）；面包屑和标题 2 都设置下画线效果（通过设置 boder-bottom 属性实现，详见第 6 章），以产生一种页面分块的效果。

3.5.2 网页制作

1. 首页

根目录下的 index.htm，其代码如下：

```
<html>
<head><title>捕风追影</title>
<link href="css.css" rel="stylesheet" type="text/css" />
</head>
```

```
<body>
<div id="box">
<img src="images/movie_theme.jpg" />
<p id="nav"><a href="#">剧情</a> <a href="html/animation.htm">动画</a> <a href="html/sf.htm">科幻</a> <a href="#">动作</a> <a href="#">悬疑</a></p>
<p>电影有很多种，有些让你流泪，有些让你捧腹大笑；</p>
<p>有些让你回忆起美好的过往，有些让你期待未来的到来；</p>
<p>有些很现实，有些很缥缈；</p>
<p class="lastline">有些让你大脑高速运转，有些让你的心得以短暂休息。</p>
<p>电影，就是这么神奇的东西，</p>
<p>不管是哪一类的电影——剧情，动画，科幻，动作，悬疑……</p>
<p class="lastline">都能让你感受生活的魅力，想象的惊喜。</p>
<p>你问我电影是什么？</p>
<p>也许某一刻电影就是整个世界，</p>
<p>就是永恒。</p>
<hr>
<p id="footer">copyright 2023</p>
</div>
</body>
</html>
```

2. "动画"栏目首页

html 目录下的 animation.htm，其代码如下：

```
<html>
<head><title>动画片</title>
<link href="../css.css" rel="stylesheet" type="text/css" />
<style>
#box{background:lightyellow;}
</style>
</head>
<body>
<div id="box">
<img class="banner" src="../images/animation_banner.jpg" />
<p id="nav"><a href="#">剧情</a> <strong>动画</strong> <a href="sf.htm">科幻</a> <a href="#">动作</a> <a href="#">悬疑</a></p>
<p id="bread"><a href="../index.htm">首页</a> > <strong>动画</strong> </p>
<p><a href="nezha.htm"><img class="pics" src="../images/nezha.jpg" /></a><img class="pics"src="../images/spiritedaway.jpg" /><img class="pics" src="../images/zootopia.jpg" /></p>
<hr>
<p id="footer">copyright 2023</p>
</div>
</body>
</html>
```

3. "科幻"栏目首页

html 目录下的 sf.htm，其代码如下：

```
<html>
<head><title>科幻片</title>
<link href="../css.css" rel="stylesheet" type="text/css" />
<style>
#box{background:aliceblue;}
```

```
</style>
</head>
<body>
<div id="box">
<img class="banner" src="../images/sf_banner.jpg" />
<p id="nav"><a href="#">剧情</a> <a href="animation.htm">动画</a> <strong>科幻
</strong> <a href="#">动作</a> <a href="#">悬疑</a></p>
<p id="bread"><a href="../index.htm">首页</a> > <strong>科幻</strong> </p>
<p><img class="pics" src="../images/wonderingearth.jpg" /><img class="pics"src="..
/images/readyplayerone.jpg" /><img class="pics" src="../images/avengers.jpg" /></p>
<hr>
<p id="footer">copyright 2023</p>
</div>
</body>
</html>
```

4. “哪吒”栏目页面

html 目录下的 nezha.htm，其代码如下：

```
<html>
<head><title>哪吒之魔童降世</title>
<link href="../css.css" rel="stylesheet" type="text/css" />
<style>
#box{background:lightyellow;}
</style>
</head>
<body>
<div id="box">
<img class="banner" src="../images/animation_banner.jpg" />
<p id="nav"><a href="#">剧情</a> <a href="animation.htm">动画</a> <a href="sf.htm">
科幻</a> <a href="#">动作</a> <a href="#">悬疑</a></p>
<p id="bread"><a href="../index.htm">首页</a> > <a href="animation.htm">动画</a> >
<strong>哪吒之魔童降世</strong></p>
<h1>哪吒之魔童降世</h1>
<p><img src="../images/nezha_theme.jpg" /></p>
<h2>概况</h2>
<p>导演：饺子</p>
<p>编剧：饺子 / 易巧 / 魏芸芸</p>
<p>主演：吕艳婷 / 囧森瑟夫 / 瀚墨 / 陈浩 / 绿绮 / 更多...</p>
<p>类型：剧情 / 喜剧 / 动画 / 奇幻</p>
<p>制片国家/地区：中国</p>
<p>语言：汉语普通话</p>
<p>上映日期：2019-07-26（中国）/ 2019-07-13（大规模点映）</p>
<p>片长：110 分钟</p>
<h2>剧情简介</h2>
<p class="intro">天地灵气孕育出一颗能量巨大的混元珠，元始天尊将混元珠提炼成灵珠和魔丸，灵珠投胎为人，助周伐纣时可堪大用；而魔丸则会诞出魔王，为祸人间。元始天尊启动了天劫咒语，3 年后天雷将会降临，摧毁魔丸。太乙受命将灵珠托生于陈塘关李靖家的儿子哪吒身上。然而阴差阳错，灵珠和魔丸竟然被调包。本应是灵珠英雄的哪吒却成了混世大魔王。调皮捣蛋顽劣不堪的哪吒却徒有一颗做英雄的心。然而面对众人对魔丸的误解和即将来临的天雷的降临，哪吒是否命中注定会立地成魔？他将何去何从？</p>
<hr>
```

```
<p id="footer">copyright 2023</p>
</div>
</body>
</html>
```

5. CSS 文件

根目录下 css.css 文件的内容如下（请注意体会不同类型选择器的使用）：

```
#box{  /*定义一个包括所有内容的盒子，详见第 6 章*/
text-align:center;
width:80%;
margin:0 auto;  /*设置盒子居中对齐*/
}
#nav{  /*主导航*/
font: 36px/2em 楷体;
background:lightblue;
}
#bread{   /*面包屑*/
border-bottom:1px black dotted;
padding:3px;
text-align:left;}

h1{font:36px/2em 黑体;}  /*一级标题*/
h2{width:60%;border-bottom:1px black solid;margin:40px auto 20px;}  /*二级标题*/
a{text-decoration:none;}  /*超链接去掉下画线*/
a:hover{  /*鼠标指针悬停状态加上下画线并且文本变红*/
text-decoration:underline;
color:red;}

.banner{width:850px;height:320px;}  /*设置页顶图片宽高*/
.lastline{ margin-bottom:2em; }
.pics{  /*图片固定宽高*/
width:350px; height:515px; margin:8px;
}
.intro{  /*设置介绍文本字体和块居中等属性*/
font:18px/1.5em 宋体;
width:60%;
margin:20px auto;
text-align:left;
}
```

【要点回顾】

① CSS 技术是一种格式化网页的标准技术，它通过设置 CSS 属性使网页元素获得特定显示效果。

② CSS 样式定义的基本形式为 selector {property1: value1; property2:value2; ……}，其中，selector 可以是 HTML 标记符、用户定义的类、用户定义的 ID 以及虚类等；而 property 和 value 则分别是 CSS 属性和相应的值。

③ 常用的 CSS 长度单位是%、px 和 em；常用的颜色单位是颜色名、#rrggbb、#rgb、rgba(r,g,b,a)等。

④ 在网页中使用 CSS 包括 3 种常用方式：站点样式、网页样式和行内样式。

⑤ 常用的 CSS 属性包括颜色与背景属性、字体属性和文本属性。

练习题

一、客观题

1.（判断题）在 CSS 中指定颜色，有超过 3 种方法。（　　）

2.（判断题）对段落设置两个汉字的首行缩进，应使用的 CSS 代码是 p{text-indent:2em;}。（　　）

3.（判断题）要去掉所有超链接的下画线，应使用的选择器是<a>标记符。（　　）

4.（判断题）3 种 CSS 样式中，最重要的是站点样式。（　　）

5.（单选题）以下有关 CSS 选择器的说法中，错误的是（　　）。

A. ID 选择器应用于网页中独一无二的内容

B. 最常用的伪类选择器用于设置超链接的显示效果

C. 类选择器用于在网页中为某类元素设置显示效果

D. 伪类选择器和类选择器是两种选择器，不能联合使用

6.（单选题）以下 CSS 代码中，不能正确工作的是（　　）。

A. p{font:2em "Times New Roman";}　　B. p{font:bold italic 200%/1.5 楷体;}

C. p{font:bold large 黑体;}　　D. p{font:italic bold 24px;}

7.（单选题）以下 CSS 代码中，正确的是（　　）。

A. p{background-image:bg.jpg;}　　B. p{background:bg.jpg;}

C. p{background:url(bg.jpg) fixed;}　　D. p{background-image:fixed;}

8.（填空题）要设置背景图案的水印效果，应使用的 CSS 属性是________。

9.（填空题）最常用的 3 种长度单位是 px、________和%。

10.（填空题）使用 line-height 属性时，其取值可以是数字、长度或________。

二、问答题

1. 使用 CSS 进行网页设计有什么优势？

2. 3 种 CSS 样式各应用于哪种场景？

3. 列举 5 种基本的选择器，并指出它们的用途。

4. 简述在网页设计与制作时使用 CSS 技术的基本过程。

三、综合实践

1. 根据本章学习的知识，完善 2.3 节制作的唐诗宋词网站，要求合理使用站点样式、页内样式、标记符选择器、ID 选择器、类选择器和伪类选择器。

2. 将 3.5 节学习的网站制作完整。

3. 分成两人一组（小组成员必须与之前不同），互相检查综合实践“第 1 题”和“第 2 题”的结果，并提出评价和改进意见。

第4章
图像

04

除了文本以外，图像也是网页的重要组成部分。学习完本章内容之后，读者将可以把图像等多媒体对象插入网页中，并且进行一定的修饰，从而增强网页的表现力。

【知识目标】

1. 区分位图与矢量图。
2. 区分 GIF、JPEG 和 PNG 格式。
3. 掌握<img>标记符的用法。

【技能目标】

1. 遵循图像使用的原则，在网页中正确使用图像。
2. 掌握 Photoshop 的基本图像处理操作。
3. 使用<img>标记符和各种 CSS 属性，在网页中插入图像并进行一定的修饰。
4. 综合应用 HTML、CSS 和图像处理技术，设计与制作多媒体网站。

【素养目标】

1. 理解 Photoshop 等专业化工具在工程实践和职业实践中的应用。
2. 通过制作中国符号网站，体会中华文化的博大精深，理解文本、图像等不同元素在意义表征时具有的差异，理解“代码复用”在软件开发中的作用。

4.1 网页图像基础

本节介绍在网页中使用图像的一些基本知识，包括位图与矢量图、网页图像格式以及在网页中使用图像的要点。

不同类型的图像

4.1.1 位图与矢量图

位图和矢量图的概念，是图像处理领域最基本的概念之一。

位图图形由排列成网格的称为像素的点组成。例如，在一个位图的叶子图形中，图像由网格中每个像素的位置和颜色值决定；每个点被指定一种颜色，这些点就像马赛克那样拼合在一起形成图像，如图 4-1 左图所示。在编辑位图时，修改的就是这些像素点。

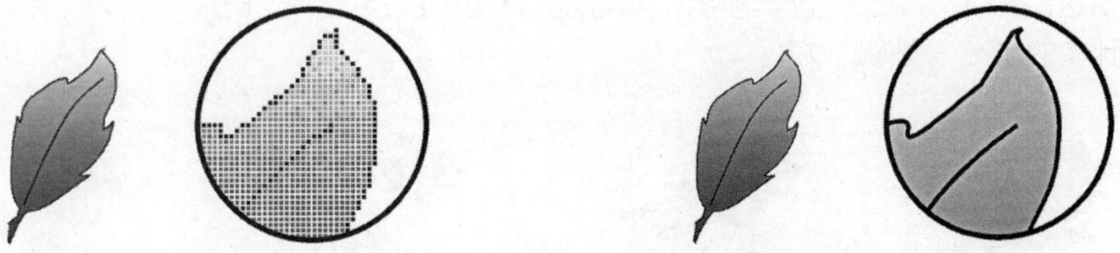

位图，用点描述图像　　　　矢量图，用线条等数学信息描述图像

图 4-1　位图与矢量图的对比

常用的位图编辑软件有 Photoshop、Windows 画图、“美图秀秀”等。

矢量图使用称为矢量的线条和曲线（包括颜色和位置信息）描述图像。例如，一片叶子的图像可以使用一系列的点（这些点最终形成叶子的轮廓）描述；叶子的颜色由轮廓（即笔触）的颜色和轮廓所包围的区域（即填充）的颜色决定，如图 4-1 右图所示。

由于矢量图是用数学信息描述图像的，因此矢量格式的文件通常比较小。当对矢量图进行编辑时，可以修改描述图像形状的线条和曲线的属性；可以对矢量图进行移动、调整大小、重定形状以及更改颜色的操作而不损害图像品质。矢量图与分辨率无关，这意味着它们可以不失真的显示在各种分辨率的输出设备上。

常用的矢量绘图软件包括 Illustrator 和 CorelDRAW 等，而 Flash 是一种基于矢量图的动画制作软件。一些位图图像处理软件也提供矢量绘图的功能，如 Photoshop 等。

4.1.2　网页图像格式

虽然有很多种计算机图像格式，但由于受网络带宽和浏览器的限制，在 Web 上常用的图像格式只包括以下 3 种：GIF、JPEG 和 PNG。它们都是标准的位图格式。

1. GIF

GIF（Graphics Interchange Format，图像交换格式）采用术语上称为无损压缩的算法进行图像的压缩处理（所谓无损压缩是指在压缩过程中图像的质量不会损失），是目前在 Web 上应用最广泛的图像格式之一。

虽然 GIF 可以高度压缩图像，但它只能包含最多 256 种颜色，因此只适用于线条图（如含有最多 256 色的剪贴画）以及使用大块纯色的图像，而不适于表现真彩色照片或具有渐变色的图像。当我们把包含多于 256 色的图像压缩成 GIF 时，肯定会丢失某些图像细节。在网页制作中，GIF 图像往往用于制作标题文字、按钮、小图标等。

目前广泛使用的 GIF 图像还具有透明色的特点，即可以将图像中的某种颜色设置为透明色。这对于实现某些网页效果来说，具有非常现实的意义。Photoshop 等图像处理软件一般都提供了将图像的某种颜色转换为透明色的功能。

GIF 图像另外的一个典型特点是可以支持动画效果，即所谓 GIF 动画。GIF 动画的基本原理是：在同一个文件中包含多幅图像（术语上称为帧），多幅图像按照一定顺序依次播放，就产生了动画的效果，如图 4-2 所示。GIF 动画在网站中的应用很广泛，许多动画小图标和简单的横幅广告都是采用该格式。

2. JPEG

JPEG（Joint Photographic Experts Group，联合图形专家组图像格式）是另外一种在 Web 上广泛应用的图像格式。由于它支持的颜色数几乎没有限制，因此适用于使用真彩色或平滑过渡色的图像。与 GIF 采用无损压缩不同，JPEG 使用有损压缩来减小图像文件的大小，图片的质量随着文件大小减小也降低了。这也是 JPEG 的一个典型特点，即可以控制图片的压缩比率。例如，图 4-3 中显示了两种不同压缩比率的 JPEG 图像的效果。

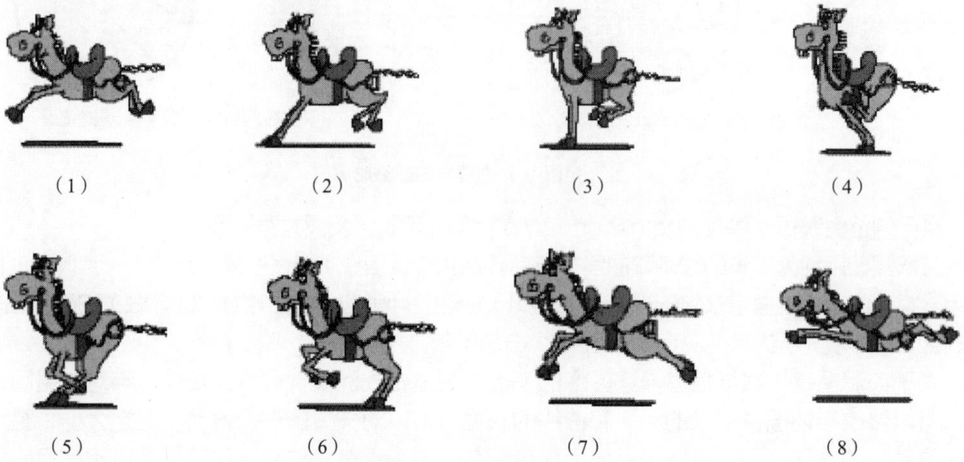

图 4-2　构成 GIF 动画的原始素材

质量为 99%，文件大小为 180 KB

质量为 30%，文件大小为 6.15 KB

图 4-3　不同压缩比率的 JPEG 图像效果

注意　JPEG 格式不支持透明色，也没有动画的概念。

3. PNG

PNG（Portable Networks Graphics，可移植的网络图像格式）适于任何类型、任何颜色深度的图像。该格式用无损压缩来减小图像文件的大小，同时保留图像中的透明区域。此外，该格式是仅有的几种支持透明度概念的图像格式之一（透明 GIF 图像的透明度只能是 100%，但 PNG 格式可以是 0%～100%）。

相比而言，PNG 比 GIF 和 JPEG 压缩率要小一些，也就是说 PNG 文件往往要大一些。

4.1.3　使用网页图像的要点

在网页中插入图像通常需要考虑下列 3 个问题：①确保文件较小；②控制图像的数量和质量；③合

理使用动画。

1. 确保文件较小

由于网络带宽的限制和用户对下载速度的要求，对使用 Web 图像的一个最基本要求就是保持文件较小。文件越小，图像下载越快，给浏览者的感觉通常也就越好。确保文件较小通常应从两个方面来处理：①使图像具有所需的像素大小；②采用正确的格式进行优化处理。

说明 要对图像进行这些处理，需要使用图像处理软件，具体操作请参见 4.2 节。

2. 控制图像的数量和质量

网页中图像的数量显然也会影响网页文件的下载速度，不仅如此，使用不合理的图像还会使网页脱离网站的主题，同时分散浏览者的注意力。根据笔者的教学经验，初学者最容易出现的一个问题就是把一大堆图像堆积到网页上，而不管这些图像是否符合需求，这样做的结果一是网页下载速度非常慢（即使在本地计算机上显示也要较长时间），二是不符合网页制作的基本标准——用适当的形式表现适当的内容。解决这个问题的最好办法是多看，也就是多上网浏览，当见识了足够多设计优秀的网站之后，就能够提高自己的鉴赏能力，从而能够逐步设计出自己的优秀作品。

随着网络带宽的快速增大，网页中会越来越多地用到图像。即使如此，在使用图像时也要问自己两个基本的问题：①使用该图像是否能有助于传达网页内容和主题？②该图像的设计（如色调、布局等）和属性设置（如文件大小、文件类型等）能否帮助网站形成一贯的设计风格？当对这两个问题的回答是肯定的时，一般而言使用图像就比使用文本作为信息表达形式更加有效。

3. 合理使用动画

与普通图像一样，在网页中使用动画也要非常小心。只有设计合理，并且大小合适的动画才适合出现在网页中。如果动画的设计不合理，可能就会搞得像效果不佳的电视广告一样，不但吸引不了浏览者，还会把他们“吓跑”。另外，制作动画时也应确保其最终文件较小，以便保证下载速度。

初学者在动画方面很容易犯的毛病也是“滥用”，即将许多五花八门、风格各异的动画塞进网页，让浏览者眼花缭乱、目不暇接。一般来说，除非网页内容非常丰富，页面中的动画不应该超过 3 处，最好是只有一两处画龙点睛的动画。同样，多上网浏览，看看别人的网站都是怎样设计使用动画的，对提高自己的动画制作和应用能力很有帮助。

4.2 图像处理基本操作

本节介绍如何使用 Photoshop 进行基本的图像处理操作。

Photoshop
图像处理

4.2.1 Photoshop 的界面

启动 Photoshop（本书以 Photoshop CC 2019 为例）并在其中打开一个文件，工作界面中包括菜单栏、工具箱、选项栏、图像窗口、状态栏、选项面板等，如图 4-4 所示。

其中，上方的菜单栏用于启动菜单命令；左边的工具箱中包括各种图像处理工具，长按或右键单击相应工具会出现更多可选的工具；选择任意图像处理工具后，在菜单栏下方的选项栏中可以设置常用的工具选项；中间的图像窗口是进行图像处理操作的工作区域；下方的状态栏显示当前图像相关的状态信息，如文件大小和显示比例等；右方的选项面板则提供各种实用功能，如图层操作等。

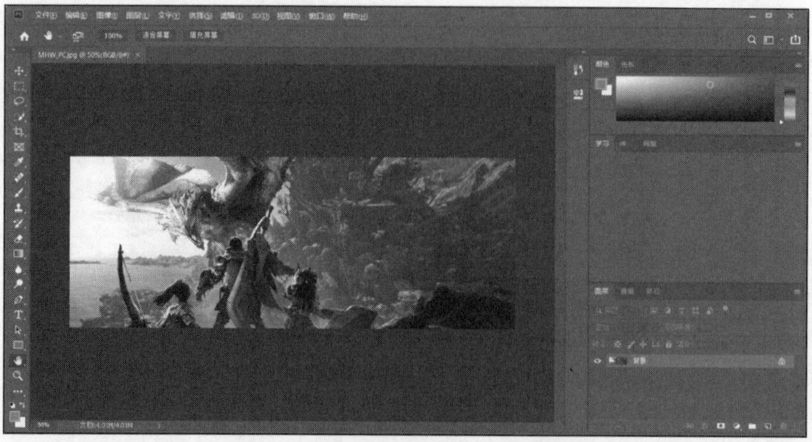

图 4-4　Photoshop CC 2019 的工作界面

4.2.2　修改图像的大小

在实际生活和工作中，经常需要对图像的大小进行调整。例如，用手机或数码相机拍的相片通常分辨率都比较高（因而文件较大），可以用 Photoshop 缩小文件大小（缩小像素大小，从而缩小文件），以使文件适合存储或者用于网页设计。

打开文件之后，选择“图像”→“图像大小”命令，弹出图 4-5 所示的“图像大小”对话框，在其中改变相应的参数，即可调整图像的大小。注意一般应保持选中“约束长宽比”选项（即中间的“铁链”图标），以免图像变形。

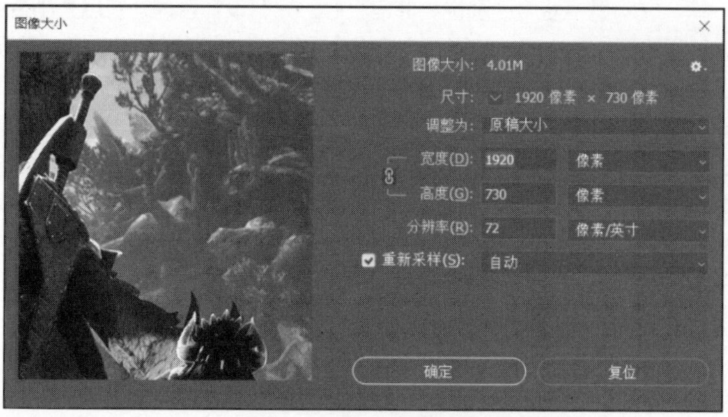

图 4-5　“图像大小”对话框

4.2.3　调整图像的颜色

对图像颜色进行调整是常见的图像处理操作，Photoshop 提供了多种颜色调整功能，下面介绍常用的两种。

1. 调整图像的亮度和对比度

打开图像后，选择“图像”→“调整”→“亮度/对比度”命令，弹出“亮度/对比度”对话框，调整相应的参数，如图 4-6 所示。即可在窗口中看到相应的效果（例如，可以通过增大图像亮度使其更适合作为网页背景）。单击“确定”按钮，就可以对图像应用相应的调整。

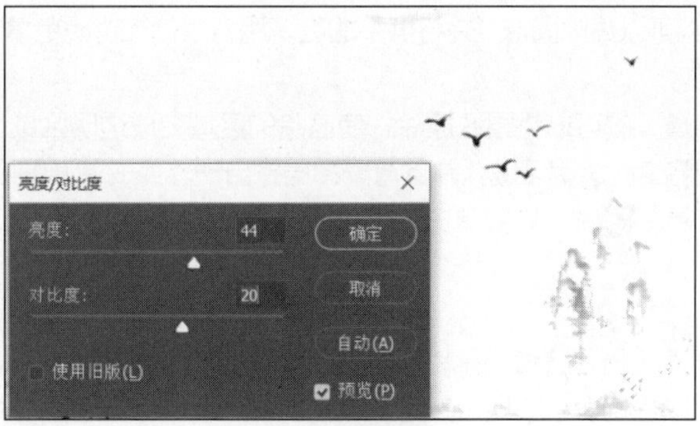

图 4-6 调整亮度/对比度

2. 调整图像的色相和饱和度

打开图像后，选择“图像”→“调整”→“色相/饱和度”命令，弹出“色相/饱和度”对话框，调整相应的参数，如图 4-7 所示。即可以在窗口中看到相应的效果。单击“确定”按钮，就可以对图像做整体的修饰。

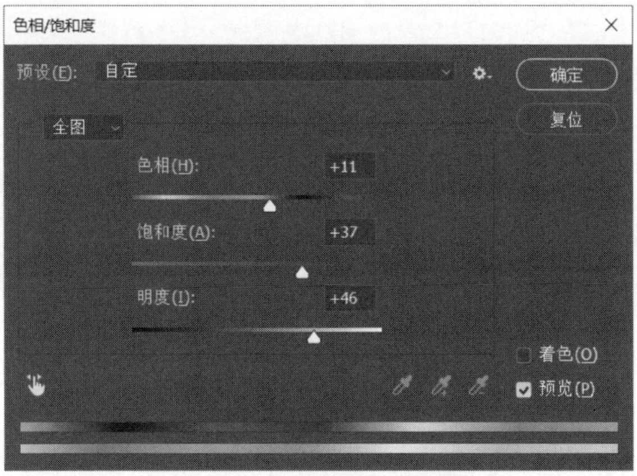

图 4-7 “色相/饱和度”对话框

如果只想对图像的一部分颜色做出修改，可通过各种选取工具（例如“矩形选框工具”“多边形套索工具”等）选取要修改颜色的选区，然后使用“色相/饱和度”命令。例如，可以选中照片中的人物头发部分，然后调整“色相/饱和度”对话框中的参数，从而很容易地给人物“染发”。

对图像进行任何操作之后，如果对效果不满意，可以按【Ctrl + Z】组合键恢复到之前的状态。也可以选择“窗口”→“历史记录”面板，对所做的操作进行撤销和恢复。

4.2.4 修补图像与抠像

下面介绍几种常见的图像修补与编辑操作。

1. 使用擦除工具

右键单击“橡皮擦工具”  会弹出橡皮擦工具组，如图 4-8 所示。

图 4-8 橡皮擦工具组

使用“橡皮擦工具”可以擦除图像，并将擦除的区域用背景色或透明色填充。使用时可以结合选项栏中的各项设置进行应用。

使用“背景橡皮擦工具”可以将图像擦除，使擦除的区域变成透明区域。如果在背景图层中进行擦除操作，被擦除的区域将变成透明区域，并且背景图层将自动转换成普通图层。

使用“魔术橡皮擦工具”时，只要单击图像就可以擦除与单击处颜色相近的区域。它的原理类似于魔棒工具。

2. 使用图章工具

图章工具包括“仿制图章工具”和“图案图章工具”，它们都能复制图像，但复制的方法不同。

使用仿制图章工具可以在图像中取样，然后将取到的样本复制到其他图像中或相同图像上。使用方法如下：选择“仿制图章工具”，按住【Alt】键，鼠标指针改变形状后，将鼠标指针移动到要复制的区域，按住鼠标左键，然后释放【Alt】键，在要复制到的区域来回拖曳鼠标即可。

仿制图章工具常用于消除图像中的某些内容。例如，图 4-9 右图就是使用仿制图章工具“擦除”了左图中“两只大雁”的效果。

图 4-9　使用仿制图章消除图片内容

图案图章工具的使用方法类似于仿制图章工具，但它们的取样方式不同。使用图案图章工具的步骤如下：使用矩形选框工具选中图像中想要定义为图案的区域，选择“编辑”→“定义图案”命令，弹出“图案名称”对话框，设置名称后单击“确定”按钮；选择“图案图章工具”，然后在选项栏“图案”选项里选择刚定义好的图案，在图像上拖曳鼠标涂抹，即可将定义的图案复制到图像上。

3. 使用修补工具

使用修复画笔工具组中的工具可以修复图像的瑕疵。右键单击“修复画笔工具”，弹出修复画笔工具组，其中包括“污点修复画笔工具”、“修复画笔工具”和“红眼工具”等。以下主要介绍修复画笔工具的使用。

“修复画笔工具”使用图像中的样本像素来绘画，它可以将样本像素的纹理、光照和阴影等与目标像素相匹配，不留痕迹地修复图像。

如果要使用修复画笔处理图像，首先应选择“修复画笔工具”，然后将鼠标指针移动到需要复制的样本像素的位置，按住【Alt】键，等鼠标指针变成“采集形状”后单击，完成像素采集，然后移动鼠标指针到需要修改的地方拖曳，即可用采集到的样本代替鼠标拖曳过的地方。

4. 抠像操作

使用“快速选择工具”和“魔棒工具”，可以选中图像中颜色相近的部分。例如，选择“快速选择工具”后，在人物周围的区域多次单击，就可以很容易地选中除人物以外的部分，如图 4-10 左图所示。如果要增加选区，继续在图像上单击；如果要减少选区，按住【Alt】键并单击即可。为了更精确地增加或减少选区，可以在选项栏中将“画笔大小”设置为较小（如 5 像素）。按【Delete】键，弹出图 4-10 所示的“填充”对话框，将“内容”设置为“白色”，则可以将除了人物以外的部分删除并填充为白色，得到一个“抠图”效果，如图 4-11 右图所示。

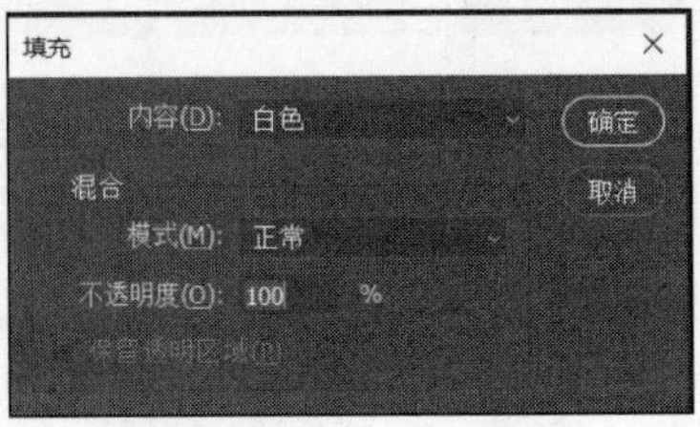

图 4-10 “填充”对话框

图 4-11 抠图效果

使用选择工具选中了选区后，如果要取消选区，可以按【Ctrl + D】组合键。其他与选取内容相关的操作可以在“选择”菜单中找到，例如，“选择”→“反选”命令可以选中当前选区以外的所有内容。也可以单击鼠标右键，从快捷菜单中选择对应命令。

4.2.5 用适当的格式保存图像

在图像处理结束之后，可以用特定的格式将图像保存，以便用于各种不同的场合。

1. 保存为 JPEG

由于日常使用的图片多数为 JPEG，在 Photoshop 中编辑后，直接保存即可覆盖原始文件。不过，一般的建议是保留原始副本，这时可以选择“文件”→“存储为”命令，在“另存为”对话框中设置文件名，并选择文件类型为 JPEG，单击“保存”按钮。这时弹出图 4-12 所示的“JPEG 选项”对话框。一般仅需调整“品质”选项，之后单击“确定”按钮即可。

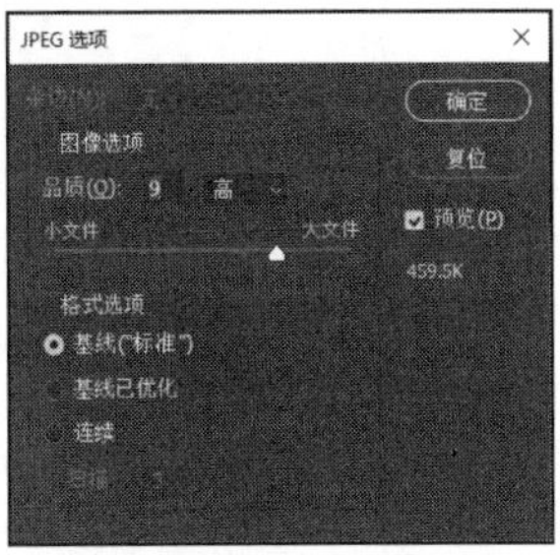

图 4-12 “JPEG 选项”对话框

2. 保存为 GIF

如果所编辑的图像中包含透明区域（例如，在上一节的“抠像”实例中，如果取消图层锁定后删除选区，则可以得到透明的背景），那么可以将其存为 GIF 文件，以制作透明 GIF 图像效果。

选择“文件”→“导出”→“导出为”命令，打开“导出为”对话框。在“格式”列表中选择“GIF”。这时在中间的窗口和左边的预览图标中都能看出“透明”效果（以马赛克方式显示），如图 4-13 所示。必要的话可以在此处修改图像大小，然后单击“全部导出”按钮，弹出“导出”对话框，在其中设置存放的文件名和位置即可。

图 4-13 “导出为”对话框

3. 保存为 PNG

我们知道 PNG 格式是支持透明度的，因此如果想要实现半透明的图像效果，可以将图像保存为 PNG。

在“图层”面板中将“不透明度”设置为小于 100%的数值（例如 80%），即可设置半透明效果，此时图像窗口中的图像出现马赛克，表明它是半透明的，如图 4-14 所示。

图 4-14 设置半透明效果

选择“文件”→“导出”→“快速导出为 PNG”命令，打开“存储为”对话框，设置相应的文件名和存储位置即可。

如果图像本身包含透明区域，那么使用“快速导出为 PNG”命令就可以将图像导出为 PNG；此时如果设置半透明效果并导出为 PNG，则原透明区域保持 100%透明，其他部分为半透明。例如，图 4-15

（分别将图片放在一个有背景色的网页中显示）左图为透明的 PNG 图像（即背景全透明，前景不透明），中间图为背景全透明、前景半透明，右图为全图半透明。

图 4-15　不同透明度的 PNG 效果

4.3 图像标记符<img>

讲解了图形图像的一些基础知识和如何进行简单的图像处理之后，本节将介绍如何使用<img>标记符在网页中插入图像。

4.3.1 插入图像

插入和设置图像属性

在 HTML 中，使用<img>标记符（它是自结束的标记符，写作<img>或<img/>）可以在网页中插入图像。它具有两个必要的基本属性——src 和 alt，分别用于设置图像文件的位置和替换文本。

src 表示要插入图像的文件名，必须包含绝对路径或相对路径。alt 表示图像的简单文本说明，用于在图像不能显示或无法加载时替代显示。

注意　有关绝对路径和相对路径的内容，请参见本书第 2 章。以下为简便起见，均将图像放置在网页所在目录，所以可以直接使用文件名指定（即使用相对路径）。

例如，以下 HTML 代码说明了如何在网页中插入图像，在浏览器中的显示效果如图 4-16 所示。

```
<html>
<head>  <title>插入图像示例</title>  </head>
<body>
<p>我插入的一幅图像：</p>
<img src="sunset.jpg" alt="大漠孤烟直，长河落日圆" />
</body>
</html>
```

注意　如果在应该显示图像的位置显示出一个裂开的图片图标和替换文本，例如：大漠孤烟直，长河落日圆，则表示 src 属性值所对应的图像文件不能显示。最常见的原因是该文件的路径或文件名指定错误（例如使用了错误的文件扩展名）等。

图 4-16　在网页中插入图像

4.3.2　设置图像属性

在网页中插入图像时，也可以设置其宽高、边框和对齐属性等，以进一步修饰图像。

1. 指定图像的宽和高

在 HTML 中，使用<img>标记符的 width 和 height 属性可以指定图像的宽度和高度，以告诉浏览器网页应分配给图像多少空间（以像素为单位）。当浏览器解释网页时，在实际下载图像之前会给图像预留出空间，以避免在下载每个图像时重新绘制网页，从而加快网页的加载速度。width 和 height 属性的取值既可以是像素数，也可以是百分数。如果用百分数，表示图像占当前浏览器窗口大小的比例。

例如，以下 HTML 代码为图像预留出宽度占屏幕宽度 60%，高度占屏幕高度 40%的空间：

```
<img src="mm.gif" alt="mm photo" width="60%" height="40%" />
```

在指定宽高时，如果只给出宽度或高度中的一项，则图像将按原宽高比例进行缩放；否则，图像将按指定的宽度和高度显示（有可能发生变形）。具体效果请读者自行编写实例尝试。

> **注意**　一般情况下建议不要使用指定 width 和 height 的方式缩小图像，而应该采用 4.2.2 节中介绍的方式进行处理。因为用这种方式无法实际更改图像文件的尺寸，只是更改了显示大小。

也可以使用 CSS 属性中的 width 和 height 指定图像的宽和高，具体请参见 3.5 节的综合实例。实际上，在 HTML5 中，大多数与图像属性设置相关的标记符属性（如 align、border、hspace 和 vspace 等）已经不再支持，而应使用特定的 CSS 属性进行设置。

2. 设置图像的边框

使用 CSS 的 border 系列属性（请参见第 6 章），可以为图像设置边框效果。例如，以下 CSS 代码将为网页中的所有图像都设置边框：

```
img { border:1px solid black; }
```

3. 设置图像周围的空白

使用 CSS 的 margin 或 padding 系列属性（请参见第 6 章），可以设置图像周围的空白。通过指定图像周围的空白，可以使页面的版式更加合理（请参见图 4-18 和图 4-19 对应的实例）。

4. 设置图像的水平对齐

由于图像本身是行内元素（参见 3.3.1 节），因此并不存在所谓的水平对齐问题，因为水平对齐是针对块元素而言的。不过，在网页设计过程中，常常出现一幅图像被当作一个块来对待的情况，这时候应该将其置于“块元素”中，然后对其应用 CSS 属性 text-align。例如，以下代码设置了图像的水平对齐效果，如图 4-17 所示。

```
<html>
<head> <title>图像的水平对齐</title>
<style> .centeredIMG{ text-align:center; } </style>
</head>
<body>
<p class="centeredIMG"><img src="change.jpg" alt="嫦娥奔月" /></p>
</body>
</html>
```

图 4-17　图像水平对齐效果

5. 设置图像与周围内容的垂直对齐

使用 CSS 的 vertical-align 属性，可以控制图像与周围内容的垂直对齐，如以下实例所示（效果如图 4-18 所示）：

```
<html>
<head><title>文本与图像的垂直对齐示例</title>
<style>
img{ border:1px solid black; margin:5px; }
.s1{ vertical-align:top; }
.s2{ vertical-align:middle; }
.s3{ vertical-align:bottom; }
</style>
</head>
<body>
<p>此图像<img class="s1" src="icon.gif" />与文本顶部对齐</p>
<p>此图像<img class="s2" src="icon.gif" />与文本中央对齐</p>
<p>此图像<img class="s3" src="icon.gif" />与文本底部对齐</p>
</body>
</html>
```

图 4-18　文字与图像的垂直对齐效果

6. 设置图文混排

如果要在图像的左、右环绕文本，应该为图像应用 CSS 属性 float（详见第 6 章），如以下实例所示（效果如图 4-19 所示）：

```
<html>
<head><title>文本与图像的环绕示例</title>
<style>
.s1{float:left; margin-right:10px;}
.s2{float:right; margin-left:10px;}
</style>
</head>
<body>
<p><img class="s1" src="peony1.jpg" />牡丹，别名木芍药、洛阳花、谷雨花、鹿韭等，属毛茛科多年生落叶灌木，与芍药同科。我国以牡丹为花王，芍药为花相。它高 1～2 米，老干可达 3 米。叶互生，二回三出羽状复叶。花单瓣至重瓣。一般各种花冠直径 15～30 厘米。花色有红、粉、黄、白、绿、紫等。花期为 5 月上中旬。牡丹性宜凉爽，畏炎热，喜燥忌湿，原产我国西北，栽培历史久远。河南洛阳、山东菏泽、四川彭县都盛产牡丹。牡丹花丰姿绰约，形大艳美，仪态万方，色香俱全，观赏价值极高，在我国传统古典园林广为栽培。除观赏外，其根可入药，称“丹皮”，可治高血压、除伏火、清热散瘀、去痛消肿等。花瓣还可食用，其味鲜美。</p>
<p><img class="s2" src="peony2.jpg" />牡丹原产于中国，为落叶亚灌木。喜凉恶热，宜燥惧湿，可耐-30℃的低温，在年平均相对湿度 45%左右的地区可正常生长。喜光，亦稍耐阴。要求疏松、肥沃、排水良好的中性壤土或砂壤土，忌黏重土壤或低温处栽植。</p>
</body>
</html>
```

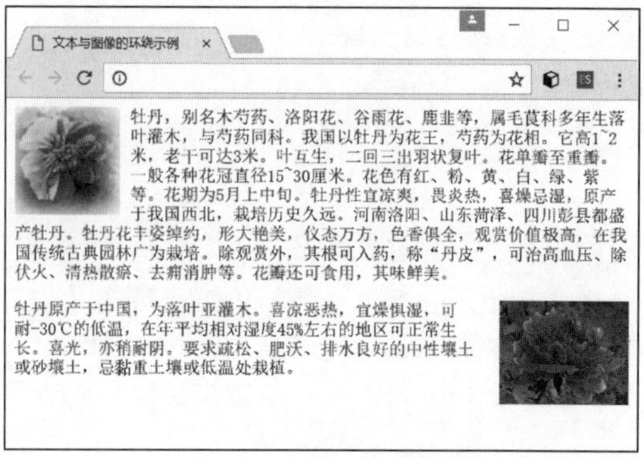

图 4-19　文本与图像的环绕效果

7. 设置图像的透明度

使用 CSS 属性 opacity，可以设置图像的透明度。例如，在以下实例中，默认图像效果是半透明的，当鼠标指针悬停时图像是完全显示的（即不透明），如图 4-20 所示。

```
<html>
<head><title>图像的透明度效果</title>
<style>
img { opacity:0.4;                /*部分透明*/
margin:20px;
filter:alpha(opacity=40);         /*针对 IE8 以及更早的版本*/
}
img:hover { opacity:1.0;          /*完全不透明*/
filter:alpha(opacity=100);        /*针对 IE8 以及更早的版本*/
}
</style>
</head>
<body>
<p><img src="lotus.jpg" /> <img src="lotus.jpg" /></p>
</body>
</html>
```

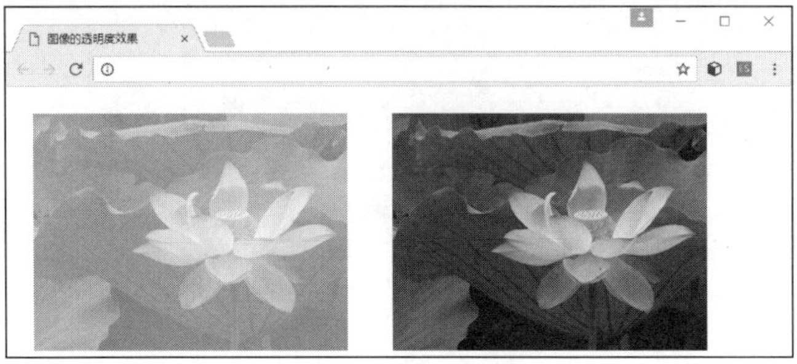

图 4-20　设置图像的透明度

技能拓展：使用多媒体对象

4.4 综合实例：中国符号网站

文化是一种意义和符号的体系。中华文化源远流长，在其演化和发展的过程中，形成了一系列独特的文化符号，在世界文化之林熠熠闪光。本节开发一个中国符号网站，效果如图 4-21～图 4-24 所示。

图 4-21　中国符号网站首页

综合实例：中国符号网站

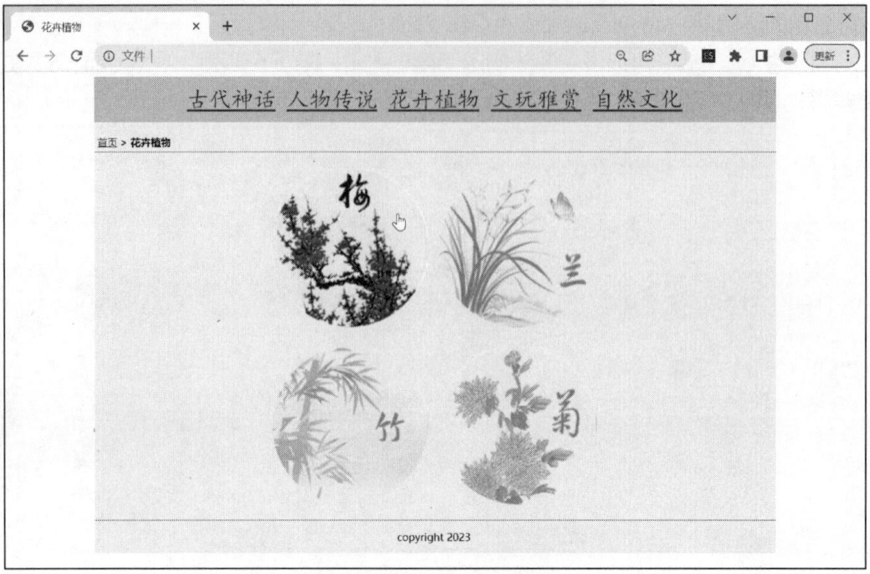

图4-22　花卉植物栏目首页

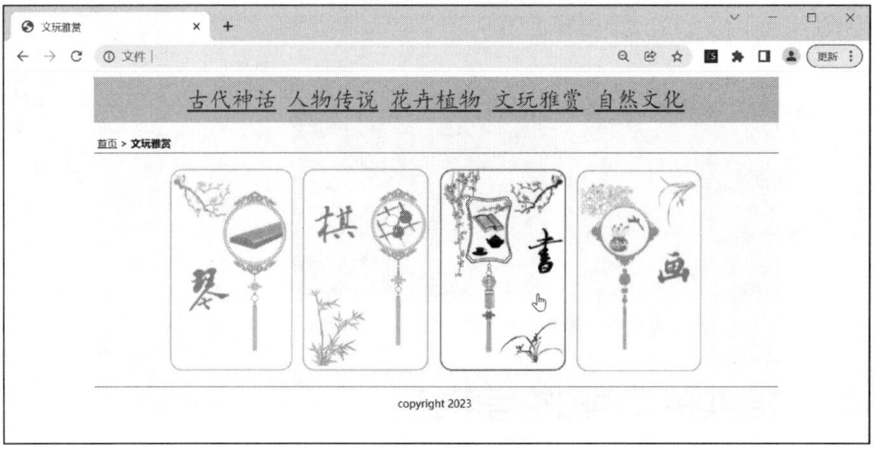

图4-23　文玩雅赏栏目首页

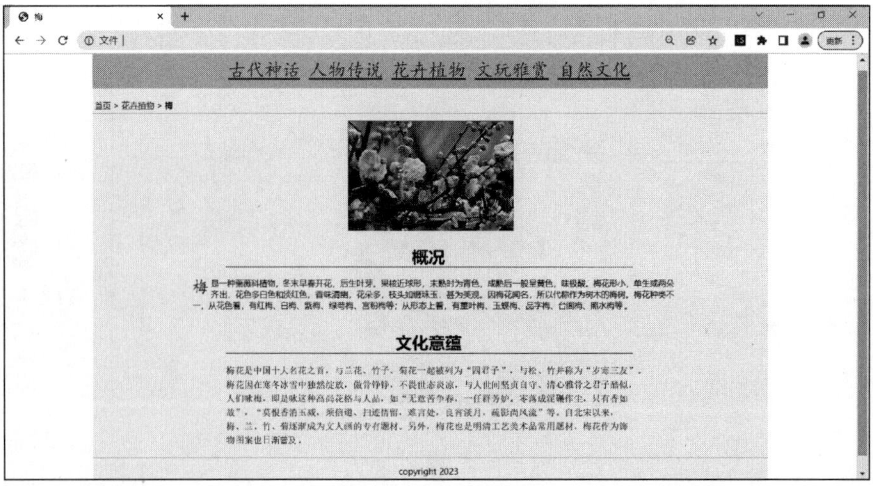

图4-24　“梅”页面

注意 本实例采用“代码复用”的方式，“借用”3.5 节“电影欣赏网站”实例的部分代码，请读者注意体会本实例与该实例的异同。

4.4.1 网站规划与设计

1. 站点的信息架构

本示例站点的文件结构如图 4-25 所示。其中，根目录中包括 index.htm（首页）和 css.css（站点的 CSS 文件）两个文件；另外有 html 和 images 两个文件夹，分别用来存储 HTML 文件和图片文件。

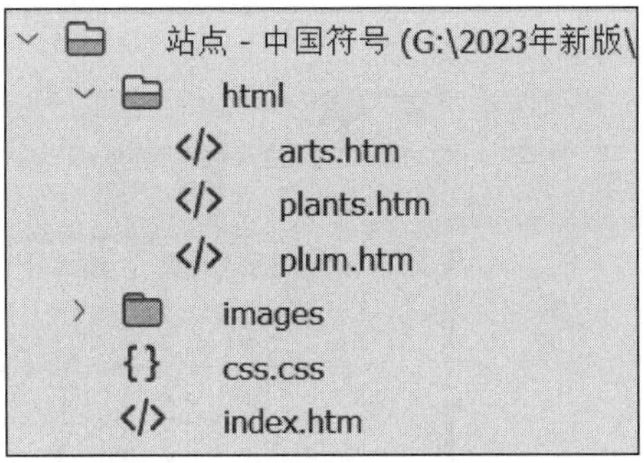

图 4-25 中国符号网站的文件结构

网站分为“古代神话”“人物传说”“花卉植物”“文玩雅赏”“自然文化”5 个栏目，每个栏目中包括一个主页和若干个内容页面，具体内容架构如图 4-26 所示。

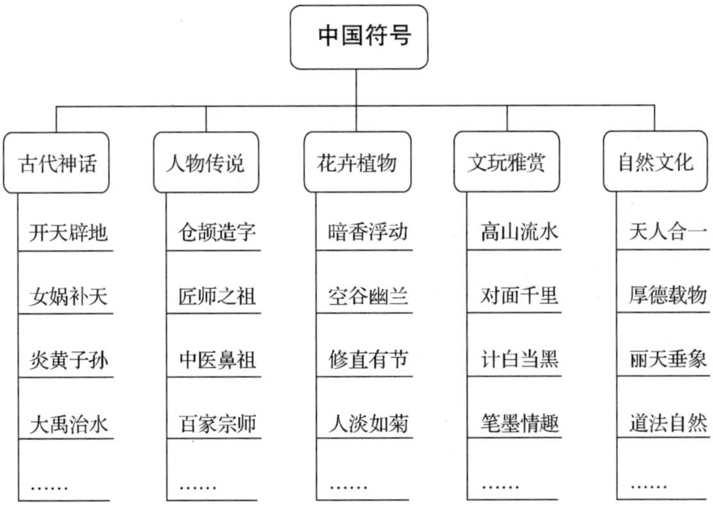

图 4-26 中国符号网站的核心信息架构

2. 视觉设计

与第 3 章实例相似的视觉设计如下：每一个页面，都用一个盒子将其宽度设置为 80%；主导航设置背景颜色（background:lightblue;）和字体效果（font: 36px/2em 楷体;），并且每个页面都一致；超链接鼠标指针悬停时文本变成红色（a:hover{color:red;}）；不同的栏目采用不同的背景色进行区分（例如，

“花卉植物”栏目中的所有页面都采用 aliceblue 作为背景颜色）；面包屑和标题 1 都设置下画线效果（使用 border-bottom 属性），以产生一种页面分块的效果。

与第 3 章实例不同的视觉设计如下：页脚的版权信息段落设置上边框（使用 border-top 属性），实现水平线分隔的效果；栏目主页的图片，都采用透明 PNG，得到圆形或圆角矩形的图片效果；栏目主页的图片设置为半透明（opacity:0.4;），鼠标悬停时为不透明效果（.pics:hover{opacity:1.0;}），获得一种动态的视觉效果；三级页面的“概况”和“文化意蕴”段落文本，采用不同的宽度和字体设置，体现一定的变化；三级页面的“概况”段落文本设计首字下沉效果，以突出页面主题。

4.4.2 图像处理与网页制作

1. “梅兰竹菊”图像处理

操作步骤如下。

（1）在 Photoshop 中打开需要处理的图片。

（2）按住【Shift】键，用“椭圆选框工具”选中中间的圆形区域，如图 4-27 所示。

（3）选择“选择”→“反选”命令，选中除了圆形区域以外的区域，如图 4-28 所示。

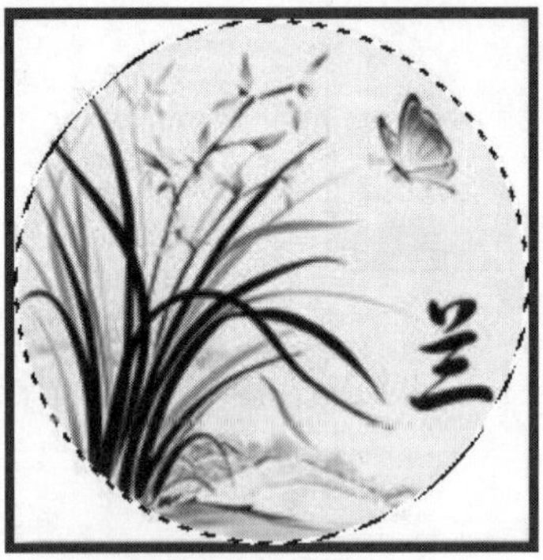

图 4-27 选中圆形区域

图 4-28 反选圆形区域以外的区域

（4）在“图层”面板中，单击右侧的“锁定”图标，如图 4-29 所示，取消对背景图层的锁定。

（5）按【Delete】键，删除圆形区域以外的白色背景，使其变为透明区域，如图 4-30 所示。

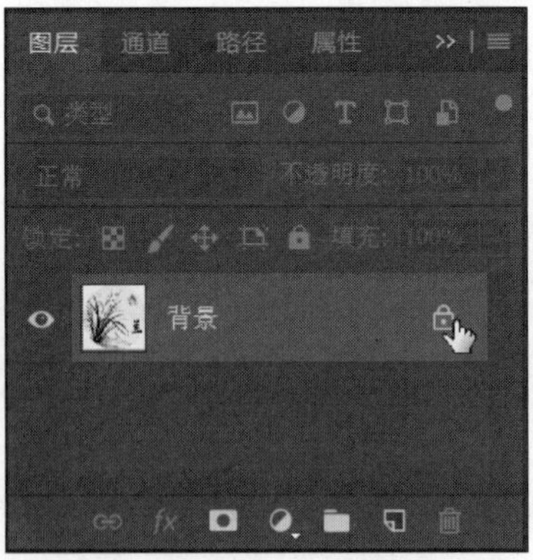

图 4-29 取消对背景图层的锁定

图 4-30 删除圆形区域以外的背景

（6）选择“文件”→“导出”→“快速导出为 PNG”命令，将图像以 PNG 格式存储到特定位置。此时，就得到了一幅除了中间圆形区域以外，其他部分都是透明的图像。

（7）重复以上步骤，处理“梅兰竹菊”的其他 3 幅图像。

2.“琴棋书画”图像处理

操作步骤如下。

（1）在 Photoshop 中打开需要处理的图片，为了方便处理，用 200%的比例显示图像。

（2）使用“矩形选框工具”选中圆角矩形所在的矩形区域，如图 4-31 所示。

（3）选择“魔棒工具”，按住【Alt】键，分别在 4 个角单击圆角矩形外面的区域，这时就选中了整个圆角矩形，如图 4-32 所示。如果结果不合理或操作失误，可以按【Ctrl + Z】组合键恢复到之前的状态，然后重新操作。

（4）选择“选择”→“反选”命令，选中圆角矩形以外的区域，如图 4-33 所示。

图 4-31　选中矩形区域

图 4-32　选中圆角矩形区域

图 4-33　选中圆角矩形以外的区域

> **注意**　**步骤（2）~（4），也可以用以下操作替代：选择“魔棒工具”，按住【Shift】键，分别在 4 个角单击圆角矩形外面的区域，这时就选中了圆角矩形之外的区域（参见图 4-33）。**

（5）在“图层”面板中，单击“锁定”图标取消对背景图层的锁定。按【Delete】键删除 4 个角，如图 4-34 所示。

图 4-34　删除圆角矩形区域以外的背景

（6）选择“文件”→“导出”→“快速导出为PNG”命令，将图像以PNG格式存储到特定位置。此时，就得到了一幅除了中间圆角矩形区域以外，其他部分都是透明的图像。

（7）重复以上步骤，处理“琴棋书画”的其他3幅图像。

3. 首页制作

根目录下的index.htm，其代码如下：

```
<html>
<head><title>中国符号</title>
<link href="css.css" rel="stylesheet" type="text/css" />
</head>
<body>
<div id="box">
<p id="nav"><a href="#">古代神话</a> <a href="#">人物传说</a> <a href="html/plants.htm">
花卉植物</a> <a href="html/arts.htm">文玩雅赏</a> <a href="#">自然文化</a></p>
<p><img src="images/symbols_theme.jpg" /></p>
<p id="footer">copyright 2023</p>
</div>
</body>
</html>
```

4.“花卉植物”栏目首页制作

html目录下的plants.htm，其代码如下：

```
<html>
<head><title>花卉植物</title>
<link href="../css.css" rel="stylesheet" type="text/css" />
<style>
#box{background:aliceblue;}
.pics{width:250px;}
</style>
</head>
<body>
<div id="box">
<p id="nav"><a href="#">古代神话</a> <a href="#">人物传说</a> <a href="#">花卉植物</a>
<a href="arts.htm">文玩雅赏</a> <a href="#">自然文化</a></p>
<p id="bread"><a href="../index.htm">首页</a> > <strong>花卉植物</strong> </p>
<p><a href="plum.htm"><img class="pics" src="../images/plum.png" /></a><img class=
"pics"src="../images/orchid.png" /></p>
<p><img class="pics" src="../images/bamboo.png" /><img class="pics" src="../images/
chry.png" /></p>
<p id="footer">copyright 2023</p>
</div>
</body>
</html>
```

5.“文玩雅赏”栏目首页制作

html目录下的arts.htm，其代码如下：

```
<html>
<head><title>文玩雅赏</title>
<link href="../css.css" rel="stylesheet" type="text/css" />
<style>
#box{background:lightyellow;}
```

```
</style>
</head>
<body>
<div id="box">
<p id="nav"><a href="#">古代神话</a> <a href="#">人物传说</a> <a href="plants.htm">花卉植物</a> <a href="#">文玩雅赏</a> <a href="#">自然文化</a></p>
<p id="bread"><a href="../index.htm">首页</a> > <strong>文玩雅赏</strong> </p>
<p><img class="pics" src="../images/guqin.png" /><img  class="pics" src="../images/chess.png"  /><a  href="#"><img  class="pics"  src="../images/writing.png"  /></a><img class="pics" src="../images/painting.png" /></p>
<p id="footer">copyright 2023</p>
</div>
</body>
</html>
```

6. “梅”页面制作

html 目录下的 plum.htm，其代码如下：

```
<html>
<head><title>梅</title>
<link href="../css.css" rel="stylesheet" type="text/css" />
<style>
#box{background:aliceblue;}
</style>
</head>
<body>
<div id="box">
<p id="nav"><a href="#">古代神话</a> <a href="#">人物传说</a> <a href="plants.htm">花卉植物</a> <a href="arts.htm">文玩雅赏</a> <a href="#">自然文化</a></p>
<p id="bread"><a href="../index.htm">首页</a> > <a href="plants.htm">花卉植物</a> > <strong>梅</strong></p>
<p><img class="topImg" src="../images/plum_main.jpg" /></p>
<h1>概况</h1>
<p class="intro"><span id="first_char">梅</span>是一种蔷薇科植物，冬末早春开花，后生叶芽。果核近球形，未熟时为青色，成熟后一般呈黄色，味极酸。梅花形小，单生或两朵齐出，花色多白色和淡红色，香味清幽，花朵多，枝头如缀珠玉，甚为美观。因梅花闻名，所以代称作为树木的梅树。梅花种类不一，从花色看，有红梅、白梅、紫梅、绿萼梅、宫粉梅等；从形态上看，有重叶梅、玉蝶梅、品字梅、台阁梅、照水梅等。</p>
<h1>文化意蕴</h1>
<p class="culture">梅花是中国十大名花之首，与兰花、竹子、菊花一起被列为“四君子”，与松、竹并称为“岁寒三友”。梅花因在寒冬冰雪中独然绽放，傲骨铮铮，不畏世态炎凉，与人世间坚贞自守、清心雅骨之君子酷似，人们咏梅，即是咏这种高尚花格与人品，如“无意苦争春，一任群芳妒。零落成泥碾作尘，只有香如故”，“莫恨香消玉减，须信道、扫迹情留，难言处，良宵淡月，疏影尚风流”等。自北宋以来，梅、兰、竹、菊逐渐成为文人画的专有题材。另外，梅花也是明清工艺美术品常用题材，梅花作为饰物图案也日渐普及。</p>
<p id="footer">copyright 2023</p>
</div>
</body>
</html>
```

7. CSS 文件制作

根目录下 css.css 文件的内容如下：

```
#box{
    text-align:center;
    width:80%;
    margin:0 auto;
}
#nav{
    font: 36px/2em 楷体;
    background:lightblue;
}
#bread{
    border-bottom:1px gray solid;
    margin-top:-20px;
    padding:5px;
    text-align:left;
}
#footer{
    border-top:1px gray solid;
    padding:15px;
}
#first_char{
   float:left;
   font:32px 楷体;
   margin:0 5px 0 0;
}

h1{width:60%;border-bottom:1px black solid;margin:40px auto 20px;}
a:hover{color:red;}

.pics{
    width:200px;
    margin:8px;
    opacity:0.4;
}
.pics:hover{
    opacity:1.0;
}
.topImg{
    width:300px;
}
.intro{
    width:70%;
    margin:20px auto;
    text-align:left;
}
.culture{
    font:18px/1.5em 宋体;
    width:60%;
    margin:20px auto;
    text-align:left;
}
```

【要点回顾】

① 图像一般分为矢量图和位图，但网页中使用的图像格式常都是以下位图格式之一：GIF、JPEG、PNG。

② 在网页中使用图像，应确保文件较小、控制图像的数量和质量、合理使用动画。

③ 使用图像处理软件 Photoshop 可以对图像进行大小设置、颜色调整、图像修补、导出为不同格式的文件等操作。

④ 在网页中插入图像需要使用<img>标记符，它包括 src、alt、width、height 等属性，用于控制图像的基本显示效果。

⑤ 使用 border、margin、vertical-align、float 和 opacity 等 CSS 属性，可以控制图片的各种显示效果。

练习题

一、客观题

1.（判断题）在常用的网页图像格式中，只有 GIF 能够设置透明色。（　　）

2.（判断题）在<img>标记符中使用 align 属性可以使其在页面中居中对齐。（　　）

3.（判断题）将 CSS 属性 opacity 的值设置为 0，表示完全不透明。（　　）

4.（单选题）以下关于 JPEG 图像格式的说法，错误的是（　　）。

A. 适合表现真彩色的照片　　B. 最多可以指定 1024 种颜色

C. 不能设置透明度　　D. 可以控制压缩比例

5.（单选题）以下说法中，正确的是（　　）。

A. 可以通过直接改文件名扩展名来修改图像格式

B. 矢量图通常比位图的文件尺寸大

C. 使用图像处理软件可以修改图像的像素大小

D. Flash 是一种位图处理软件

6.（填空题）请至少说明 GIF 图像的两种特点：________；________。

7.（填空题）已知站点文件结构如图 4-35 所示，现在要在 index.htm 中插入图像 city.gif，应使用的 HTML 语句是________；如果要在 interest.htm 中插入 city.gif，应使用的 HTML 语句是________。

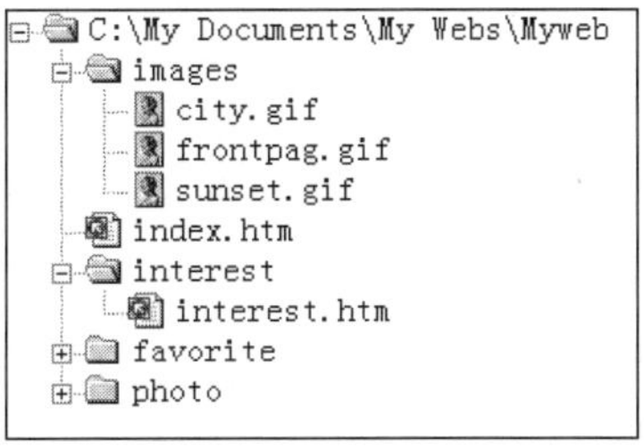

图 4-35　练习题 7

8.（填空题）要想为网页设置背景音乐（city.mp3）效果，应使用的 HTML 语句是________。

二、问答题

1. 简要说明使用网页图像时应注意的问题。

2. 简要说明 GIF 和 JPEG 图像的特点。

三、综合实践

1. 用手机拍摄一张数码照片（如个人自拍），使用 Photoshop 对其进行必要的处理（至少修改其像素大小），然后将其插入网页中（参见第2章综合实践第1题）。

2. 根据本章学习的知识，完善唐诗宋词网站（参见2.3节）和电影欣赏网站（参见3.5节），需要满足以下要求。

（1）在适当的位置插入图片，必要时对图片进行处理。

（2）使用CSS对图片进行一定的修饰，使其适合网站需要。

（3）合理使用多媒体对象，至少有一处嵌入音频和视频。

3. 分成两人一组（小组成员必须与之前不同），互相检查综合实践第1题和第2题的结果，并提出评价和改进意见。

第5章 表格与表单

05

表格和表单是网页上的功能性对象，前者用于组织数据，后者用于与浏览者交互。学习完本章内容之后，读者将可以在网页中使用表格对数据进行合理组织，使用表单建立起基本的用户数据收集机制。

【知识目标】

1. 掌握<table>、<caption>、<tr>、<td>和<th>标记符和相应属性的用法。
2. 区分表格在页面中的对齐、表格数据的水平对齐和表格数据的垂直对齐。
3. 理解表单的概念和工作原理。
4. 了解常见的表单控件类型。
5. 掌握<form>和<input>标记符的用法。
6. 掌握<label>、<textarea>、<select>、<option>、<fieldset>和<legend>标记符的用法。

【技能目标】

1. 熟练掌握表格的构造方法。
2. 熟练使用 CSS 属性控制表格的显示效果。
3. 熟练使用<form>、<input>、<textarea>等标记符，构造符合网站需求的表单。
4. 掌握设置表单标签效果的技术，增强表单的可用性。
5. 熟练使用 CSS 属性控制表单的显示效果。

【素养目标】

1. 理解“不同的信息呈现方式（如表格）会对理解产生不同的影响”这条基本的信息传播原理，并探讨其在现实中的表现（例如，可以讨论影视媒体、电子游戏等在信息传播方面的优势）。
2. 理解“交互性是现代媒体的关键特征”，并探讨不同媒体的交互程度差异以及实现交互的不同方式。
3. 通过综合实例的制作，体会“实践出真知”和“知行合一”。

5.1 创建表格

本节介绍如何在网页中创建表格，包括表格的基本元素构成、合并单元格以及构造表格的步骤。

5.1.1 表格的基本构成

使用表格

表格是一种常见的页面元素，表格由行和列组成，行列交叉构成了单元格，对某些表格来说，还有用于说明表格用途的标题。

在 HTML 文件中创建一个普通的表格应包括以下标记符。

（1）<table>标记符

<table>标记符用于定义整个表格，表格内的所有内容都应该位于<table>和</table>之间。

（2）<caption>标记符

如果表格需要标题，那么就应该使用<caption>标记符将表格标题包括在<caption>和</caption>之间。如果使用了 caption 标记符，它应该直接位于<table>之后。可以用 caption 标记符的 align 属性控制表格标题的显示位置，但建议使用 CSS 属性 text-align 完成该功能。

（3）<tr>标记符

<tr>标记符用于定义表格的行，每一个表格行都对应于一个<tr>标记符，相应的内容位于<tr>和</tr>之间。

（4）<td>和<th>标记符

在表格行中的每个单元格，都对应于一个<td>标记符或者<th>标记符，用于标记表格的内容，其中可以包括文字、图像或其他对象。<td>与<th>的功能和用法几乎完全相同（可以任意混合使用，但效果略有不同），唯一不同之处在于<td>表示普通表格数据，而<th>表示表格的行列标题数据（也就是通常所说的表头）。

例如，以下实例显示了如何创建一个表格，效果如图 5-1 所示。

```
<html>
<head><title>表格示例</title>
<style> caption {font:36px 楷体; text-align:left;} </style>
</head>
<body>
<table border="1" >
<caption>课程表</caption>
<tr>
  <th><img src="smiley.jpg" width="80"></th><th>星期一</th><th>星期二</th><th>星期三</th><th>星期四</th><th>星期五</th>
</tr>
<tr>
  <th>第 1 大节</th><td>数学</td><td>英语</td><td>数学</td><td>英语</td><td>哲学</td>
</tr>
<tr>
  <th>第 2 大节</th><td>物理</td><td>计算机</td><td>计算机</td><td> </td><td>计算机</td>
</tr>
<tr>
  <th>第 3 大节</th><td>计算机</td><td> </td><td>英语</td><td>计算机</td><td> </td>
</tr>
</table>
</body>
</html>
```

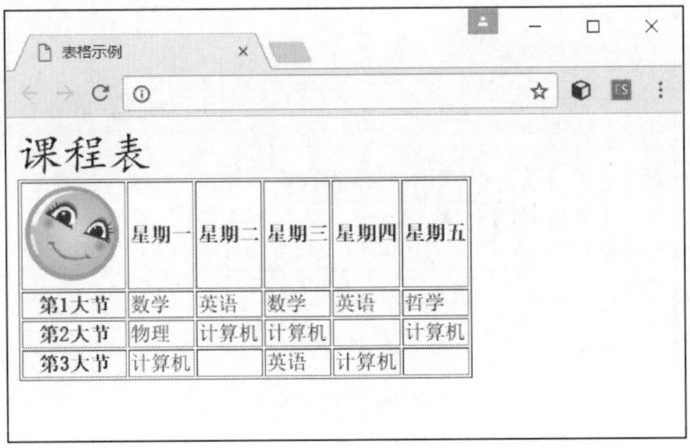

图 5-1　表格示例

说明　**表格默认是没有边框的，因此以上代码在<table>标记符中添加了 border 属性以显示边框。有关边框显示的内容，请参见 5.2.1 节。另外，单元格中如果没有内容则将不显示边框，因此一般在其中放入 （空格）以使其正常显示。**

5.1.2　合并单元格

如果要在网页中创建不规则的表格，就需要进行单元格的合并。

（1）行合并

在<td>和<th>内使用 rowspan 属性可以进行行合并，rowspan 的取值表示纵方向上合并的行数。实际上，rowspan 这个单词本身的含义就是跨越的行数。

（2）列合并

在<td>和<th>内使用 colspan 属性可以进行列合并，colspan 的取值表示水平方向上合并的列数。实际上，colspan 这个单词本身的含义就是跨越的列数。

例如，以下 HTML 代码制作了一个不规则的表格，效果如图 5-2 所示。

```
<html>
<head><title>合并单元格示例</title></head>
<body>
<table border="1">
<caption>学生情况表</caption>
<tr>
  <th rowspan="2">学号</th>
  <th colspan="3">个人信息</th>
  <th colspan="2">入学信息</th>
</tr>
<tr> <th>姓名</th><th>性别</th><th>年龄</th><th>班级</th><th>入学年月</th> </tr>
<tr> <td>007</td><td>张晓明</td><td>女</td><td>19</td><td>20190012</td><td>2019 年 9
月</td> </tr>
<tr> <td>008</td><td>陈鹏</td><td>男</td><td>20</td><td>20190012</td><td>2019 年 9 月
</td> </tr>
</table>
</body>
</html>
```

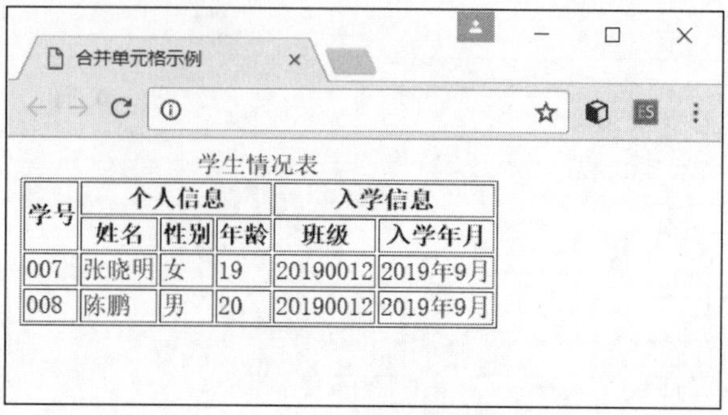

图 5-2　不规则表格示例

5.1.3　构造表格的步骤

从 5.1.2 节的示例可以看出，构造表格的基本步骤如下。

（1）使用 table 标记符包括所有表格数据。如果需要表格标题，则在<table>后使用 caption 标记符。

（2）从第 1 行开始，使用<tr>标记符分隔每一行。表格有多少行，就应该有多少个<tr>标记符。表格的行数应该是垂直方向上单元格的最大数。例如，在 5.1.2 节的示例中，该表格共有 4 行。

（3）在每一行（即<tr>标记符后）内，依次用<th>或<td>标记符标记每个单元格的内容。如果碰到跨行的单元格，则用 rowspan 属性进行标记，并且只在首次出现的行中包括（例如，在 5.1.2 节的示例表格中，第 2 行只有 5 个<th>标记符，这是由于第 1 列的内容跨行显示）。如果碰到跨列的单元格，则用 colspan 属性进行标记（例如，在 5.1.2 节的示例表格中，第 1 行只包括 3 个<th>标记符，但占据了 6 列的位置）。

（4）按照步骤（3）的做法，顺次一行一行处理，直到表格结束。如果遇到空单元格，只需在<td>标记符中加入 。

注意　**创建复杂表格时，最好能事先在纸上画出草图，以便清楚地了解表格的结构。**

5.2　表格的属性设置

本节介绍如何设置表格的各种属性，以取得特定的视觉效果。既包括使用 HTML 标记符属性的方面，也包括使用 CSS 属性的方面。

5.2.1　边框与分隔线

1．使用标记符属性

在<table>标记符内使用 frame、rules 和 border 属性可以设置表格的边框和单元格分隔线。

表格的边框是指最外层的 4 条框线，可以用 frame 属性进行控制，该属性的取值可以是 void（表示无边框，是默认值）、above（表示仅有顶框）、below（表示仅有底框）、hsides（表示仅有顶框和底框）、vsides（表示仅有左、右侧框）、lhs（表示仅有左侧框）、rhs（表示仅有右侧框）、box（表示包含全部 4 个边框）。

rules 属性用于控制是否显示以及如何显示单元格之间的分隔线，取值可以是：none（表示无分隔线，是默认值）、groups（表示仅在行组和列组间有分隔线）、rows（表示仅有行分隔线）、cols（表示仅有列分隔线）、all（表示包括所有分隔线）。

border 属性用于设置边框的粗细，其值为像素数。如果设置 border="0"，则意味着 frame="void"，rules="none"（除非另外设置）。如果设置 border 为其他值，则意味着 frame="border"，rules="all"（除非另外设置）。因此，以下两条语句的含义相同：

```
<table border="2">
<table border="2" frame="border" rules="all">
```

例如，如果将图 5-1 表格对应的 HTML 代码中的<table>标记符更改如下，则效果如图 5-3 所示。

```
<table border="1" frame="hsides" rules="rows">
```

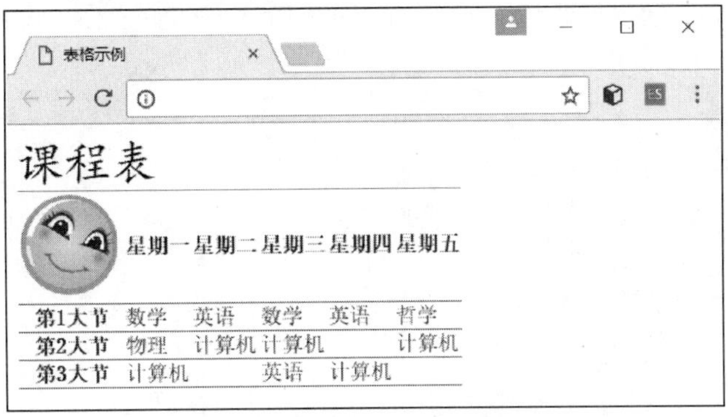

图 5-3　表格边框和分隔线的显示效果

2. 使用 CSS 边框属性

从更实用的角度来说，一般采用 CSS 边框属性（详见第 6 章）来对表格的各种框线进行修饰，如下所示（效果如图 5-4 所示）：

```
<html>
<head><title>表格示例</title>
<style> caption {font:36px 楷体; text-align:left;}
  table { border-top:2px solid black;  border-bottom:2px solid black; }
  td,th { border-top:1px solid black; }
</style>
</head>
<body>
<table rules="rows">
<! -- 此后代码与图 5-1 对应的 HTML 代码相同，此处不再赘述。-->
```

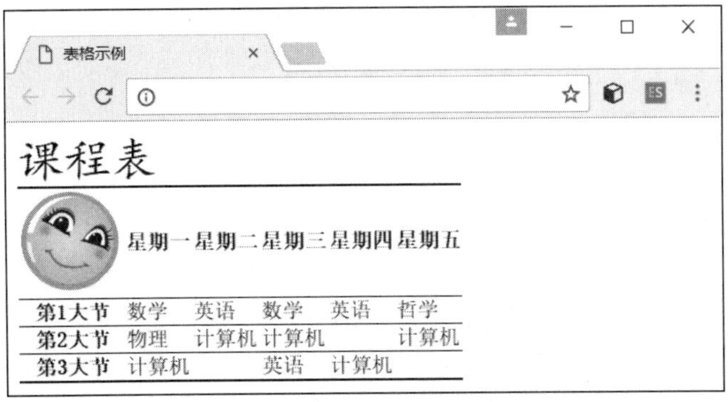

图 5-4　使用 CSS 边框属性设置边框效果

注意 <table>标记符的 border 属性对应的是外围的 4 个边框，<td>和<th>标记符的 border 属性对应的是单元格的边框。

5.2.2 控制单元格空白

1. 使用标记符属性

在 <table>标记符中使用 cellspacing 属性可以控制单元格之间的空白，使用 cellpadding 属性可以控制表格分隔线和数据之间的距离，这两个属性的取值通常都采用像素数。

例如，以下示例显示了这两个属性如何影响单元格内和单元格间的空白，效果如图 5-5 所示。

```
<html>
<head><title>表格单元格空白示例</title></head>
<body>
<table border="1" cellspacing="10">
<tr><td>大话西游</td><td>大内密探零零发</td><td>少林足球</td></tr>
<tr><td>鹿鼎记</td><td>喜剧之王</td><td>九品芝麻官</td></tr>
<tr><td>逃学威龙</td><td>食神</td><td>百变星君</td></tr>
</table>
<table border="1" cellpadding="10">
<tr><td>大话西游</td><td>大内密探零零发</td><td>少林足球</td></tr>
<tr><td>鹿鼎记</td><td>喜剧之王</td><td>九品芝麻官</td></tr>
<tr><td>逃学威龙</td><td>食神</td><td>百变星君</td></tr>
</table>
</body>
</html>
```

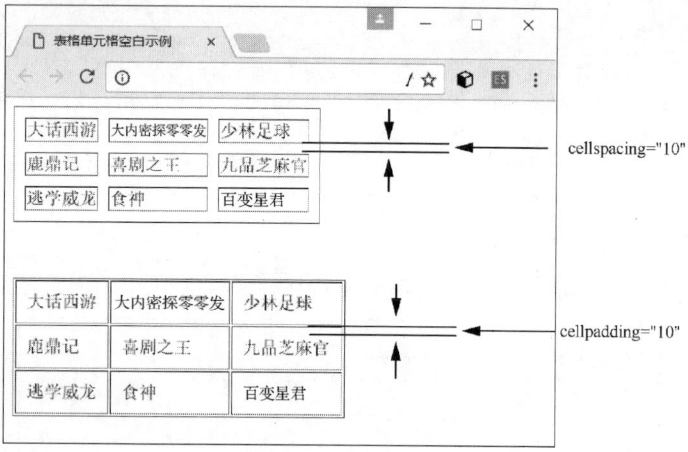

图 5-5 单元格空白示例

2. 使用 CSS 属性

与边框效果类似，表格单元格空白的设置最好也用 CSS 属性来完成。相应的 3 个 CSS 属性是 border-collapse、border-spacing 和 padding，前两个属性应用于<table>标记符，后一个一般应用于<td>或<th>标记符。

border-collapse 属性设置表格的边框是否被合并为一个单一的边框，还是像在标准的 HTML 表格中那样分开显示（如图 5-1、图 5-2 和图 5-5 所示）。该属性的默认值是 separate，即边框不合并；如果设置为 collapse，则表示边框合并为单一边框（此时 border-spacing 的值会被忽略）。

border-spacing 属性设置相邻单元格的边框间的距离（border-collapse 属性值为 separate 时），取值为长度值。如果设置一个值，则水平和垂直间距都是该值；如果设置两个值，那么第 1 个值设置水平间距，第 2 个值设置垂直间距。

对<td>或<th>标记符应用填充属性 padding（详见第 6 章），取值为一个或多个长度值，可以实现与 cell-padding 类似的效果。

以下 HTML 代码展示了上述属性的用法，效果如图 5-6 所示。

```
<html>
<head><title>表格单元格空白示例</title>
<style>
  #tb1{ border-collapse:collapse;  border:1px solid black; }
  #tb2{ border-spacing:20px 10px;  border:1px solid black; }
  td{ border:1px solid black;  padding:10px; }
</style>
</head>
<body>
<table id="tb1">
  <tr><td>大话西游</td><td>大内密探零零发</td><td>少林足球</td></tr>
  <tr><td>鹿鼎记</td><td>喜剧之王</td><td>九品芝麻官</td></tr>
  <tr><td>逃学威龙</td><td>食神</td><td>百变星君</td></tr>
</table>
<p> </p>
<table id="tb2">
  <tr><td>大话西游</td><td>大内密探零零发</td><td>少林足球</td></tr>
  <tr><td>鹿鼎记</td><td>喜剧之王</td><td>九品芝麻官</td></tr>
  <tr><td>逃学威龙</td><td>食神</td><td>百变星君</td></tr>
</table>
</body>
</html>
```

图 5-6　使用 CSS 属性控制单元格空白

5.2.3　表格的对齐

表格的对齐包括表格在页面中的对齐和表格数据在单元格中的对齐。

1. 表格的页面对齐

表格在页面中的对齐与其他页面内容一样，可以直接在<table>标记符中使用 align 属性来实现。例如，以下语句将使表格在页面中居中对齐：

```
<table align="center">
```

如果不使用<table>标记符的 align 属性设置表格的页面对齐，则跟在表格后的文本自动显示在表格下的一行。如果使用了<table 的>align 属性设置页面对齐，并且使用的是 left 或 right 值，则跟在表格后的文本会位于表格的右边或左边，从而形成文本环绕表格的效果。

与其他标记符的 align 属性一样，表格的 align 属性在 HTML5 中也不建议使用，而应使用 CSS 的方式（参见第 6 章）。如果要居中对齐，应设置 table {margin: 0 auto;}；如果要左浮动，应设置 table {float: left;}；如果要右浮动，应设置 table {float: right;}。

2. 表格数据的水平对齐

表格数据的对齐包括在水平方向和垂直方向上的对齐。

设置水平对齐的方法是在标记符<tr>、<th>、<td>标记符中使用 align 属性，其常用的取值可以是 center（表示居中对齐）、left（表示左对齐，此值为默认值）、right（表示右对齐）、justify（表示两端对齐，但一般浏览器均不支持此取值）。

如果是在<tr>标记符中使用 align 属性，则可以控制整行内容的水平对齐；如果是在<td>或<th>标记符中使用 align 属性，则可以控制相应单元格中内容的水平对齐。

同样，相应标记符属性的功能也可以用 CSS 的 text-align 属性来代替。

例如，以下 HTML 代码实现了表格对齐和表格数据的水平对齐，效果如图 5-7 所示。

```
<html>
<head><title>表格对齐和表格数据的水平对齐</title>
<style>
  table {margin: 50px auto; border:1px solid black;}
  td { border:1px solid black;}
  .align_right { text-align:right; }
  .align_center { text-align:center; }
</style>
</head>
<body>
<table>
<tr class="align_right"><td>本行数据右对齐</td><td>右</td> <td>右</td> </tr>
<tr><td>左</td><td>本行数据为默认左对齐</td><td>左</td></tr>
<tr class="align_center"> <td>中</td><td>中</td><td>本行数据居中对齐</td></tr>
</table>
</body>
</html>
```

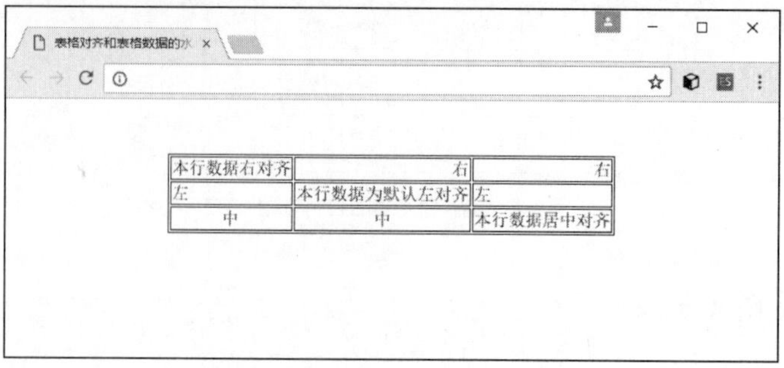

图 5-7　表格对齐和表格数据的水平对齐

3. 表格数据的垂直对齐

设置表格数据在垂直方向的对齐应在<tr>、<td>或<th>标记符中使用 valign 属性。valign 属性的常用取值包括 top（表示数据靠单元格顶部）、bottom（表示数据靠单元格底部）、middle（表示数据在单元格的垂直方向上居中，此值为默认值）、baseline（表示基线对齐，一般与 bottom 效果相同，但使用不同大小的文本时，会与一条虚拟的线对齐）。

与 align 属性类似，如果在<tr>标记符中使用 valign 属性，则可以控制整行内容的垂直对齐；如果是在<td>或<th>标记符中使用 valign 属性，则可以控制相应单元格中内容的垂直对齐。

同样，相应标记符属性的功能也可以用 CSS 的 vertical-align 属性来代替。

例如，以下 HTML 代码实现了表格数据垂直对齐的效果，效果如图 5-8 所示。

```
<html>
<head><title>表格数据的垂直对齐</title></head>
<body>
<table border="1" align="center">
<caption>表格数据的垂直对齐</caption>
<tr valign ="top"> <td><img src="world.gif"></td><td>垂直顶端对齐</td></tr>
<tr><td><img src="world.gif"></td><td>垂直居中对齐（默认）</td></tr>
<tr valign="bottom"><td><img src="world.gif"></td><td>垂直底部对齐</td></tr>
<tr valign="baseline"><td><h1>Open</h1></td><td>baseline/基线对齐</td></tr>
<tr valign="baseline"><td><img src="world.gif"></td><td>基线对齐</td></tr>
</table>
</body>
</html>
```

说明 此处使用了 HTML 的方式实现，请考虑如何使用 CSS 的方式实现同样效果。

图 5-8 表格数据的垂直对齐

5.3 创建表单

本节首先介绍表单的基本概念，接着简要介绍各种表单控件，最后介绍如何在页面中用<form>标记符插入一个表单。

5.3.1 什么是表单

使用表单

表单是用于实现网页浏览者与服务器（或者说网页所有者）之间信息交互的一种页面元素，在 WWW 上它被广泛用于各种信息的搜集和反馈。例如，图 5-9 显示了一个用于进行电子邮件系统登录的表单。

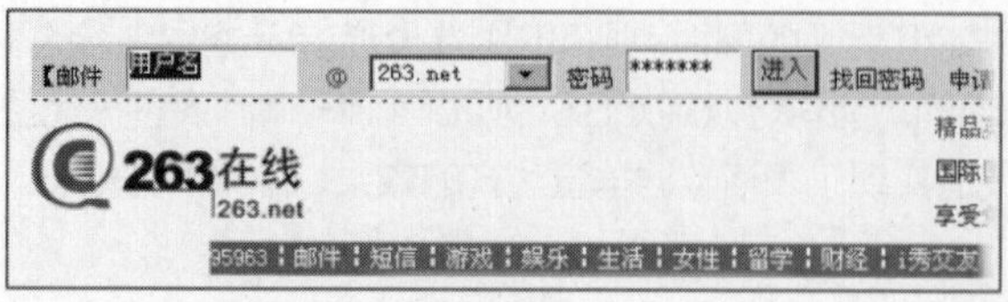

图 5-9　表单示例 1

在这个表单中，仅仅包含一些简单的文字、一个列表框和两个文本框（严格地说，是一个文本框和一个密码框），另外还有一个“进入”按钮。当浏览者在文本框中填写数据后单击“进入”按钮，则填写的内容将被传送到服务器，由服务器进行具体的处理，然后确定下一步的操作。例如，如果填写的用户名和密码都正确，则可以进入邮箱；如果填写内容有误，则会显示一个提示信息输入错误的页面。

除了这样直接嵌入到网页中的简单表单以外，WWW 中还有大量复杂的表单，可以传递更多的信息和实现更加复杂的功能。例如，在网上进行购物时，往往需要填写多个相关信息的表单，最后才能完成信息的提交；在申请一些免费账号（电子邮件账号或游戏账号）时，也需要填写一系列的表单才能最终获得想要的账号；另外，WWW 上大量的调查表也是用表单实现的。

图 5-10 显示了一个稍微复杂的表单，其中包含更多种类的表单控件：文本框、密码框、单选框、下拉列表框等。

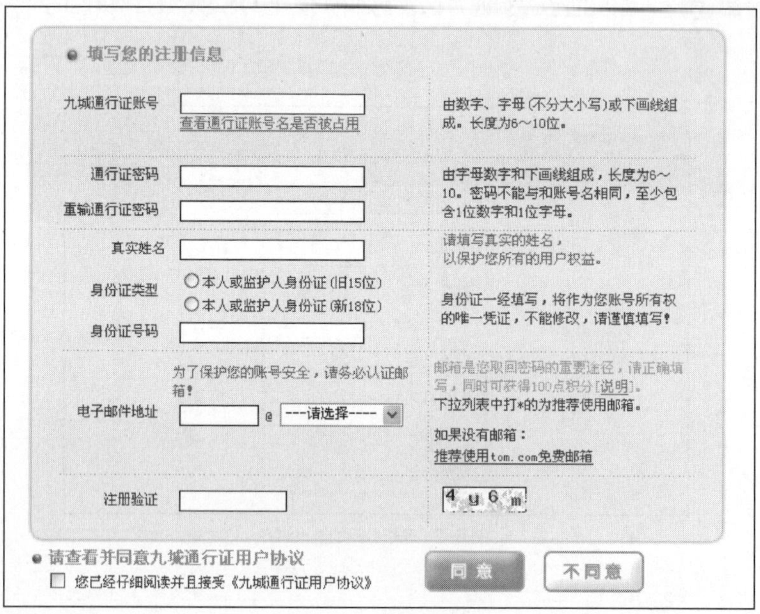

图 5-10　表单示例 2

不论是什么类型的表单，它的基本工作原理都是一样的，即浏览者访问到表单页面后，在表单中填写或选择必要的信息，最后单击“提交”按钮（有可能是其他名称的按钮，如“注册”“同意”“登录”等），于是填写或选择的信息就按照指定的方式发送出去，通过网络传递到服务器端，由服务器端的特定程序进行处理，处理的结果通常是向浏览器返回一个页面（例如通知注册成功的页面），同时在服务器端完成特定功能（例如在数据库中记录下新用户的信息）。这个过程如图 5-11 所示。

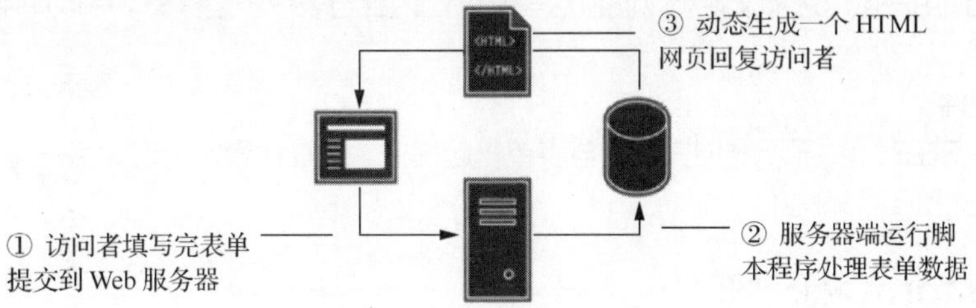
③ 动态生成一个 HTML
网页回复访问者
① 访问者填写完表单
提交到 Web 服务器
② 服务器端运行脚
本程序处理表单数据

图 5-11　表单的基本工作原理

总而言之，表单不同于前面介绍的页面元素（如表格、图像等），它不但需要在网页中用 HTML 进行显示，而且还需要服务器端特定程序的支持。

> **说明**　除了进行信息搜集和反馈以外，表单的另外一个作用就是创建各种动态网页效果。相关内容请参见本书第 7 章。

5.3.2　表单控件的类型

根据前面的两个示例，我们已经看到，表单通常由两类元素构成：一是普通的页面元素，例如表格、图像、文字等；二是用于接收信息的特定页面元素，也就是所谓的表单控件，例如文本框、单选框等。

控件是表单中用于接收用户输入或处理的元素。典型的控件有：文本框、复选框、单选框、选项菜单等。每个控件都具有一个指定的名称（由控件的 name 属性指定），该名称的有效范围是所在的表单。每个控件都具有一个初始值和一个当前值，这两个值都是字符串。控件的初始值是预先指定的，而当前值则根据用户的交互操作确定。当服务器端程序处理表单数据时，通常根据控件的这些值进行。

表单中一般使用以下类型的控件。

（1）文本框

可以创建 3 种类型的文本框：使用<input>标记符可以创建单行文本框和密码框（单行文本框和密码框的区别在于在后者中输入的字符将以 · 显示），而使用<textarea>标记符则可以创建多行文本框。对于任何一种文本框，所输入的文本将作为控件的当前值。

（2）复选框

复选框使用户可以选择信息。对于多个具有同一名称的复选框，用户可以选中其中的一个或多个。可以使用<input>标记符创建复选框。

（3）单选框

单选框与复选框类似，也用于选择信息。但与复选框不同的是对于具有同一控件名称的多个单选框，用户只能选择其中之一。可以使用<input>标记符创建单选框。

（4）按钮

可以创建 3 种类型的按钮：提交按钮（即 submit 按钮，单击该按钮将提交表单）、重置按钮（即 reset 按钮，单击该按钮将使所有控件恢复初始值，以便用户重新输入或选择）和普通按钮。可以使用<input>标记符创建按钮。

（5）选项菜单

选项菜单使用户可以从多个选项中进行选择。<select>标记符和<option>标记符用于创建选项菜单。

（6）文件选择框

文件选择框使用户可以选择文件，以便将这些文件的内容与表单一起提交。可以使用<input>标记符创建文件选择框。

（7）隐藏控件

隐藏控件并不在表单中显示，但其值会与表单一起提交。该控件通常用于保存一些特定信息。可以使用 input 标记符创建隐藏控件。

5.3.3 <form>标记符

如果要在网页中添加表单，应在 HTML 代码中添加<form>标记符，其基本的语法如下：

```
<form action="服务器端程序的 url" method="get|post" enctype="type">
  <!-- 此处是各种表单元素（包括控件和其他内容）的定义 -->
</form>
```

> **注意** <form>标记符内不能再嵌入<form>标记符（即表单不能嵌套），并且必须使用结束标记符 </form>。

<form>标记符作为包含控件的容器，它指定了以下内容。

（1）表单的布局（由包含在<form>标记符内的具体内容决定）。

（2）用于处理已提交表单数据的程序（由 action 属性指定），该程序必须能够处理表单数据。

（3）将用户数据提交给服务器的方法（由 method 属性指定）。

（4）表单发送时所使用的内容类型（由 enctype 属性指定）。

一个网页可以包含多个表单，每个表单的内容各不相同，但通常必须包含"提交"按钮。当用户填写完表单数据后，单击"提交"按钮则可以将表单数据提交。提交表单数据和处理表单数据的方法分别由<form>标记符中的 method 和 action 属性确定。

当向服务器发送表单数据时，method 属性表明所使用的方法，其中 get 和 post 是两种可以使用的方法。get 方法是在 URL 的末尾附加要向服务器发送的信息，而用 post 方法发送给服务器的表单数据是作为数据包发送的。具体使用哪种方法取决于系统正使用的服务器类型，此时可以询问一下系统管理员，看他建议使用两者中的哪一个。如果没有什么建议，则可以用任意一个。get 是默认的发送方法，但是许多 HTML 设计者却偏好使用 post。

action 属性提供处理表单的程序的地址，这个程序可以用站点支持的任何语言来编写，常用的有 PHP、JSP、ASP.NET 等。

> **注意** 如果要处理表单数据，我们需要在服务器端（即放置网页的远程计算机上）编写程序（如 PHP 程序），这部分内容已超出了本书的范围，感兴趣的读者请参考其他有关编写服务器端程序的书籍。

虽然用服务器端程序处理表单数据是通用的方法，但如果我们只需要搜集一些简单的信息，而不需要完成及时的交互，那么可以采用电子邮件的方式传送表单信息，方法为将 action 属性设置为"mailto:E-mail 邮箱"，同时将 enctype 属性设置为"text/plain"（以便以纯文本格式提交表单数据），具体效果请读者自行尝试。

5.4 创建表单控件

本节介绍如何创建各种常用的表单控件，包括文本框、密码框、复选框、单选框、按钮、多行文本框、选项菜单等。

5.4.1 文本框与密码框

如果需要浏览者输入单行文本（如输入姓名、年龄等信息），则应在表单中使用单行文本框。单行文本框应使用<input>标记符创建，将 type 属性指定为 text 即可。实际上，由于<input>标记符 type 属性的默认值就是"text"，所以可以直接用<input>标记符创建单行文本框。

创建单行文本框的基本语法如下：

```
<input type="text" name="" value="" size="" maxlength="" placeholder="" />
```

其中，name 属性指定了控件的名称，value 属性指定了控件的初始值，这两个属性的取值都是服务器端程序处理表单数据时需要使用的，在编写静态网页时可以不用指定；size 属性指定了文本框的宽度；maxlength 属性指定了在文本框中可以输入的最长文本数；placeholder 属性指定了帮助用户填写输入字段的提示。

如果需要隐藏用户在文本框中输入的内容（如密码），那么应使用密码框。密码框与单行文本框类似，但在其中输入的所有文本显示出来的都是圆点或星号。密码框在要求用户输入具有一定安全性需要的数据时比较有用。例如，使用密码框输入用户密码可以防止其他人看到该密码。

密码框的创建与单行文本框类似，不同的是需要将<input>标记符的 type 属性指定为 password，代码如下：

```
<input type="password" name="" value="" size="" maxlength="" placeholder="" />
```

例如，以下 HTML 代码显示了单行文本框和密码框的用法（也包含表单中必须有的提交按钮），显示效果如图 5-12 所示。

```
<html>
<head><title>单行文本框和密码框示例</title></head>
<body>
<h1>单行文本框和密码框</h1>
<form>
<p>姓名：<input size="30" placeholder="请输入您的姓名" /></p>
<p>密码：<input type="password" size="30" placeholder="请输入您的密码" /></p>
<input type="submit" name="submit_button" value="提交" />
</form>
</body>
</html>
```

图 5-12 单行文本框和密码框示例

5.4.2 复选框与单选框

1. 创建复选框与单选框

复选框与单选框（也叫单选按钮）都是允许用户进行选择的控件，分别用于选择多种选项（如兴趣爱好）和选择互斥的选项（如性别）。创建复选框与单选框也使用<input>标记符，语法分别如下：

```
<input type="checkbox" name="" value="" checked="checked" />
<input type="radio" name="" value="" checked="checked" />
```

type 属性为 checkbox，说明该控件是一个复选框，type 属性为 radio，说明该控件是一个单选框；name 属性和 value 属性的值都是程序处理表单数据时需要的；checked 属性是可选的，它告诉浏览器是否在第一次显示表单时将这个复选框或单选框显示为“被选中状态”。

例如，以下 HTML 代码显示了如何在表单中包含多个复选框和单选框，效果如图 5-13 所示。

```
<html>
<head><title>复选框与单选框示例</title></head>
<body>
<h1>复选框与单选框</h1>
<form>
<p>姓名：<input placeholder="请输入您的姓名" /></p>
<p>密码：<input type="password" placeholder="请输入您的密码" /></p>
<p>性别：
<input type="radio" name="gender" />男
<input type="radio" name="gender" />女
<input type="radio" name="gender" checked="checked" />不告诉你</p>
<p>年龄：
<input type="radio" name="age" checked="checked" />20 岁以下
<input type="radio" name="age" />20～30 岁
<input type="radio" name="age" />30 岁以上</p>
<p>爱好：
<input type="checkbox" checked="checked" />读书
<input type="checkbox" />运动
<input type="checkbox" />影视
<input type="checkbox" />游戏
<input type="checkbox" />其他
<p><input type="submit" value="提交" /></p>
</form>
</body>
</html>
```

图 5-13 复选框与单选框示例

注意 如果具有相同 name 属性的单选框组成了一个组，那么该组中只能选中一个选项。

2. 表单控件的标签

为了使浏览者能更方便地选择选项或定位输入点，在网页制作时应该使浏览者能在单击与某个控件相关的文本时，即选中该控件（尤其是单选框和复选框）。例如，单击复选框右边的文本即可选中复选框，或者单击文本框左边的提示文本即可将插入点定位到文本框。

实现这种功能的方法是用<label>标记符为表单控件指定标签，语法如下：

```
<label for="control id">标签文本</label>
```

其中，for 属性所指定的 id 是表单中一个控件的 id 属性。

例如，以下 HTML 代码显示了如何为控件指定标签，效果如图 5-14 所示。

```
<html>
<head><title>控件的标签示例</title></head>
<body>
<h1>控件标签</h1>
<form>
    <p><label for="name">姓名：</label><input id="name" /></p>
    <p><label for="pwd">密码：</label><input type="password" id="pwd" /></p>
    <p>订阅：
    <input type="checkbox" id="news" /><label for="news">娱乐新闻</label>
    <input type="checkbox" id="film" /><label for="film">影视预告</label>
    <input type="checkbox" id="games" /><label for="games">最新游戏</label></p>
    <p><input type="submit" value="提交" /></p>
</form>
</body>
</html>
```

图 5-14 控件标签示例

5.4.3 按钮

当用户完成表单的填写后，如果需要提交数据，则可以单击表单中的提交按钮（通常按钮上的文字为“提交”“同意”“进入”或“Submit”等）；如果希望恢复表单为填写前的状态，以便重新填写，则可以单击表单中的重置按钮（通常按钮上的文字为“重置”“重新填写”或“Reset”等）。另外，还可以在表单中使用自定义按钮，以便响应特定的事件。

创建提交按钮、重置按钮和自定义按钮的语法分别如下：

```
<input type="submit" name ="" value="" />
<input type="reset" name ="" value="" />
<input type="button" name ="" value="" />
```

其中 type 属性说明按钮的类型，name 属性的值用于程序引用此控件，value 属性的值用于指定显示在按钮上的文字（如果不指定，则使用浏览器的默认设置）。

例如，以下 HTML 代码显示了如何在表单中包含各种按钮，效果如图 5-15 所示。

```
<html>
<head><title>按钮示例</title></head>
<body>
<h1>按钮</h1>
<form>
<p>姓名：<input placeholder="请输入您的姓名" /></p>
<p><input type="button" name="mybutton" value="点点我试试！"
onclick="javascript:alert('呵呵，再点也没用！')" /> </p>
<p><input type="submit" name="submit_button" value="提交" />
<input type="reset" name="reset_button" value="重填" /></p>
</form>
</body>
</html>
```

图 5-15　按钮示例

> **注意**　**在真实的应用场景，用户很少有需要完全重填一个表单的情况，因此在表单中通常并不使用“重置”按钮。**

使用<input>标记符还可以用一个小图像作为提交按钮，方法是将<input>标记符的 type 属性设置为 image，语法如下：

```
<input type="image" src="" alt="" />
```

type 属性设置为 image，表示用 src 属性指定的图像作为提交按钮，无法显示图像的浏览器则使用 alt 属性显示提交按钮。

5.4.4　多行文本框

当需要浏览者提交多于一行的文本时（如希望获得用户的反馈意见），就不能再使用单行文本框，而应使用多行文本框。

创建多行文本框应使用<textarea>标记符，语法如下：

```
<textarea name="" rows="" cols="" placeholder="">默认多行文本（一般不用指定）</textarea>
```

其中，name 属性用于指定控件名；rows 属性用于设置多行文本框的行数（用户的输入可以多于这个行数，超过可视区域的内容可以用滚动条进行控制操作）；cols 属性用于设置多行文本框的列数（用户的输入可以多于这个列数，超过可视区域的内容可以用滚动条进行控制操作）；placeholder 属性指定了帮助用户填写输入字段的提示。

例如，以下 HTML 代码显示了如何在表单中使用多行文本框（以及如何使用图像作为提交按钮），效果如图 5-16 所示。

```
<html>
<head><title>多行文本框示例</title></head>
<body>
<h1>多行文本框</h1>
<form>
<p>姓名：<input placeholder="请输入您的姓名" /></p>
<p>意见：<br />
<textarea rows="5" cols="60" placeholder="请输入您的宝贵建议" ></textarea></p>
<p><input type="image" src="mybutton.gif" /> </p>
</form>
</body>
</html>
```

图 5-16 多行文本框示例

5.4.5 选项菜单

如果希望浏览者从多个选项中选取信息，则可以使用选项菜单控件。要创建选项菜单，应使用<select>标记符，并将每个可独立选取的选项用一个<option>标记符标出来。

创建选项菜单的语法如下：

```
<select name="" size="" multiple="multiple">
  <option value="" selected="selected">选项 1 内容</option>
  <option value="" selected="selected">选项 2 内容</option>
  <!--更多 option 标记-->
</select>
```

其中，<select>标记符的 name 属性用于指定控件名；size 属性用于指定选项菜单中一次显示多少行（默认值为 1）；multiple 属性用于设置允许用户选择多个选项（如果不设置此属性，则仅允许浏览者选择一个选项）。<option>标记符 value 属性指定了控件的值，用于服务器端程序处理；selected 属性用于设置当前选项是否为预先选中状态。

例如，以下 HTML 代码显示了如何在表单中使用选项菜单，效果如图 5-17 所示。

```
<html>
<head><title>选项菜单示例</title></head>
<body> <h1>选项菜单示例</h1>
<form>
<p>姓名：<input></p>
<p>最喜欢的影视明星：<br />
<select name="yingshi">
  <option>周星驰</option> <option>周润发</option> <option>刘德华</option> <option>其他</option>
</select></p>
<p>您喜欢的周星驰作品（按住 Ctrl 键或 Shift 键可以多选）：<br />
<select name="xingxing" multiple="multiple" size="4">
  <option selected="selected">鹿鼎记</option> <option>少林足球</option> <option>大话西游</option> <option>喜剧之王</option><option>大内密探零零发</option> <option>功夫</option> <option> 武状元苏乞儿</option> <option> 百变星君</option> <option>其他</option>
</select></p>
<p><input type="image" src="mybutton.gif" /> </p>
</form>
</body>
</html>
```

图 5-17 选项菜单示例

5.5 综合实例：表格与表单

本节将综合使用前面的内容，制作一个复杂表格页面、一个登录页面和一个注册页面。

综合实例：表格与表单

5.5.1 复杂表格页面

要制作的复杂表格页面的效果如图 5-18 所示（奇偶行背景色不同，鼠标指针悬停到某行时背景颜色加深），请读者体会如何综合应用 CSS 为表格设置特定效果。

图 5-18　复杂表格页面效果

对应的 HTML 代码如下：

```
<html>
<head> <title>表格实例</title>
<style>
table,th,td{ border-top:1px black solid; border-bottom:1px black solid;}
table{
   border-collapse:collapse; margin:20px auto;
   background:aliceblue; width:500px;}
caption{font:36px/2em 楷体; margin:20px 0px 10px;}
th,td{ padding:5px; vertical-align:bottom;
      width:80px;height:50px; text-align:center; font:18px 黑体; }
.heading{ background:black; color:white; font:24px 宋体;}
.even{ background:lightgray; }
tr:hover{ background:gray; }
</style>
</head>
<body>
<table>
<caption>CBA 2019-2020 赛季比赛数据</caption>
<tr><th class="heading">主队</th><th class="heading">比分</th><th class="heading">客队</th></tr>
<tr class="even"><td>广东</td><td>107:98</td><td>辽宁</td></tr>
<tr><td>青岛</td><td>103:105</td><td>吉林</td></tr>
<tr class="even"><td>四川</td><td>87:134</td><td>新疆</td></tr>
<tr><td>山东</td><td>108:95</td><td>八一</td></tr>
<tr class="even"><td>北控</td><td>108:103</td><td>深圳</td></tr>
<tr><td>广厦</td><td>93:90</td><td>福建</td></tr>
</table>
</body>
</html>
```

5.5.2　登录注册页面

1. 登录页面

要制作的登录页面如图 5-19 所示。

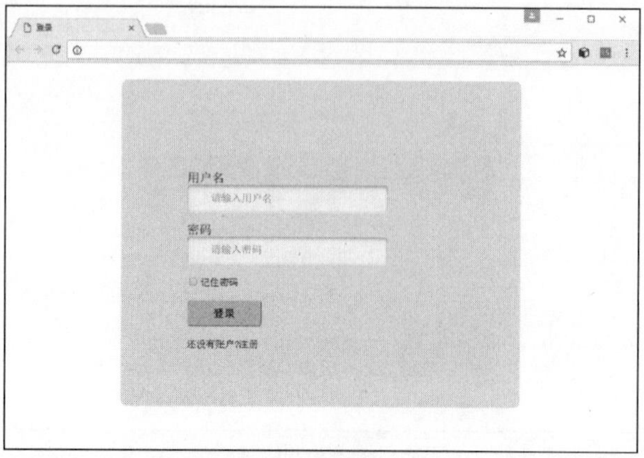

图5-19　登录页面

对应的HTML代码如下：

```
<html>
<head>
<title>登录</title>
<style>
form{width:400px;
    height: 250px;
    padding: 120px 100px;
    margin:25px auto;
    font-size: 18px;
    background-color: #E1E9EF;
    border-radius: 10px; }
.needinput{
    height: 40px;
    width: 300px;
    padding: 0 35px;
    border: none;
    background: #F8F9F9;
    font-size: 15px;
    box-shadow: 0px 1px 1px rgba(255,255,255,0.7),inset 0px 2px 5px #aaaaaa;
    color: #17202A;
    border-radius: 5px; }
input[type="submit"]{
    width: 110px;
    height: 40px;
    text-align: center;
    border-radius: 5px;
    font:16px "黑体";
    background-color: #C0C6CB;
    }
.smtxt{ font-size:14px; }
a{ text-decoration: none; }
a:hover{ text-decoration:underline; }
</style>
</head>
<body>
<form>
<p>用户名<br />
```

```
<input type="text" class="needinput" placeholder="请输入用户名" /></p>
<p>密码<br/>
<input type="password" class="needinput" placeholder="请输入密码" /></p>
<p><input id="remember" type="checkbox" /><label for="remember" class="smtxt">记住密码</label></p>
<p><input type="submit" value="登录" /></p>
<p class="smtxt">还没有账户?<a href="register.htm">注册</a></p>
</form>
</body>
</html>
```

说明 部分 CSS 用法请参见第 6 章。

2. 注册页面

要制作的注册页面如图 5-20 所示。

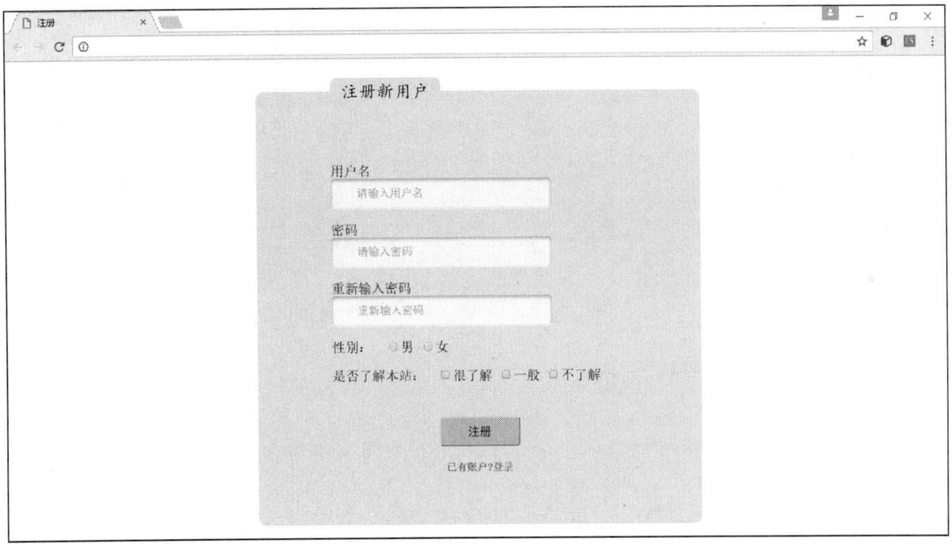

图 5-20 注册页面

对应的 HTML 代码如下：

```
<html>
<head>
<title>注册</title>
<style>
fieldset{width:400px;
     height: 480px;
     padding: 60px 100px;
     margin:25px auto;
     font-size: 18px;
     background-color: #E1E9EF;
     border-radius: 10px;
     border:none; }
legend{
```

```
        font:24px 楷体;
        padding:5px 15px;
        background-color: #E1E9EF;
        border-radius: 10px; }
    .needinput{
        height: 40px;
        width: 300px;
        padding: 0 35px;
        border: none;
        background: #F8F9F9;
        font-size: 15px;
        box-shadow: 0px 1px 1px rgba(255,255,255,0.7),inset 0px 2px 5px #aaaaaa;
        color: #17202A;
        border-radius: 5px; }
    input[type="submit"]{
        width: 110px;
        height: 40px;
        text-align: center;
        border-radius: 5px;
        font:16px "黑体";
        background-color: #C0C6CB;
        margin:45px auto 20px;
        display:block;   }
    .smtxt{ font-size:14px; text-align:center; }
    a{ text-decoration: none; }
    a:hover{ text-decoration:underline; }
    </style>
    </head>
    <body>
    <form>
    <fieldset>
    <legend>注册新用户</legend>
    <p>用户名<br />
    <input type="text" class="needinput" placeholder="请输入用户名" /></p>
    <p>密码<br/>
    <input type="password" class="needinput" placeholder="请输入密码" /></p>
    <p>重新输入密码<br/>
    <input type="password" class="needinput" placeholder="重新输入密码" />
    <p>性别： <input type="radio" name="gender" id="man" /><label for="man">男
</label>
    <input type="radio" name="gender" id="woman" /><label for="woman">女</label></p>
    <p>是否了解本站： <input type="checkbox" id="well" /><label for="well">很了解
</label>
    <input type="checkbox" id="normal" /><label for="normal">一般 </label> <input
type="checkbox" id="no" /><label for="no">不了解 </label></p>
    <p><input type="submit" value="注册" /></p>
    <p class="smtxt">已有账户?<a href="login.htm">登录</a></p>
    </fieldset>
    </form>
    </body>
    </html>
```

说明 <fieldset>和<legend>标记符可用于为表单控件分组。

【要点回顾】

① 创建表格一般需要使用<table>、<tr>、<th>和<td>标记符。在<td>标记符中使用 colspan 和 rowspan 属性可以合并单元格。
② 在创建表格的各种标记符内使用不同的标记符属性或者应用 CSS 属性，可以控制表格的显示效果。
③ 表单是用于实现网页浏览者与服务器之间信息交互的一种页面元素，它由表单控件和一般内容组成。
④ 创建表单需要使用<form>标记符，在该标记符中可以指定处理表单的方式。
⑤ 使用<input>标记符可以创建单行文本框、密码框、复选框、单选框、文件选择框、按钮等表单控件，使用<textarea>标记符可以创建多行文本框，使用<select>和<option>标记符可以创建选项菜单。
⑥ 使用<label>标记符可以指定控件的标签；使用<fieldset>和<legend>标记符可以组合表单中的元素。

练习题

一、客观题

1.（判断题）HTML 表格列数等于第一行 th 与 td 的 colspan 属性之和。(　　)
2.（判断题）HTML 表格数据垂直对齐方式默认为垂直居中对齐。(　　)
3.（判断题）HTML 表单与表格一样，也能嵌套。(　　)
4.（判断题）HTML 文本框、密码框和复选框都用<input>标记符生成。(　　)
5.（单选题）以下说法错误的是（　　）。
   A. 要控制表格在页面中的对齐，应在<table>标记符中使用 align 属性
   B. 要控制表格数据的水平对齐，应在<tr>、<td>、<th>标记符中使用 align 属性
   C. 要控制表格数据的垂直对齐，应在<tr>、<td>、<th>标记符中使用 valign 属性
   D. 表格数据的默认水平对齐方式为居中对齐
6.（单选题）以下（　　）选项不是<td>标记符 valign 属性的取值。
   A. top　　B. bottom　　C. middle　　D. center
7.（单选题）如果在表单里创建文本框，以下代码正确的是（　　）。
   A. <input>　　B. <input type="password">
   C. <input type="checkbox">　　D. <input type="radio">
8.（单选题）要给表单控件设置标签，以下代码正确的是（　　）。
   A. <input type="checkbox" name="news" /><label for="news">新闻</label>
   B. <input type="checkbox" for="news" /><label id="news">新闻</label>
   C. <input type="checkbox" for="news" /><label name="news">新闻</label>
   D. <input type="checkbox" id="news" /><label for="news">新闻</label>
9.（填空题）控制表格数据与表格框线之间的空白，应使用的标记符属性是 ________。

10.（填空题）合并 HTML 表格的单元格时，应使用<td>或<th>标记符的________属性进行行合并，使用 colspan 属性进行表格列合并。

11.（填空题）在表单中添加默认为选中状态的复选框，应使用语句________________。

12.（填空题）在表单中使用<input>标记符创建提交按钮时，________属性用于控制按钮上显示的文字。

二、问答题

1. 简要说明在网页中构造表格和对表格进行修饰的过程。

2. 简要说明表单的工作原理。

三、综合实践

1. 使用表格制作一个日历网页，要求满足以下条件。

（1）选择当前月或任意一个月进行制作。

（2）“×月”所在单元格必须横跨或纵跨整个表格。

（3）所有周末和节假日单元格都必须显示为与普通单元格不同的背景色。

（4）在日期单元格内添加约会或生日之类的信息，并且在这样的单元格内包含小图像。

（5）整个页面的布局要合理，符合一般的浏览习惯。

2. 制作一个表单网页，要求满足以下条件。

（1）至少使用 4 种表单控件，包括单选框、复选框和文本框。

（2）所有单选框和复选框都设置标签。

（3）表单网页布局合理（参见 5.5.2 节）。

3. 分成两人一组（小组成员必须与之前不同），互相检查综合实践第 1 题和第 2 题的结果，并提出评价和改进意见。

第6章 CSS3进阶

06

CSS 高级选择器可以帮助设计者增强对页面元素的控制，而 CSS 盒模型和定位技术可以使设计者设计出理想中的页面布局。学习完本章内容之后，读者将能对页面进行更为精确的控制和修饰，设计出风格统一、样式美观的网站。

【知识目标】

1. 掌握后代选择器、子元素选择器、相邻兄弟选择器和属性选择器的用法。
2. 理解 CSS 盒模型的概念。
3. 理解文档流的概念，并能区分 3 种 CSS 定位机制。
4. 掌握<div>和<span>标记符的用法。
5. 理解静态定位、浮动定位、相对定位、绝对定位和固定定位的机制。
6. 掌握 CSS 分类属性、列表属性和特效属性的用法。

【技能目标】

1. 使用后代选择器、子元素选择器、相邻兄弟选择器和属性选择器，对网页元素进行精确控制。
2. 熟练使用 padding、border 和 margin 属性，对文档中的对象进行修饰。
3. 熟练使用各种定位方法，设计网页布局和特定效果。
4. 使用 CSS 分类属性、列表属性和特效属性，实现特定的视觉效果。
5. 综合应用 CSS 技术，对网页进行合理布局，对整个网站进行一体化的风格设计。

【素养目标】

1. 能够对比 5 种基本的选择器（参见第 3 章）和 4 种高级选择器，探讨技术的演化规律。
2. 通过对 CSS 布局的学习，理解不同的布局方式对信息传递效率的影响，从而树立起“产品/作品的设计形式与内容应统一”的理念。
3. 通过中华美食网站的制作，增加对中华饮食文化的了解，提升民族自豪感，增强文化自信。

6.1 CSS3 高级选择器

CSS3 选择器的作用是确定 CSS 规则作用的对象。除了之前介绍的标记符选择器、类选择器、ID

选择器、伪类选择器和群组选择器之外，还可以使用上下文选择器或派生选择器（包括后代选择器、子元素选择器和相邻兄弟选择器）以及属性选择器，以进一步增强对网页元素的选择能力。

CSS3 高级选择器

6.1.1　后代选择器

后代选择器（Descendant Selector）又称为包含选择器，它可以选择作为某元素后代的元素。例如，如果希望只对 h1 元素中的 em 元素应用样式，可以这样写：

```
h1 em {color:red;}
```

这条规则会把作为 h1 元素后代的 em 元素的文本变为红色，而其他 em 元素（如 p 元素中的 em 元素）的文本则不会应用这个规则，规则如下所示：

```
<h1>这是一个 <em>重要的</em> 标题</h1>
<p>这是一个 <em>重要的</em> 段落。</p>
```

在后代选择器中，规则左边的选择器一端包括两个或多个用空格分隔的选择器（可以是任意选择器，如标记符选择器、ID 选择器等）。选择器之间的空格是一种结合符，可以将其解释为“……作为……的后代”或“……在……中”。例如，h1 em 选择器可以解释为“作为 h1 元素后代的任何 em 元素”或“包含在 h1 元素中的任何 em 元素”。

> **注意**　**后代选择器两个元素之间的层次间隔可以是无限的。例如，如果写作 ul em，这个规则就会选择包含在 ul 元素中的所有 em 元素，而不论 em 的嵌套层次有多深。**

后代选择器的功能非常强大，能够让设计者更有效地设置网页中各种元素样式。例如，如果一个网页包括一个左边栏和一个主内容区，左边栏的背景为蓝色，而主内容区的背景为白色，这两个区中都包含有超链接。此时就不能把所有超链接都设置为蓝色，因为这样的话左边栏中的蓝色超链接就看不到了。换言之，我们需要区分左边栏和主内容区中的超链接，具体做法就是使用后代选择器：可以将代表左边栏的 div 元素指定 id 属性为 sidebar，将主内容区的 div 元素指定 id 属性为 main，然后对不同区域的超链接应用不同的样式。代码如下，效果如图 6-1 所示。

```
<html><head><title>后代选择器示例</title>
<style>
div#sidebar {background:blue; width:200px; height:500px; float:left;border:1px solid black;}
div#main {background:white; width:600px;height:500px;float:left;border:1px solid black;}
div#sidebar a{color:white;} /* 为简单起见，将超链接的所有状态都设置为一种颜色 */
div#main a{color:blue;}
</style>
</head>
<body>
<div id="sidebar">
   <p><a href="#">超链接</a></p>
</div>
<div id="main">
    <p><a href="#">超链接</a></p>
</div>
</body>
</html>
```

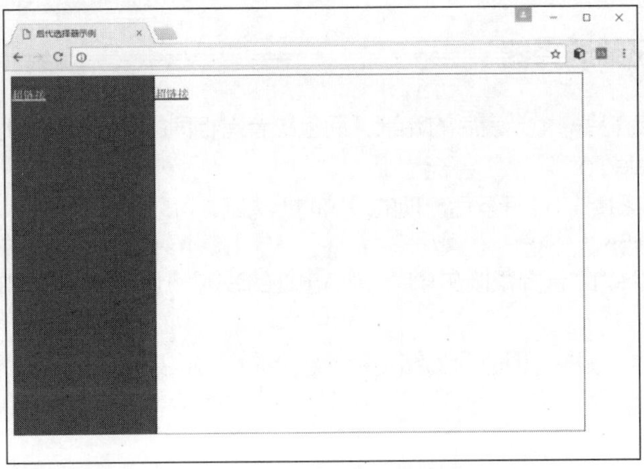

图 6-1　后代选择器示例

> **注意**　**以上用法在设计较为复杂的布局时经常使用，请参见 6.2 节。**

6.1.2　子元素选择器

与后代选择器相比，子元素选择器（Child Selector）只能选择作为某元素子元素的元素。换言之，子元素选择器只能选中某元素的直接后代（也就是嵌套一层的子元素）。例如，如果希望选择只作为 h1 元素子元素的 strong 元素，可以这样写：

```
h1 > strong {color:red;}
```

这个规则会把以下代码中第 1 个 h1 元素的两个 strong 元素变为红色，但是第 2 个 h1 元素中的 strong 不受影响（因为它嵌套了两层，可以认为是孙元素，而非子元素）：

```
<h1>这个标题<strong>非常</strong><strong>非常</strong>重要</h1>
<h1>这个标题<em>真的<strong>非常</strong></em>重要</h1>
```

在使用子元素选择器时，子结合符 > 两边的空格是可选的。也就是说，以下各种写法都是一样的：

```
h1 > strong
h1> strong
h1 >strong
h1>strong
```

这个选择器可以解释为“选择作为 h1 元素子元素的所有 strong 元素”。

就像其他选择器可以组合使用一样（例如#sidebar .special a:link），子元素选择器也可以和后代选择器组合使用，例如：

```
table.company td > p
```

这个选择器会选择作为 td 元素子元素的所有 p 元素，而 td 元素必须是 class 属性为 company 的 table 元素的后代元素。对应的 HTML 代码如下：

```
<table class="company">
<tr>
    <td><p>此段落会被选中</p></td>
    <td><p>此段落会被选中</p></td>
</tr>
</table>
```

6.1.3 相邻兄弟选择器

如果需要选择紧接在另一个元素后的元素，而且二者有相同的父元素，可以使用相邻兄弟选择器（Adjacent Sibling Selector）。

例如，如果要设置紧接在h1元素后出现的段落的上边距，可以这样写：

```
h1 + p {margin-top:50px;}
```

这个选择器可以解释为"选择紧接在h1元素后出现的段落，h1和p元素拥有共同的父元素"。

注意 **与子结合符 > 一样，相邻兄弟结合符+旁边的空格也是可选的。**

假设有以下代码段：

```
<div>
  <ul>
    <li>列表项 1</li>
    <li>列表项 2</li>
    <li>列表项 3</li>
  </ul>
  <ol>
    <li>列表项 1</li>
    <li>列表项 2</li>
    <li>列表项 3</li>
  </ol>
</div>
```

div元素中包含两个列表：一个无序列表和一个有序列表，每个列表都包含3个列表项。这两个列表是相邻兄弟，列表项本身也是相邻兄弟。不过，第1个列表中的列表项与第2个列表中的列表项不是相邻兄弟，因为这两组列表项不属于同一父元素。用一个结合符只能选择两个相邻兄弟中的第2个元素。因此，以下样式代码只会把两个列表中的第2个和第3个列表项变为粗体，而不会影响第1个列表项：

```
li + li {font-weight:bold;}
```

同样，相邻兄弟选择器也可以和其他选择器组合使用，例如：

```
#box > #container table + ul {margin-top:20px;}
```

这个选择器可解释为"选择紧接在table元素后出现的兄弟ul元素"，该table元素是某一个id为container的元素的后代元素，而这个id为container的元素是某个id为box元素的子元素。对应的HTML代码如下：

```
<div id="box">
  <div id="container">
    <table></table>
    <ul>这个元素是受影响的元素</ul>
    <ul>本元素不受影响</ul>
  </div>
</div>
```

6.1.4 属性选择器

我们知道如果一个HTML元素具有class或id属性，就可以用类选择器或ID选择器对其进行选择。

类似地，可以用属性选择器对带有指定属性的 HTML 元素设置样式。例如，以下样式应用于所有设置了 title 属性的 HTML 元素：

```
[title] { color:red; }
```

而以下样式应用于所有 title="Web" 的 HTML 元素：

```
[title=Web]{ border:5px solid blue; }
```

属性选择器的详细用法如表 6-1 所示。

表 6-1　属性选择器的详细用法

选择器	描述	举例
[attribute]	用于选取带有指定属性的元素	[title] { color:red; } 应用于：<a title="link">链接</a> <p title="para">段落</p>
[attribute=value]	用于选取带有指定属性和值的元素	[title=hello] { color:red; } 应用于：<a title="hello">链接</a>
[attribute~=value]	用于选取属性值中包含指定单词（即作为一个整体）的元素	[title~=flower] { border:5px solid yellow; } 应用于：<img src="tulip.jpg" title="tulip flower" /> 但不应用于：<img src="tulip.jpg" title="tulip flower1" />
[attribute|=value]	用于选取带有以指定值开头的属性值的元素。该值必须是完整单词（即不能是用空格分开的值，或者是其他单词的一部分）	[lang|=en] { color:red; } 应用于：<p lang="en">Hello!</p> <p lang="en-us">Hi!</p> <p lang="en-gb">Ello!</p> 但不应用于：<p lang="en weird">Weird!</p> 和 <p lang="end">Hello!</p>
[attribute^=value]	匹配属性值以指定值开头的每个元素	[title^=flower] { border:5px solid yellow; } 应用于：<img src="tulip.jpg" title="flower1" />
[attribute$=value]	匹配属性值以指定值结尾的每个元素	[title$=flower] { border:5px solid yellow; } 应用于：<img src="tulip.jpg" title="tulip flower" />
[attribute*=value]	匹配属性值中包含指定值的每个元素	[title*=flower] { border:5px solid yellow; } 应用于：<img src="tulip.jpg" title="tulip flower" /> <img src="tulip.jpg" title="tulip flower1" />

与其他选择器类似，属性选择器也可以组合使用。例如，input[type="text"]将选择所有 type 属性为 text 的 input 元素；而 a[href][title] {color:red;}将选择同时有 href 和 title 属性的 HTML 超链接。

6.2 CSS3 布局

CSS 最核心的功能之一是对网页进行布局设计。本节首先介绍布局的基本概念——CSS 盒模型，然后介绍浮动定位、相对定位、绝对定位与固定定位等布局方法。

6.2.1 CSS 盒模型

CSS 盒模型

1. CSS 盒模型的概念

CSS 盒模型（Box Model）是一种概念模型，它规定了任何一个 HTML 元素所形成的元素框的处理方式，即：一个元素被定义为一个“盒子”，这个“盒子”包括元素的宽度 width、高度 height、填充 padding、边框 border 和边距 margin，如图 6-2 所示。

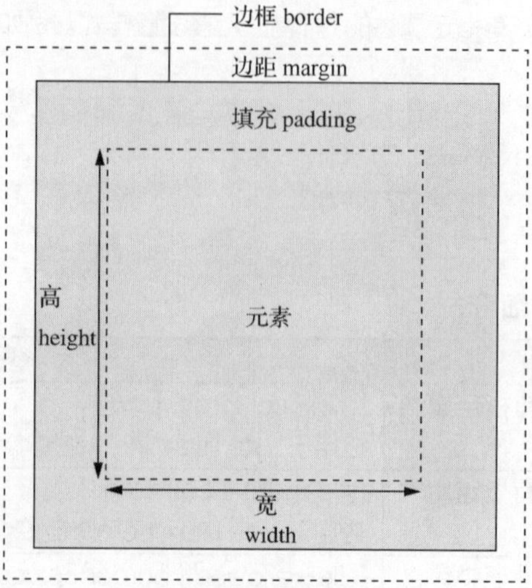

图 6-2　CSS 盒模型

元素框的最内部分是实际的内容，直接包围内容的是填充，接着是边框，边框以外是边距。元素的背景颜色和背景图案作用于由内容、填充和边框组成的区域；而边距默认是透明的，因此不会遮挡其后的任何元素，如以下代码所示（效果如图 6-3 所示）：

```
<html>
<head><title>边距、边框和填充的区别</title>
<style>
  p{margin:50px; border:15px dotted black; padding:50px; background:gray;}
</style>
</head>
<body>
    <p>生命中的成功之道是，一个人应妥善准备，以待时机的到来。</p>
    <p>不一则不专，不专则不能。</p>
</body>
</html>
```

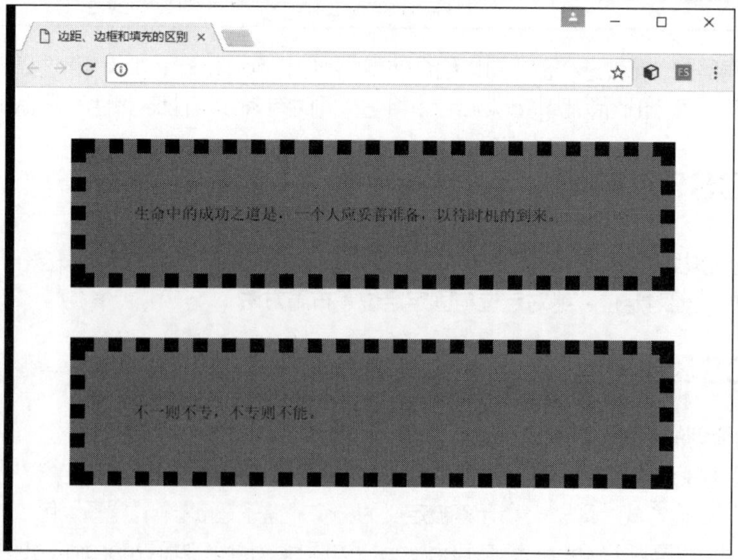

图 6-3　边距、边框和填充

填充、边框和边距都是可选的，默认值是0。但是，许多元素将由浏览器样式设置填充和边距，并且不同浏览器的默认值往往不同。为了保证兼容性，可以通过将所有元素的 margin 和 padding 设置为 0 来覆盖这些浏览器样式，如下所示：

```
* {
   margin: 0;
   padding: 0;
}
```

在 CSS 盒模型中，width 和 height 指的是内容区域的宽度和高度。增大填充、边框和边距的值不会影响内容区域的尺寸，但是会增大元素框的总尺寸。假设元素框的每个边上有 10px 的边距和 5px 的填充，如果希望这个元素框的宽度达到 60px，就需要将内容的宽度设置为 30px，代码如下：

```
#box {
  width: 30px;
  margin: 10px;
  padding: 5px;
}
```

元素框宽度的计算如图 6-4 所示。

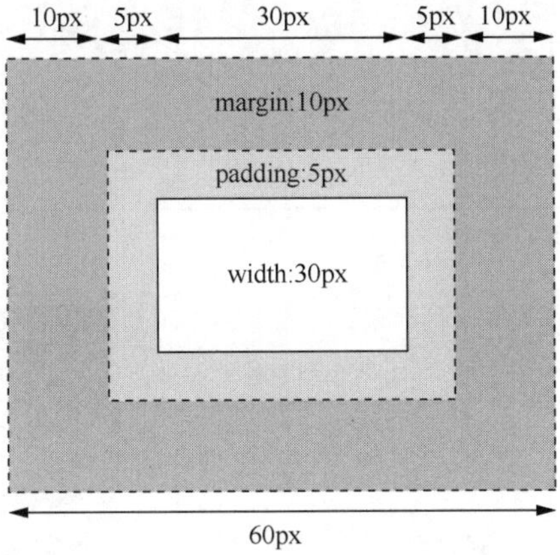

图6-4　元素框宽度的计算

注意　**CSS 盒模型不仅适用于块元素，也适用于行内元素。例如，以下代码就通过调整<a>标记符的 padding-bottom 并设置 border-bottom 的方式，用另外一种方法实现了鼠标指针悬停加下画线的效果：**

```
a { text-decoration:none; }
a:hover { padding-bottom:3px; border-bottom:1px dotted black; }
```

2. padding 属性

CSS 盒模型的填充属性包括 padding、padding-left、padding-right、padding-top 以及 padding-bottom。

padding-left、padding-right、padding-top 和 padding-bottom 这 4 个属性分别用于设置左、右、上、下填充区的宽度，取值可以是长度值和百分数，但不允许使用负值。当使用百分数时，表示相对于父元素宽度的百分比。

padding 属性用于同时指定上、右、下、左（以此顺序）填充的宽度。如果只指定一个值，则 4 个方向都采用相同的填充宽度；如果指定了 2 个或 3 个值，则没有指定填充宽度的边采用对边的填充宽度。例如，padding:10px 20px 20px; 表示上填充 10px，左、右填充 20px，下填充 20px。

3. margin 属性

CSS 盒模型的边距属性包括 margin、margin-left、margin-right、margin-top 以及 margin-bottom。

margin-left、margin-right、margin-top 和 margin-bottom 属性可以分别用来设置左、右、上、下边距，它们的取值可以是长度值、百分数或 auto。当使用百分数时，表示相对于父元素宽度的百分比。

margin 属性可以同时指定上、右、下、左（以此顺序）边距。如果只指定一个值，则 4 个方向都采用相同的边距；如果指定了 2 个或 3 个值，则没有指定边距的边采用对边的边距。例如，常见的将块居中的 CSS 代码是 margin:0 auto;，表示上、下边距为 0，左、右边距为 auto。

指定边距时也可以使用负值，以便获得特殊的效果。例如，以下代码就利用负边距实现了一种两栏效果（如图 6-5 所示，有关浮动布局的内容参见 6.2.3 节）：

```
<html>
<head><title>负边距的应用</title>
<style>
#content {width:100%; height:500px;background:yellow;float:left; margin-right:-200px;}
#sidebar {width:200px; height:500px;background:gray;float:left;}
</style>
<body>
  <div id="content"></div>
  <div id="sidebar"></div>
</body>
</html>
```

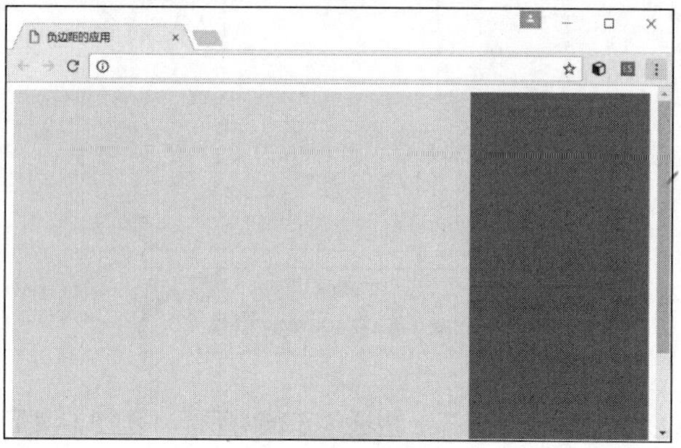

图 6-5　负边距的应用

对于边距而言，还有一个叫作“边距合并”的概念。也就是说，当两个垂直边距相遇时，它们将合并成一个边距，合并后的边距的高度等于两个边距中的较大者。例如，在图 6-3 中，两个段落之间的距离是 50px，而非 50px+50px=100 px，就是因为发生了边距合并。

> **注意**　只有普通文档流中块框的垂直边距才会发生合并。行内框、浮动框或绝对定位框之间的边距不会合并。有关文档流等概念，请参见 6.2.2 节。

4. border 属性

CSS 盒模型的边框属性包括 border、border-bottom、border-bottom-color、border-bottom-style、border-bottom-width、border-color、border-left、border-left-color、border-left-style、border-left-width、border-right、border-right-color、border-right-style、border-right-width、border-style、border-top、border-top-color、border-top-style、border-top-width 以及

border-width 等。

根据属性的命名可以看出，有关边框的设置包括 3 项：边框颜色（color）、边框样式（style）和边框宽度（width）。而边框又包括 4 个方向：上（top）、下（bottom）、左（left）和右（right）。将边框设置和方向组合起来，就构成了多种边框属性。

border-bottom-color、border-left-color、border-right-color、border-top-color 属性分别用于指定下、左、右、上边框的颜色，取值可以使用各种指定颜色的方式（或者是 transparent）。也可以使用 border-color 属性同时指定 4 个边框的颜色。如果分别指定，则必须按上、右、下、左的顺序指定；如果只指定了一个值，则所有边框的颜色一样；如果指定了 2 个或 3 个值，则未指定颜色的边框采用相对边框的颜色值。

border-bottom-style、border-left-style、border-right-style、border-top-style 属性分别用于设置下、左、右、上边框的样式，取值可以是 none | dotted | dashed | solid | double | groove | ridge | inset | outset，默认值是 none。none 表示无边框（即使已设置了其边框宽度）；dotted 指边框由点线组成；dashed 指使用虚线表示边框；solid 指边框由实线组成；double 指使用双线表示边框；groove 和 ridge 利用元素的颜色属性值描出具有三维效果的边框；类似地，inset 和 outset 利用修饰元素的颜色值描出边框效果。也可以用 border-style 属性同时指定 4 个边框的样式。如果分别指定，则必须按上、右、下、左的顺序指定；如果只指定了一个值，则所有边框的样式一样；如果指定了 2 个或 3 个值，则未指定样式的边框采用相对边框的样式。需要注意的是，如果浏览器不支持边框样式的属性值，则除了 none 以外的所有属性值都用 solid 代替。

border-bottom-width、border-left-width、border-right-width、border-top-width 属性分别用于设置下、左、右、上边框的宽度，取值可以是 thin | medium | thick | <length>，其中<length>是可以使用的长度单位数值。这 4 个属性的默认值是 medium，并且取值不能是负数。也可以用 border-width 属性同时指定 4 个边框的宽度。如果分别指定，则必须按上、右、下、左的顺序指定；如果只指定了一个值，则所有边框的宽度一样；如果指定了 2 个或 3 个值，则未指定宽度的边框采用相对边框的宽度。

border 属性可以用来一次性设置 4 个方向上边框的宽度、样式和颜色，其取值可以是 border-width、border-color 和 border-style 属性的取值，它是指定元素边框各个边的便捷方式。例如，我们已经多次使用的 border:1px solid black;。用 border 属性指定边框时，4 个边框都具有相同的设置。在指定宽度、样式和颜色时，并没有顺序要求。也就是说，border:solid 1px black;和 border:1px black solid;是一样的。

border-left、border-right、border-top 和 border-bottom 属性可以用来一次性指定左、右、上、下边框的宽度、样式和颜色。如果没有指定某个值，则该值采用默认值。与 border 一样，当指定宽度、样式和颜色时，并没有顺序要求。

6.2.2 CSS 定位概述

1. 文档流

CSS 布局

定位是指设计者可以定义元素框相对于其正常位置应该出现的位置，或者相对于父元素、另一个元素甚至浏览器窗口本身的位置等。不管采用哪种定位方式，都需要我们理解一个基本机制——“文档流”（Document Flow）。

文档流是指网页中的元素按照什么方式排列。文档流规定了块元素和行内元素在网页中的排列顺序。在正常的文档流中，块元素形成的框会从上到下一个接一个地排列，框之间的垂直距离是由框的垂直边距计算出来的；行内元素形成的框则在一行中水平排列（碰到行尾则新起一行），可以使用水平方向上的填充、边框和边距调整它们的间距。

例如，我们可以通过以下实例体会文档流的概念，效果如图 6-6 所示。在该图中，h1、h2 和 p 这 3 个块元素是从上向下排列的，不管其宽度是多少；而行内元素 a 和 img 则是在水平方向上像一个一个的文字那样从左到右排列；不管是行内元素还是块元素，都可以使用 margin、border 和 padding 属性控制其四周的空白。

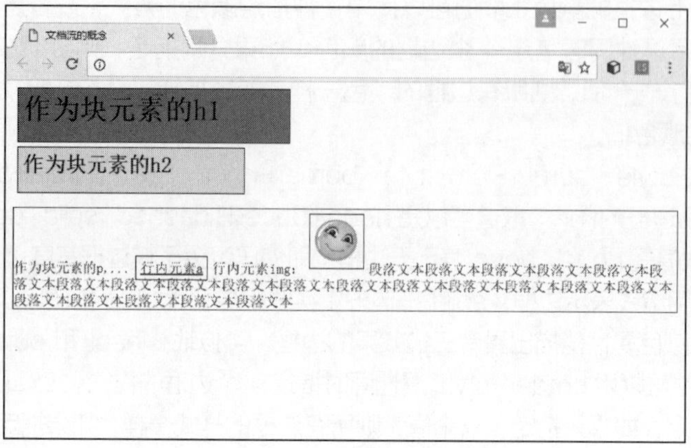

图 6-6　文档流的概念

2. CSS 定位机制与 CSS 定位属性

CSS 有 3 种基本的定位机制：普通流定位、浮动定位和绝对定位。普通流定位是指默认的定位方式（如前所述），相对定位也基于普通流定位（详见 6.2.4 节）；浮动定位是指将元素框按照特定的浮动规则从普通流中拿出来，从而形成一种特殊的定位方式（详见 6.2.3 节）；绝对定位（和固定定位）则是将元素框完全从普通流中拿出，通过为其指定坐标等属性，从而形成类似 Photoshop 中“图层”的效果（详见 6.2.5 节）。

CSS 定位属性允许设计师对元素进行定位，如表 6-2 所示（具体用法请参见本节之后的各种案例）。

表 6-2　CSS 定位属性

属性	描述	举例
position	把元素放置到一个静态的、相对的、绝对的或固定的位置，取值为 static/relative/absolute/fixed	#sidebar{ position:absolute; }
top	定义了定位元素的上边界与其包含块上边界之间的偏移，取值为长度单位，如 px 等	#sidebar{ position:absolute; top:20px; left:20px; }
right	定义了定位元素右边界与其包含块右边界之间的偏移，取值为长度单位，如 px 等	#sidebar{ position:absolute; right:20px; bottom:20px; }
bottom	定义了定位元素下边界与其包含块下边界之间的偏移，取值为长度单位，如 px 等	#sidebar{ position:absolute; bottom:20px; left:20px;}
left	定义了定位元素左边界与其包含块左边界之间的偏移，取值为长度单位，如 px 等	#sidebar{ position:absolute; left:20px; top:20px; }
overflow	设置当元素的内容溢出其元素框时如何处理，取值为 visible/hidden/auto/scroll/inherit	div { width:150px;　height:150px; overflow:scroll;　}
clip	规定一个元素的可见尺寸，这样一个绝对定位元素就会被修剪并显示为这个形状，取值为 rect (top, right, bottom, left)	img { position:absolute; clip:rect(0px,60px,200px,0px);　}

续表

属性	描述	举例
vertical-align	设置元素的垂直对齐方式，取值为 top/middle/bottom/baseline 等	img { vertical-align:bottom; }
z-index	设置元素的堆叠顺序，取值为整数（可以是负数，数值越小越在下层，即有可能被其他元素覆盖）	img { position:absolute; left:0px; top:0px; z-index:-1; }

3. div 与 span 元素

在进行 CSS 布局时，必不可少的 HTML 元素是 div，它用来建立自定义的块（在之前章节中已经多次出现）。一般使用 id 或者 class 属性对这些自定义的块进行命名，以便用 CSS 对它们进行控制。例如，一个很常见的网页的基本结构如下：

```
<div id="box">
  <div id="sidebar">边栏</div>
  <div id="content">内容栏</div>
</div>
```

类似地，如果要建立自定义的行内元素，可以使用 span 元素，同样使用 id 或 class 属性对其进行命名。例如，在以下代码中，用 span 元素命名了一个原本是超链接的文本，以实现一种最基本的导航条效果（因为在当前栏目时，相应的超链接一般设置为不可点击并且突出显示）：

```
<div id="menu">
  <a href="#">栏目 1</a> <a href="#">栏目 2</a> <span class="current">栏目 3</span> <a href="#">栏目 4</a>
</div>
```

可以设置 .current { font-weight:bold; } 使得该 span 元素加粗显示。

说明 **在 HTML5 中，定义了一些标记符，如<header>、<footer>等，可以用来替换传统的 div 方式。例如，以下代码可以认为是等价的：**

```
<div id="header">此处放置页眉信息</div>
<header>此处放置页眉信息</header>
```

6.2.3 浮动定位

浮动定位的基本机制是：设置为浮动的元素从正常的文本流中移出，但它依然对原来存在于文本流中的元素产生影响，这些元素的内容（注意不是框，而是框中的内容）会围绕在浮动元素周围，就好像“河流”围绕“小岛”一样。浮动的框可以向左或向右移动，直到它的外边缘碰到包含框或另一个浮动框的边框为止。

例如，以下代码展示了浮动定位的原理，如图 6-7 所示（为显示清楚相应原理，故意将窗口横向变窄，左右两图是在不同窗口宽度时的显示）。

```
<html>
<head><title>浮动定位的原理</title>
<style>
#box1{ width:300px;height:200px;background:red; }
#box2{ width:300px;height:200px;background:lightblue; float:left; } /*此框左浮动*/
#box3{ width:300px;height:200px;background:orange; float:right; } /*此框右浮动*/
#box4{ width:600px;height:400px;background:yellow; }
```

```
</style>
</head>
<body>
<div id="box1">box1</div>
<div id="box2">box2</div>
<div id="box3">box3</div>
<div id="box4">box4</div>
</body>
</html>
```

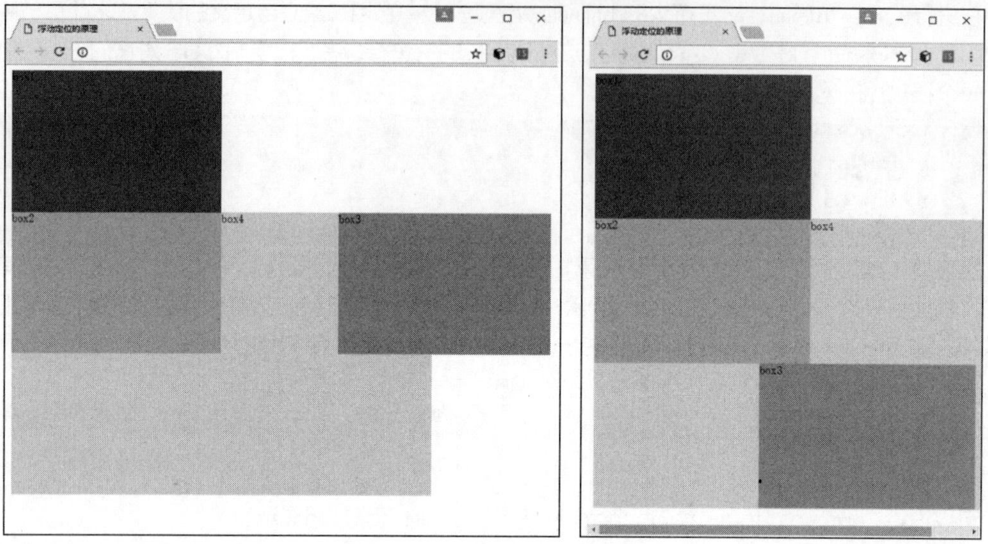

图6-7　浮动定位的原理

可以看出，CSS 浮动的核心属性是 float，它的取值是 left（左浮动）、right（右浮动）或 none（默认值，表示不浮动）。

在设置浮动定位时，有时需要使用 CSS 属性 clear 取消掉某些元素周围的浮动元素，它的取值是 left（在左侧不允许有浮动元素）、right（在右侧不允许有浮动元素）、both（在两侧都不允许有浮动元素，这是最常用的取值）、none（默认值，允许有浮动元素）。

以下代码使用浮动定位实现了一种典型的分栏布局，效果如图 6-8 所示。

```
<html>
<head><title>改进的浮动布局</title>
<style>
#box{ width:800px;height:700px;margin:0 auto; }
#header{ width:800px;height:100px;background:orange; }
#sidebar{ width:200px;height:500px;background:lightblue;float:left; }
#main{ width:600px;height:500px;background:lightgreen; float:left; }
#footer{ width:800px;height:100px;background:yellow;clear:both; }
</style>
</head>
<body>
<div id="box">
  <div id="header"></div>
  <div id="sidebar"></div>
  <div id="main"></div>
```

```
    <div id="footer"></div>
  </div>
  </body>
  </html>
```

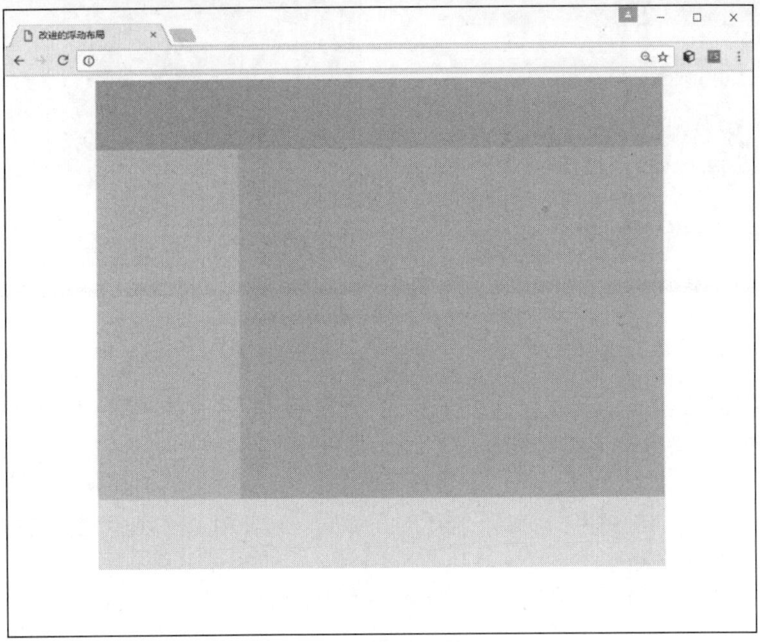

图 6-8　典型浮动定位布局

6.2.4　相对定位

如果把元素的 position 属性值设置为 relative，就采用了相对定位这种定位方式。相对定位与静态定位的含义一样，也是按照从上到下、从左到右的方式定位元素（即处于普通的文档流中），不过可以指定水平和垂直方向的偏移量，并且原来所占有的空间会保留。换言之，所谓"相对"，是指相对于原来静态定位的位置。

例如，以下代码的效果如图 6-9 左图所示（右图显示了静态定位时的情形，用于对比）。

```
<html>
<head><title>相对定位</title>
<style>
*{margin:0;padding:0;}
#box1{ width:500px;height:200px;background:orange; }
#box2{width:500px;height:200px;background:lightgreen;
      position:relative;top:50px;left:30px;}
#box3{ width:500px;height:200px;background:lightblue; }
</style>
</head>
<body>
<div id="box1"></div>
<div id="box2"></div>
<div id="box3"></div>
</body>
</html>
```

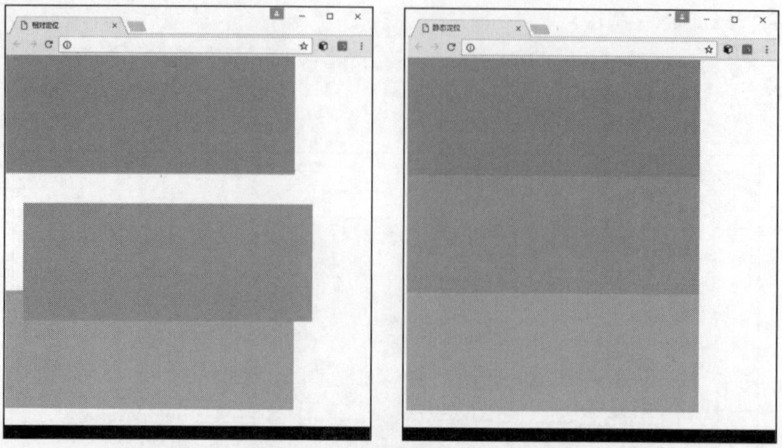

图6-9　相对定位与静态定位的对比

注意　在使用相对定位时，无论是否进行移动，元素都占据原来的空间。因此，移动元素可能会导致它覆盖其他元素框。

可以利用相对定位的这种特性，实现一些有趣的效果。例如，以下代码可让超链接在鼠标指针悬停时产生一种“按下”的效果：

```
a:hover { position:relative; top:2px; left:2px; }
```

6.2.5　绝对定位与固定定位

1. 绝对定位

如果把元素的position属性值设置为absolute，就采用了绝对定位这种定位方式。绝对定位将元素框从文本流中完全删除，并相对于最近的一个已定位的“祖先”（即position属性值不是static的元素）进行定位；如果没有已定位的“祖先”，则相对于浏览器窗口左上角（也可以理解为相对于body元素）进行定位。对于熟悉Photoshop图层概念的读者，可以把绝对定位的元素理解为新建的图层，它与原文档流中的元素位置没有关系（虽然可能会出现互相覆盖的情况）。元素绝对定位后生成一个块级框，而不论原来它会生成何种类型的框。

例如，如果把图6-9左图对应的代码修改如下（仅修改#box2的position属性为absolute，其他保持不变）：

```
#box2{width:500px;height:200px;background:lightgreen;
      position:absolute;top:50px;left:30px;}
```

则效果如图6-10左图所示，box2从文档流中完全删除，box3自动向上移动，占据了原先box2所在的位置。在这个案例中，由于并没有上一级的已定位的“祖先”，所以相对于浏览器窗口的左上角进行定位。

注意　因为绝对定位的框与文档流无关，所以它们有可能覆盖页面上的其他元素。可以通过设置z-index属性来控制这些框的堆放次序。例如，在刚才的案例中，如果将z-index设置为-1，代码如下：

```
#box2{width:500px;height:200px;background:lightgreen;
      position:absolute;top:50px;left:30px; z-index:-1;}
```

则效果如图6-10右图所示。

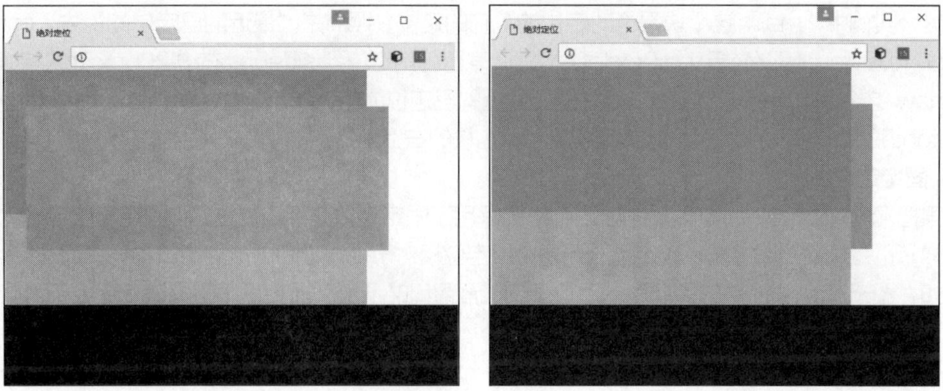

图 6-10　绝对定位

绝对定位的特性使得它成为常用的一种布局手段，如以下实例所示（效果如图 6-11 所示）:

```
<html>
<head><title>绝对定位布局</title>
<style>
#box{ width:800px;height:700px;margin:0 auto; }
#header{ width:800px;height:100px;background:orange; }
#container{position:relative;}
#sidebar{ width:200px;height:500px;background:lightblue;}
#main{ width:600px;height:500px;background:lightgreen;
position:absolute;top:0px;left:200px;}
#new {width:100px;height:100px;background:pink;position:absolute;top:50px;right:50px;}
#footer{ width:800px;height:100px;background:yellow;clear:both; }
</style>
</head>
<body>
<div id="box">
<div id="header">header</div>
<div id="container">
 <div id="sidebar">sidebar</div>
 <div id="main"> main content <div id="new">new box</div> </div>
</div>
<div id="footer">footer</div>
</div>
</body>
</html>
```

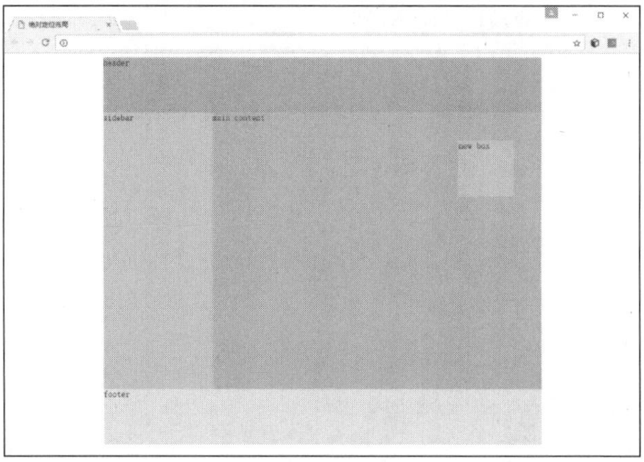

图 6-11　绝对定位布局

在这个实例中，main 这个块是绝对定位的。它的定位参照点是“最近的已定位的祖先”container（position:relative），因此坐标 top:0px;left:200px;表示将其定位到 sidebar 右边 200px 处并与 sidebar 平行；new 这个块也是绝对定位的，而它的“最近的已定位的祖先”是 main（postion:absolute），因此坐标 top:50px;right:50px;表示将其定位到 main 块的右上角。

2. 固定定位

如果把元素的 position 属性设置为 fixed，则采用了固定定位这种定位方式。固定定位与绝对定位的规定一样，也是从文档流中删除被定位的元素，但定位相对于视口（即浏览器窗口本身）而非其他元素。

例如，图 6-12 中上部的黑条就永远位于浏览器窗口的顶部，而右下角的黑块永远位于浏览器窗口的右下角（左右图是拖动滚动条前后的对比）。

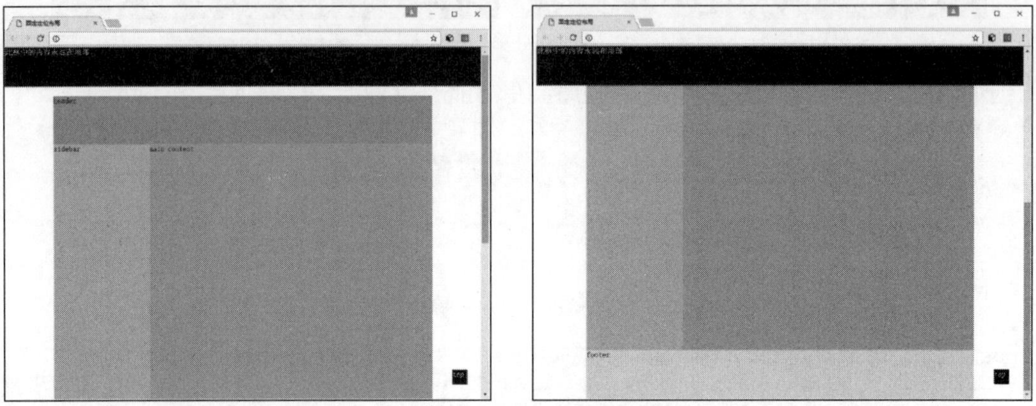

图 6-12　固定定位布局

实现代码如下：

```
<html>
<head><title>固定定位布局</title>
<style>
#fixedbar{ width:100%;height:80px;background:black; color:white;
     z-index:1000; position:fixed; top:0px; left:0px; }
#box{ width:800px;height:700px;margin:100px auto 0px; }
#header{ width:800px;height:100px;background:orange; }
#container{position:relative;}
#sidebar{ width:200px;height:1000px;background:lightblue;}
#main{ width:600px;height:1000px;background:lightgreen;
position:absolute;top:0px;left:200px;}
#footer{ width:800px;height:100px;background:yellow; }
#totop{ width:30px;height:30px;background:black;color:white;
     z-index:1000;position:fixed; right:30px; bottom:30px;}
</style>
</head>
<body>
<div id="fixedbar">此框中的内容永远在顶部</div>
<div id="box">
<div id="header">header</div>
<div id="container">
 <div id="sidebar">sidebar</div>
 <div id="main"> main content</div>
</div>
<div id="footer">footer</div>
```

```
</div>
<div id="totop">top</div>
</body>
</html>
```

注意 **使用绝对定位时，浏览器窗口左上角是指 body 元素的起始处，如果浏览器出现滚动条，那么相应的原点可能会移出视线。而使用固定定位时，定位的参照点就是可见的浏览器窗口，与窗口的滚动无关。**

6.3 CSS3 高级属性

除了第 3 章介绍的 CSS 的颜色与背景属性、字体属性、文本属性和本章介绍的 CSS 定位属性之外，CSS 中还包括用于控制如何显示元素和控制列表效果的分类属性、列表属性，以及一些用于实现特定的效果的特效属性。

CSS3 高级属性

6.3.1 分类属性

1. 概述

CSS 的分类属性允许设计者控制元素的显示与定位特性，如表 6-3 所示。

表 6-3 CSS 分类属性

属性	描述	举例
clear	设置一个元素的侧面是否允许存在其他的浮动元素	#footer{ clear:both; }
cursor	规定当指向某元素之上时显示的指针类型	#sidebar a:hover { cursor:crosshair; }
display	设置是否及如何显示元素	#header ul li { display:inline; }
float	定义元素在哪个方向浮动	#sidebar { float:left; }
position	把元素放置到一个静态的、相对的、绝对的或固定的位置	#main{ position:absolute; top:0px; left:200px; }
visibility	设置元素是否可见	#invisibleBox{ visibility:hidden; }

以上属性中，float 和 clear 属性用于设置浮动布局（详见 6.2.3 节），position 属性用于指定定位方式（详见 6.2 节，注意该属性也被归类到了 CSS 定位属性，见表 6-2）。下面来介绍剩下的 3 个分类属性。

2. cursor 属性

cursor（光标）属性用于设置在对象上面移动的鼠标指针显示的形状，取值如表 6-4 所示。

表 6-4 cursor 属性的取值及相应含义

值	含义
url	需使用的自定义光标的 URL（光标文件的格式一般为.ico 或.cur），用这种方式指定时一般需要用逗号分隔一个本表中的任意其他光标值，以防没有由 URL 定义的可用光标
auto	浏览器基于当前文本决定显示哪种指针
crosshair	简单十字形

续表

值	含义
default	随平台而定的默认指针（通常为箭头）
hand	手形
move	指示某物被移动的交叉箭头
*-resize	指示边缘被移动的箭头（*可以是 n、ne、nw、s、se、sw、e 以及 w，分别代表北、东北、西北、南、东南、西南、东以及西方向）
text	编辑文本指针（通常为 I 形）
wait	指示程序正忙、用户需要等待的沙漏图标或监视图标
help	指示用户可以得到帮助的问号图标

例如，以下示例显示了 cursor 属性的用法，效果如图 6-13 所示。

```
<html>
<head><title>cursor 属性</title>
<style>
#wait{cursor:wait;}
#mycursor{cursor:url(cursor.ico),auto;}
</style>
</head>
<body>
<p id="wait">段落文本</p>
<p id="mycursor">段落文本</p>
</body>
</html>
```

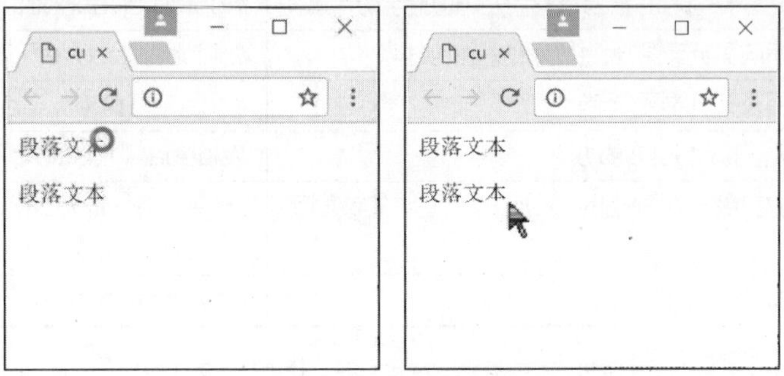

图 6-13　cursor 属性示例

3. display 属性

display 属性用于确定元素应如何绘制在页面上，它的取值有多个，常用的取值如表 6-5 所示。

表 6-5　display 属性的常用取值及其相应含义

值	含义
none	表示此元素不显示。此时不但元素看不见，而且元素也将退出当前的页面布局层，不占用任何空间
block	此元素将显示为块元素，元素前后会带有换行符，且可以设置宽高属性
inline	此元素会被显示为行内元素，元素前后没有换行符，不能设置宽高属性
inline-block	此元素将显示为行内块元素，这种元素结合了行内元素和块元素的优点，既可以设置宽高，让 padding 和 margin 属性生效，又可以和其他行内元素并排

以下示例显示了 display 属性的用法，效果如图 6-14 所示（第一个段落不显示，原本是块元素的 p 显示为行内元素，原本是行内元素的 a 显示为块元素，还包括显示为行内块元素的 a）。

```
<html>
<head><title>display属性</title>
<style>
.deleted{display:none;}
.inline{display:inline;}
.block{display:block;margin:20px;}
.inline-block{display:inline-block;width:60px; height:20px;
              background:lightblue; margin:5px; padding:3px;}
</style>
</head>
<body>
<p class="deleted">这段文本根本不显示</p>
<p class="inline">段落文本</p>
<p class="inline">段落文本</p>
<a class="block" href="#">超链接</a>
<a class="block" href="#">超链接</a>
<a class="inline-block" href="#">超链接</a>
<a class="inline-block" href="#">超链接</a>
</body>
</html>
```

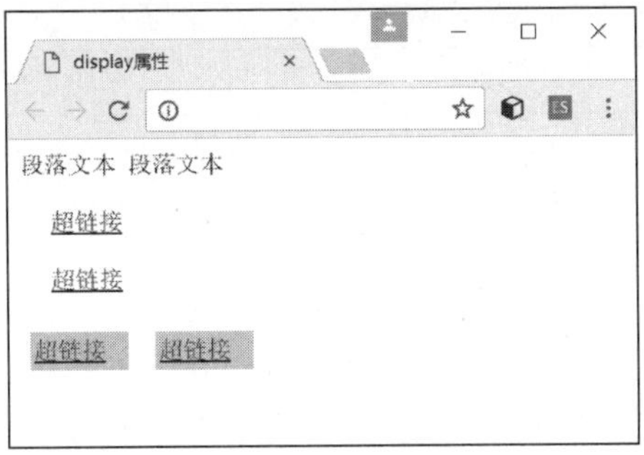

图 6-14　display 属性示例

4. visibility 属性

visibility 属性用于控制定位的元素是否可见，常用取值包括 visible（可见）、hidden（隐藏）和 inherit（继承），默认值为 inherit。与 display 属性的不同之处在于当隐藏元素时，仍然为元素保留原有的显示空间。

在上面的示例中，如果将第一个样式 .deleted{ display:none; }更改为.deleted{ visibility:hidden; }，则效果如图 6-15 所示（请注意与图 6-14 的区别）。

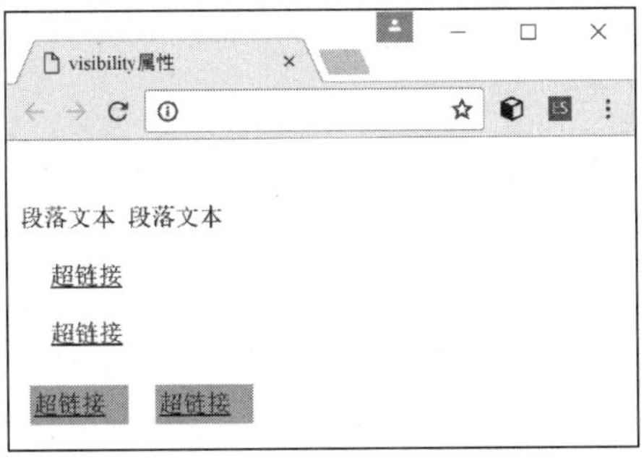

图 6-15　visibility 属性示例

6.3.2 列表属性

列表属性用于设置网页中列表的格式，例如可以设置图像作为项目符号。CSS 中的列表属性包括 list-style、list-style-image、list-style-position 及 list-style-type。

list-style-image 属性使网页设计者可以指定图片作为列表项目符号，取值为 url(imageurl) | none，默认值为 none。

list-style-position 属性可以设置列表元素标记的位置，取值可以是 inside 或 outside，默认值是 outside。该值指定了相对于列表中其他文本的位置——如果选择 outside，标记就按规定出现在所有列表元素的外部；如果选择 inside，标记就位于列表元素的文本内部。

list-style-type 属性可以用来设置项目符号和编号的样式，取值及相应说明如表 6-6 所示。

表 6-6 list-style-type 属性的取值及相应说明

样式	说明
disc	默认值，实心黑点
circle	空心圆圈
square	方形黑块
decimal	十进制数（1、2、3、4 等）
lower-roman	小写罗马数字（i、ii、iii、iv 等）
upper-roman	大写罗马数字（I、II、III、IV、V 等）
lower-alpha	小写字母（a、b、c、d 等）
upper-alpha	大写字母（A、B、C、D 等）
none	无

list-style 属性用于一次性地指定 list-style-image、list-style-type 和 list-style-position 属性（不限顺序）。如果同时指定了 list-style-type 和 list-style-image 属性，则只有当浏览器不能显示图片作为项目符号时，list-style-type 属性才生效。

以下示例显示了列表属性的用法，效果如图 6-16 所示。

```
<html>
<head><title>列表属性示例</title>
<style>
      .ul-inside {list-style:url(bullet.gif) inside}
      .ul-outside{list-style:url(bullet.gif)}
      ol {list-style-type:upper-roman}
</style>
</head>
<body>
  <ul class=ul-inside>  <li>李白</li>  <li>杜甫</li>  </ul>
  <ul class=ul-outside>  <li>白居易</li>  <li>王维</li>  </ul>
  <ol>  <li>辛弃疾  <li>李清照  </ol>
</body>
</html>
```

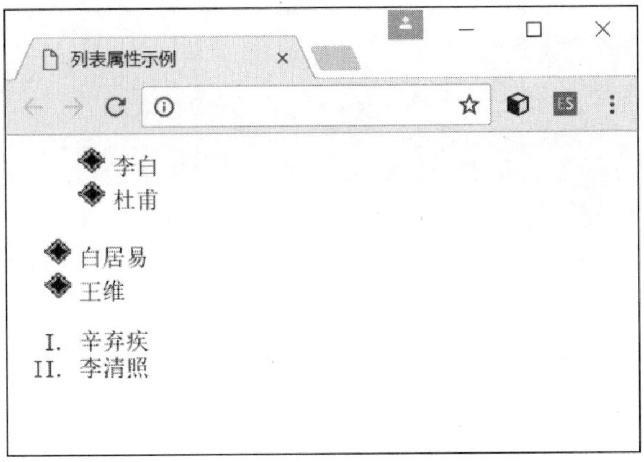

图 6-16　列表属性示例

6.3.3　特效属性

CSS3 提供了一些特效属性，用于实现诸如圆角矩形效果、边框阴影效果、文本阴影效果、过渡效果等。

1．圆角矩形效果

使用 border-radius 属性可以为元素设置圆角边框，语法如下：

```
border-radius: 1-4 length|% [/ 1-4 length|%]?;
```

可以使用斜杠（可选）分隔的 1～4 个长度值或百分数，分别表示左上角、右上角、右下角、左下角（顺时针）的圆角值（斜杠左边是水平方向上的半径，右边是垂直方向上的半径）。如果用 1 个值，则表示 4 个角用相同的圆角值，例如，border-radius:60px/40px;表示 4 个角的大小都是水平方向半径为 60px，垂直方向半径为 40px；如果用 2 个或 3 个值，则表示对角相同，例如，border-radius: 2em 1em 4em/ 0.5em 3em;相当于左上（border-top-left-radius）2em 0.5em，右上（border-top-right-radius）1em 3em，右下（border-bottom-right-radius）4em 0.5em，左下（border-bottom-left-radius）1em 3em。

以下示例显示了 border-radius 属性的用法，效果如图 6-17 所示。

```
<html>
<head><title>border-radius 属性示例</title>
<style>
#circle{width:200px;height:200px;border-radius:50%;background:lightblue;float:left;}
#oval { width:200px; height:100px; background:lightblue; margin:5px; float:left;
-moz-border-radius:100px/50px;
-webkit-border-radius:100px/50px;
border-radius:100px/50px; }
#capsule{width:200px;height:100px;background:lightblue;border-radius:50px;float:left;}
</style>
</head>
<body>
<div id="circle"></div>
<div id="oval"></div>
<div id="capsule"></div>
</body>
</html>
```

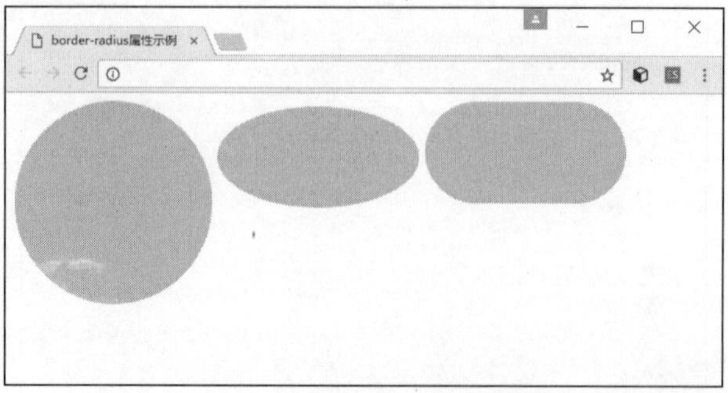

图6-17　border-radius 属性示例

注意　**为了保证最大程度的兼容性，设置圆角矩形时可以采用以下语法（参见上例中的#oval样式定义）：**

```
-moz-border-radius: 1-4 length|% [/ 1-4 length|%]?;
-webkit-border-radius: 1-4 length|% [/ 1-4 length|%]?;
border-radius: 1-4 length|% [/ 1-4 length|%]?;
```

2. 边框阴影效果

使用box-shadow属性可以为元素设置边框阴影效果，语法如下：

```
box-shadow: [h-shadow v-shadow blur spread color inset ]+
```

其中，加号表示可以是一组或多组值（多组值用逗号分隔），各个值的含义如下。

- h-shadow 和 v-shadow：分别表示阴影在水平方向和垂直方向上的偏移量，支持正值和负值的设置，正值表示向右下方偏移，负值表示向左上方偏移。
- blur：阴影的模糊距离，只能设置为 0（可省略，默认值）或者正值，值越大则表明阴影的边缘越模糊。
- spread：阴影的扩展半径（可省略，默认为 0），支持正值和负值，正值表示阴影扩展，负值表示阴影缩小。
- color：阴影的颜色，如果不设置则会使用浏览器默认的颜色。
- inset：设置该值后表示内阴影，如果不设置则默认表示外阴影。

以下示例显示了box-shadow属性的用法，效果如图6-18所示。

```
<html>
<head><title>box-shadow 属性示例</title>
<style>
#box1{width:200px;height:200px;background:lightblue;margin:15px;float:left;
box-shadow:2px 3px 4px rgba(0,0,0,.5); }
#box2 {
width:200px; height:200px; background:lightblue; margin:15px;float:left;
box-shadow:0 5px 4px -4px blue; }
#box3{width:200px;height:200px;background:lightblue;margin:15px;float:left;
box-shadow:5px 0 5px -5px blue,-5px 0 5px -5px blue;}
</style>
</head>
<body>
<div id="box1"></div>
<div id="box2"></div>
<div id="box3"></div>
</body>
</html>
```

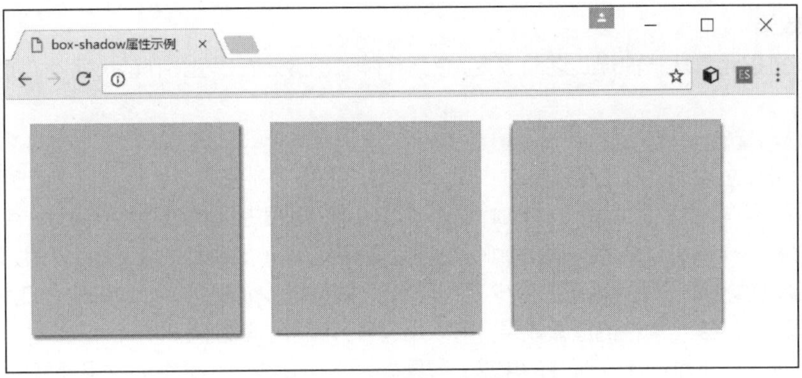

图 6-18　box-shadow 属性示例

3. 文本阴影效果

与 box-shadow 类似，text-shadow 可以为文本设置阴影效果，语法如下：

```
text-shadow: [h-shadow v-shadow blur color]+;
```

其中，加号表示可以是一组或多组值（多组值用逗号分隔），各个值的含义如下。

- h-shadow 和 v-shadow：分别表示阴影在水平方向和垂直方向上的偏移量，支持正值和负值的设置，正值表示向右下方偏移，负值表示向左上方偏移。
- blur：阴影的模糊距离，只能设置 0（可省略，默认值）或者正值，值越大则表明阴影的边缘越模糊。
- color：阴影的颜色，如果不设置，则会使用浏览器默认的颜色。

以下示例显示了 text-shadow 属性的用法，效果如图 6-19 所示。

```
<html>
<head><title>text-shadow 属性示例</title>
<style>
.blur{text-shadow:2px 2px 8px red;}
.shadow{ color:white; text-shadow:2px 2px 4px black; }
.neon{text-shadow:0 0 3px red;}
</style>
</head>
<body>
<h1 class="blur">模糊效果的文本阴影！</h1>
<h1 class="shadow">白色文本的阴影效果！</h1>
<h1 class="neon">霓虹灯效果的文本阴影！</h1>
</body>
</html>
```

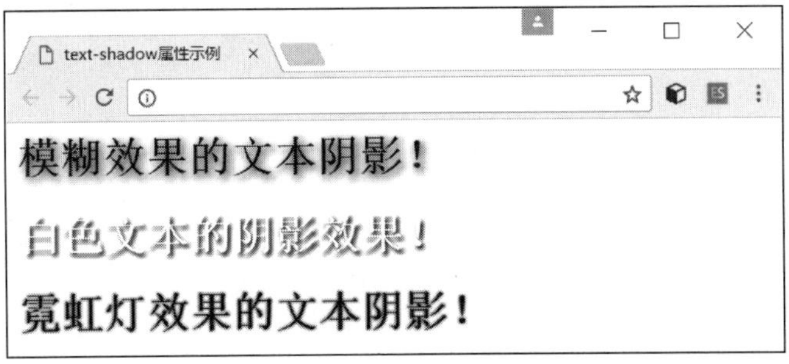

图 6-19　text-shadow 属性示例

4. 过渡效果

过渡效果是指元素从一种样式逐渐改变为另一种样式的效果，可以用 transition 属性来实现，语法如下：

```
transition: property duration timing-function delay;
```

其中，property 规定设置过渡效果的 CSS 属性的名称，不能省略；duration 规定完成过渡效果需要多少秒或毫秒，不能省略；timing-function 规定过渡效果的速度曲线，取值包括 linear | ease | ease-in | ease-out | ease-in-out | cubic-bezier(n,n,n,n)，可以省略（如省略则为 ease，即先慢后快再慢）；delay 规定过渡效果何时开始（即延时多少之后开始），取值是秒或毫秒，可以省略（如省略则为 0，即不延时）。如果要指定多个属性的过渡效果，可以用逗号分隔多组属性值。

以下示例显示了 transition 属性的用法，效果如图 6-20 所示（第 1 个效果是鼠标指针悬停后宽度匀速变为 2 倍；第 2 个效果是鼠标指针悬停后宽、高、背景色 3 个属性同时以先慢后快再慢的方式过渡，宽高放大，背景变色；第 3 个效果是鼠标指针悬停后水平方向放大为 2 倍，垂直方向放大为 1.5 倍）。

```
<html>
<head><title>transition属性示例</title>
<style>
#trans1
{width:100px;height:100px;margin:10px; background:lightblue;float:left;
transition:width 2s linear;}
#trans1:hover{width:200px;}
#trans2
{width:100px;height:100px;margin:10px;background:lightblue;float:left;
transition:width 2s,height 2s,background 2s;}
#trans2:hover{width:200px;height:200px;background:pink;}
#trans3
{width:100px;height:100px;margin:10px;background:lightblue;float:left;
transition:transform 2s;}
#trans3:hover{transform:scale(2,1.5);}
</style>
</head>
<body>
<div id="trans1">过渡1</div>
<div id="trans2">过渡2</div>
<div id="trans3">过渡3</div>
</body>
</html>
```

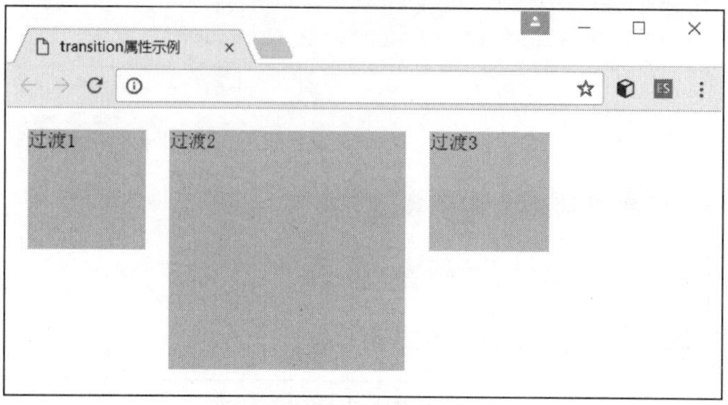

图6-20 transition 属性示例

说明 transform 属性用于向元素应用 2D 或 3D 转换，实现旋转、缩放、移动或倾斜等效果，详细信息请查阅相关 CSS 标准。

6.4 CSS3 样式的优先级

网页上的同一个对象有可能由多个样式修饰，那么到底哪个样式生效呢？这就涉及一个样式优先级的问题。如果有多个样式同时修饰一个对象时，样式如果冲突，则采用高优先级样式；如果不冲突，则采用叠加的样式效果。本节首先介绍样式优先级的一般性规则，然后介绍一种具体的优先级计算方法。

CSS3 样式的优先级

6.4.1 一般性规则

在大多数浏览器中，样式的优先级遵循"就近优先"的原则，也就是说，距离所修饰对象越近的样式，其优先级越高。因此，在 3 种使用样式的方法中，在标记符中直接用 style 属性定义的样式的优先级最高；而对于用<style>标记符定义的样式和用<link>标记符链接的样式，则谁距离所修饰对象越近，谁的优先级越高。

例如，对于以下代码，正文内容将显示为红色，因为<style>标记符中的样式定义比<link>标记符中的样式定义距离正文内容更近。

```
<html>
<head>
<link rel="stylesheet" type="text/css" href="test.css" />
<style>
  p {color: red;}
</style>
</head>
<body>
    <p>正文内容</p>
</body>
</html>
```

其中，test.css 的内容如下：

```
p {color: green;}
```

假如调整<link>标记符和<style>标记符的位置（test.css 内容不变），则正文内容将显示为绿色，代码如下：

```
<html>
<head>
<style>
  p {color: red;}
</style>
<link rel="stylesheet" type="text/css" href="test.css" />
</head>
<body>
    <p>正文内容</p>
</body>
</html>
```

注意 考虑到从逻辑上讲，网页样式的优先级应该高于站点样式，所以通常应采用 link 元素在前（如果有多个外部样式表，越通用的越靠前）style 元素在后的方式。

另外，如果对同一个对象应用了多个互相冲突的样式，则最后定义的样式的优先级最高。例如，对于一个只有网页样式的网页，以下样式定义将会使段落文本显示为黑色：

```
<style>
  p {color:red;}
  p {color:black;}
</style>
```

6.4.2 样式优先级的计算

除了上节中说明的一般性规则以外，CSS 中还规定了一种具体的样式优先级计算方法。对于一个任意选择器，它的优先级可以由一个(a,b,c)三元组确定，其中 a 的权值最高，c 的最低。

计算规则如下：

a = 选择器中 id 选择器的个数。

b = 选择器中 class 选择器、伪类选择器、属性选择器的个数。

c = 选择器中元素选择器的个数。

最后具体优先级可以用 a×100+b×10+c 来确定，值越大表明优先级越高。

注意 不管怎么计算，行内样式（即直接在 HTML 标记符中使用 style 属性）的优先级始终是最高的。

例如，以下列出了一些选择器的样式优先级是如何计算的：

```
*                  /* a=0 b=0 c=0 -> 优先级 =   0 */
li                 /* a=0 b=0 c=1 -> 优先级 =   1 */
ul li              /* a=0 b=0 c=2 -> 优先级 =   2 */
ul ol+li           /* a=0 b=0 c=3 -> 优先级 =   3 */
h1 + *[rel=up]     /* a=0 b=1 c=1 -> 优先级 =  11 */
ul ol li.red       /* a=0 b=1 c=3 -> 优先级 =  13 */
li.red.level       /* a=0 b=2 c=1 -> 优先级 =  21 */
#box               /* a=1 b=0 c=0 -> 优先级 = 100 */
#box  #bread  p    /* a=2 b=0 c=1 -> 优先级 = 201 */
```

又例如，以下示例的效果如图 6-21 所示。

```
<html>
<head><title>样式的优先级</title>
<style>
#box{              /*规则 1，a=1 b=0 c=0 -> 优先级=100*/
  width:800px;height:400px;margin:0 auto; font:24px 楷体; color:red;}
p{color:violet;}   /*规则 2，a=0 b=0 c=1 -> 优先级=1*/
#sidebar{          /*规则 3，a=1 b=0 c=0 -> 优先级=100*/
  width:200px;height:400px;background:lightblue;float:left;color:gray; }
```

```
#main{              /*规则 4, a=1 b=0 c=0 -> 优先级=100*/
  width:600px;height:400px;background:lightgreen; float:left; }
#main p{color:black;}  /*规则 5, a=1 b=0 c=1 -> 优先级=101*/
h1{color:brown;}       /*规则 6, a=0 b=0 c=1 -> 优先级=1*/
</style>
</head>
<body>
<div id="box">
<div id="sidebar">
  <h1>左边栏中的标题</h1>
  <p>左边栏中的段落</p>
  <ul><li>列表文本</li><li>列表文本</li></ul>
</div>
<div id="main">
  <h1>正文中的标题 1</h1><h2>正文中的标题 2</h2><p>正文中的段落</p>
</div>
</div>
</body>
</html>
```

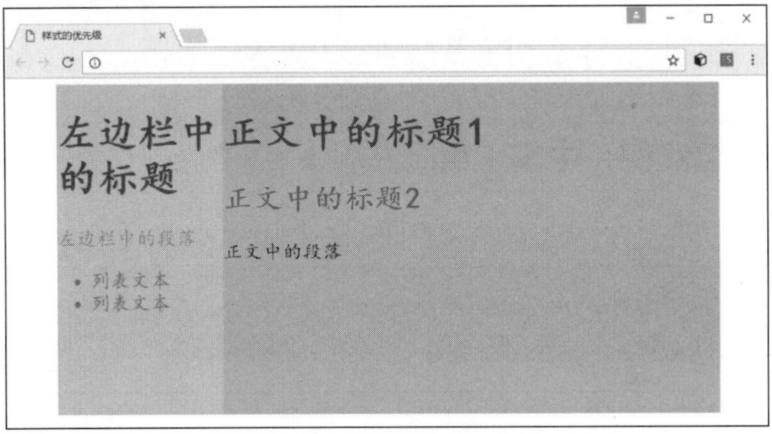

图 6-21　样式优先级示例

在“规则 1”中定义的“楷体”被所有其他规则继承（因为其他所有规则都没有定义字体）；24px 被 p 元素和 li 元素继承，也被 h1 元素和 h2 元素继承（但 h1 元素显示的字体大小是浏览器样式的 2em，即 2×24px；h2 元素显示的字体大小是 1.5em，即 1.5×24px）；左边栏中的段落显示为 violet，而非 gray，这是因为“规则 2”比“规则 3”更具体直接；同样的情况也发生在两个 h1 元素上（应用的是“规则 6”的颜色而非“规则 3”和“规则 4”的颜色）；由于列表文本没有任何规则修饰，所以它继承了“规则 3”的 gray 颜色；“规则 5”作用于正文中的段落，具有最高的优先级，所以显示为 black。

从以上示例可以看出，样式的优先级包含了较为复杂的应用规则（参见刚才示例中的 h1 元素和 h2 元素字体大小的计算），而不能仅仅通过简单地比较优先级数值得出。为了避免出现歧义或者含糊不清，最好的做法是给出尽量具体的规则。比如说，对于左边栏中的段落，应指定后代选择器#sidebar p；对于 h1 元素和 h2 元素，也尽量指定为#sidebar h1、#main h2 等具体、明确的规则。

说明 使用 Chrome 的开发者工具(按【Ctrl+Shift+I】组合键),可以看出具体的样式规则应用情况,如图 6-22 所示(其中 user agent stylesheet 指默认的浏览器样式,显示为删除线的是因冲突而未应用的属性)。

图 6-22 Chrome 的开发者模式

6.5 综合实例:中华美食网站

文化是一种社会历史现象,常常体现在风土人情、生活方式、文学艺术、行为规范、传统习俗、思维方式、价值观念等方面。中华饮食文化博大精深、源远流长,反映出我国独特的文化底蕴,在世界上享有很高的声誉。本节综合使用前面学习的内容,制作一个中华美食网站,页面效果如图 6-23~图 6-25 所示。

综合实例:中华美食网站

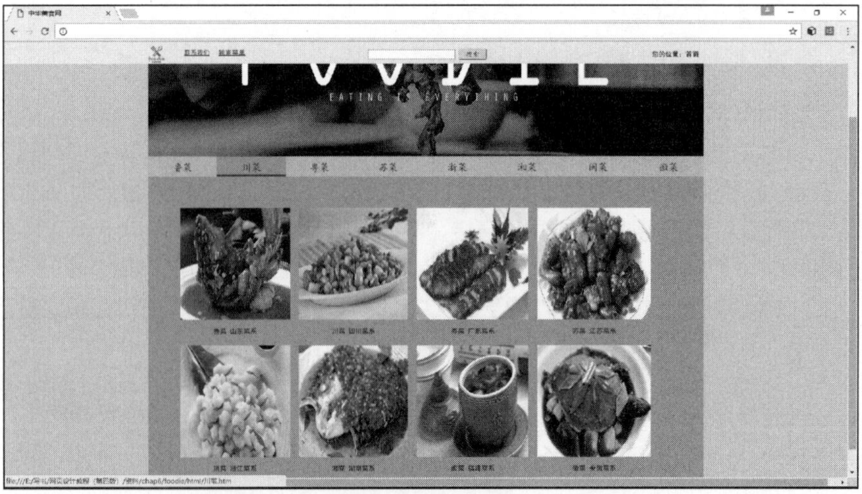

图 6-23 中华美食网站首页

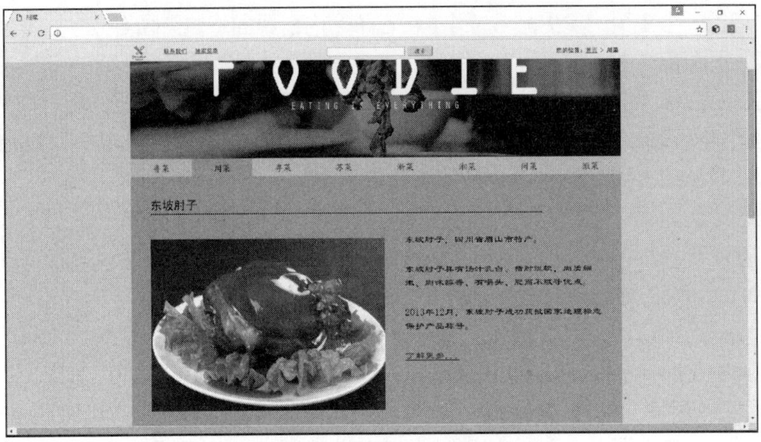

图 6-24 “川菜”栏目首页（二级页面）

图 6-25 “东坡肘子”页面（三级页面）

6.5.1 网站规划与设计

1. 站点的信息架构

本站点的文件结构如图 6-26 所示。其中，根目录中放置首页“index.htm”文件，“html”文件夹放置其他网页文件，“images”文件夹放置图片文件，“css”文件夹放置 CSS 文件。

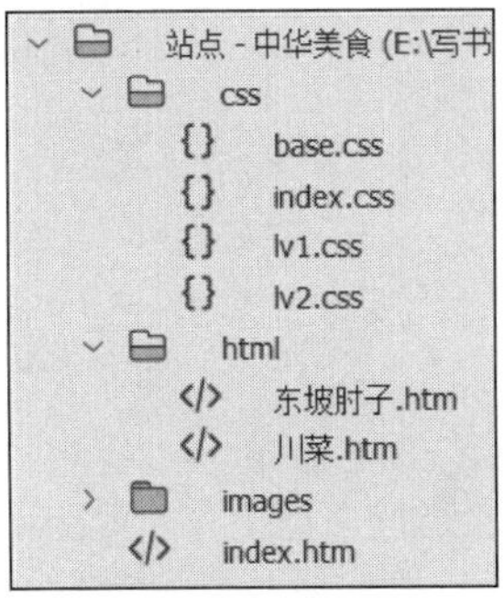

图 6-26 中华美食网站的文件结构

网站按“八大菜系”分为“鲁菜”“川菜”“粤菜”“苏菜”“浙菜”“湘菜”“闽菜”和“苏菜”8 个栏

目，每个栏目中包括一个主页（参见图6-24）和若干个内容页面（参见图6-25）。例如，“川菜”栏目中有一个“川菜”页面和“东坡肘子”“宫保鸡丁”“毛血旺”3个内容页面。另外，为了增加一定的变化和内容的丰富性，在三级页面的右侧添加了24种中华烹饪工艺（包括炒、爆、熘、炸、烹、煎等）。

与之前的综合实例类似，导航系统包括主导航和面包屑（在右上角）。本实例并没有包含二级导航，浏览者可以通过主导航或者面包屑回到上级页面来进行导航。

2. 通用布局设计

所有页面的基本布局都包括以下部分：顶部导航条（即灰色的包括搜索框和面包屑的长条）、页上部的横幅图片（banner）、主导航条、主体内容区域、底部版权区。

顶部导航条采取固定（fixed）定位，宽度为100%，其背景颜色设置为与浏览器菜单条一致（#F1F1F1），其中包括一个固定在中间位置的、宽1000px、高40px的块，在左、中、右分别放置绝对定位的logo和实用菜单（包括“联系我们”和“独家菜单”两个超链接）、搜索框、面包屑。

横幅图片是网站的主题图，宽度为1000px，高度为320px，在每页上重复，形成一种一致性。

主导航条采用CSS列表实现，鼠标指针悬停时有变色和加下画线的效果，单击后跳转到相应的二级页面，同时对应的导航按钮颜色保持与主体内容区域背景颜色一致，形成一种标签效果（参见图6-24）。

主体内容区域宽度为1000px，高度根据内容动态调整，背景颜色采用#E8A94C（一种橙色，以让人联想起食物）。内容具体设计见后。

底部版权区设计为深底（#333）白字（white），宽度为100%。

控制通用布局的CSS文件是“base.css”，在每个页面都最先被包含。

3. 网站首页（主页）设计

主页的主体内容区域中包括8个不同菜系的代表性菜肴的图片和简单说明，以浮动方式进行定位和排列，鼠标指针在图片上悬停会有放大效果，单击图片会进入相应的栏目（与单击导航按钮一样）。

控制主页布局的CSS文件是“index.css”，在主页中放在“base.css”之后。

4. 二级页面设计

二级页面中包括当前菜系的3种典型菜肴简介，用浮动定位的方式使图文左右交错排列，如图6-27所示。单击“了解更多”超链接，将进入对应菜肴的详细介绍页面，也就是网站的三级页面。

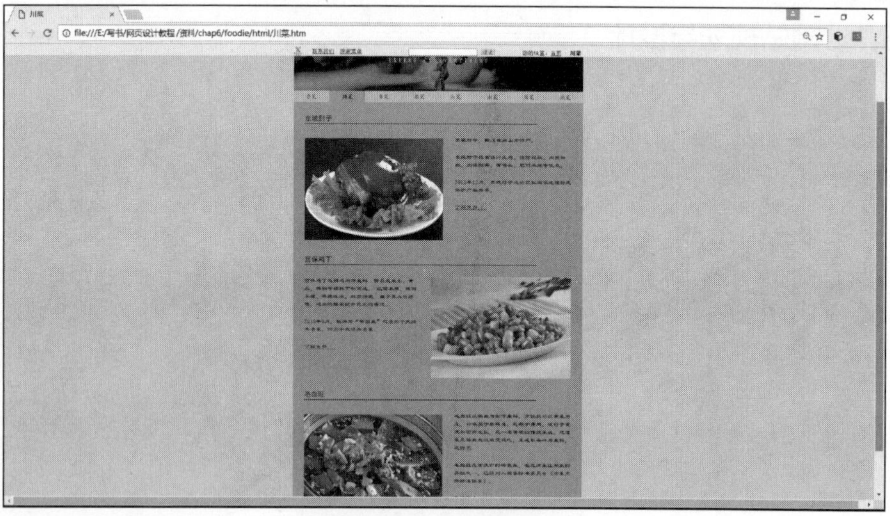

图6-27　二级页面设计

控制二级页面布局的CSS文件是“lv1.css”，在二级页面中放在“base.css”之后。由于不同栏目页面的页面高度不同，因此还应在二级页面中包含一个用<style>标记符指定的网页样式（页内样式表）。

5. 三级页面设计

三级页面分为左右两栏，用绝对定位实现分栏效果。左边是主体内容，包括“去哪儿吃？”和“怎么做？”两部分内容；右边是某种中华烹饪工艺的介绍（参见图6-25）。

控制三级页面布局的CSS文件是“lv2.css”，在二级页面中放在“base.css”和“lv1.css”之后。由于不同内容页的页面高度不同，因此还应在三级页面中包含一个用<style>标记符指定的页内样式表。

6.5.2 网页制作

本节列举实现上述3个页面的所有源代码，请读者仔细体会该实例是如何使用语义化的HTML代码表示网页的基本结构、如何用分层次的CSS代码实现网页的视觉效果的（参见代码中的注释）。

1. index.htm

```
<html>
<head>
    <title>中华美食网</title>
    <link rel="stylesheet" href="css/base.css" />
    <link rel="stylesheet" href="css/index.css" />
</head>
<body>
    <div id="topnav">  <!-- 顶部导航条 -->
         <div id="top">
              <p id="logo"><img src="images/logo.png"/></p>
              <p id="bread">您的位置: <strong>首页</strong></p>
              <ul id="toplist">
                        <li><a href="#">联系我们</a></li>
                        <li><a href="#">独家菜单</a></li>
              </ul>
              <form id="topform">
              <input /> <input type="submit" id="sbmt" value="搜索">
              </form>
         </div>
    </div>
    <div id="main">   <!-- 中部主体 -->
     <p id="banner"><img src="images/foodie.jpg"></p>  <!-- banner -->
     <ul id="nav">    <!-- 主导航 -->
          <li><a href="#">鲁菜</a></li><li><a href="html/川菜.htm">川菜</a></li>
<li><a href="#">粤菜</a></li><li><a href="#">苏菜</a></li><li><a href="#">浙菜</a></li>
<li><a href="#">湘菜</a></li><li><a href="#">闽菜</a></li><li><a href="#">徽菜</a></li>
     </ul>
     <div id="images">    <!—8 张图片和说明 -->
        <div class="img">
        <a href="#">  <img src="images/糖醋鲤鱼.jpg" alt="鲁菜" />  </a>
        <div class="desc">鲁菜 山东菜系</div>
      </div>
      <div class="img">
        <a href="html/川菜.htm"> <img src="images/宫保鸡丁.jpg" alt="川菜" />  </a>
        <div class="desc">川菜 四川菜系</div>
      </div>
      <div class="img">
        <a href="#">  <img src="images/蜜汁叉烧.jpg" alt="粤菜" />  </a>
```

```
          <div class="desc">粤菜 广东菜系</div>
        </div>
        <div class="img">
          <a href="#"> <img src="images/糖醋排骨.jpg" alt="苏菜" /> </a>
          <div class="desc">苏菜 江苏菜系</div>
        </div>
        <div class="img">
          <a href="#"> <img src="images/龙井虾仁.jpg" alt="浙菜" /> </a>
          <div class="desc">浙菜 浙江菜系</div>
        </div>
        <div class="img">
          <a href="#"> <img src="images/剁椒鱼头.jpg" alt="湘菜" /> </a>
          <div class="desc">湘菜 湖南菜系</div>
        </div>
        <div class="img">
          <a href="#"> <img src="images/佛跳墙.jpg" alt="闽菜" /> </a>
          <div class="desc">闽菜 福建菜系</div>
        </div>
        <div class="img">
          <a href="#"> <img src="images/火腿炖甲鱼.jpg" alt="徽菜" /> </a>
          <div class="desc">徽菜 安徽菜系</div>
      </div>
    </div>
    </div>
    <div id="footer"><p>Copyright 2023; Beijing, China</p></div>     <!—底部版权区 -->
</body>
</html>
```

2. base.css

```
*{   margin:0px;  padding:0px;  }  /*去掉所有默认的margin和padding*/
body {    background-color: #D9D9D9;  }
#topnav{  /*顶部固定导航条*/
    width:100%;    position:fixed;   height:40px; left:0;  top:0;
    background:#F1F1F1;     z-index:100; }
#top{  /*用于固定元素的参照块*/
    width:1000px; height:40px; margin:0 auto;    position:relative;
    font:12px 黑体;
}
#top a:hover{ color:red; }
#logo{   /*logo的定位，相对于#top*/
    position:absolute; top:0px; left:0px; }
#logo img{    width:30px;  height:30px;  }
#sbmt {   /*提交按钮的效果设置*/
    width: 50px;   height: 20px;     font: 12px 楷体;   text-align: center;
    transition: all 1s;    border-radius: 3px;   cursor: pointer;  }
#sbmt:hover { background-color: #FF8023;  }
#bread{   /*面包屑的定位，相对于#top*/
    position:absolute;      right:8px;    top:8px;       }
#toplist{   /*顶部实用菜单的定位，相对于#top*/
    margin-left:60px;  margin-top:8px;  }
#toplist li{   /*让列表横向显示*/
    display:inline-block;  margin:5px;  }
```

```
#topnav #topform{   /*顶部搜索框的定位，相对于#top*/
    position:absolute;     top:5px;     left:400px; }
#main{   /*主内容块*/
    width:1000px; background:#E8A94C;   height:1500px;
    margin:0 auto;     position:relative;
    top:40px;   /*留出顶部导航条的位置*/
}
#banner img{  width:1000px;     height:320px; }
/*主导航条*/
#nav {    background:#F2CAB3;   }
#nav li{  display:inline-block;     width:12.5%;     text-align:center;     }
#nav li a{    display:block;    padding:10px 0px 6px;
    font:18px 楷体;     text-decoration: none;     color:black; }
#nav li a:hover{  background:#E8A94C;   border-bottom:4px brown solid;
    padding-bottom:2px;     }
#nav li a#current{     background:#E8A94C;  }   /*当前栏目*/
/*底部版权区*/
#footer{  margin-top:40px; width:100%;  background:#333;
    color:white;  padding:10px;     }
#footer p{    text-align:center; }
```

3. index.css

```
div #images{  width:900px; margin:50px auto; }
div.img  {  margin:3px;   float:left;   text-align:center;   }
div.img a img   {  display:inline;   margin:3px;   width:200px;
   height:200px;   transition:transform 0.8s;   }
div.img a:hover img  {  transform:scale(1.05);    }   /*缩放特效*/
div.desc    {
  text-align:center;   font:12px 黑体;   width:200px;   margin:10px 5px 10px 5px;   }
#main{     height:900px;  }   /*此高度会覆盖 base.css 中设置的高度*/
```

4. 川菜.htm

```
<html>
<head>
    <title>川菜</title>
    <link rel="stylesheet" href="../css/base.css" />
    <link rel="stylesheet" href="../css/lv1.css" />
    <style>
         #main{     height:1850px;     }   /*覆盖其他样式表中的高度设置*/
    </style>
</head>
<body>
<div id="topnav">
    <div id="top">
         <p id="logo"><a href="../index.htm"><img src="../images/logo.png"/></a></p>
         <p id="bread">您的位置：<a href="../index.htm">首页</a> > <strong>川菜
</strong></p>
         <ul id="toplist">
              <li><a href="#">联系我们</a></li>
              <li><a href="#">独家菜单</a></li>
         </ul>
         <form id="topform">
              <input />        <input type="submit" id="sbmt" value="搜索">
         </form>
```

```
            </div>
        </div>
    <div id="main">
        <p id="banner"><img src="../images/foodie.jpg" /></p>
        <ul id="nav">
            <li><a href="#">鲁菜</a></li><li><a id="current" href="#"><strong>川菜
</strong></a></li><li><a href="#">粤菜</a></li><li><a href="#">苏菜</a></li><li><a
href="#">浙菜</a></li><li><a href="#">湘菜</a></li><li><a href="#">闽菜</a></li><li><a
href="#">徽菜</a></li>
        </ul>
       <h1>东坡肘子</h1>
            <div class="lft_img"><img src="../images/东坡肘子.jpg"></div>
            <div class="rgt_txt"><p>东坡肘子，四川省眉山市特产。</p>
               <p>东坡肘子具有汤汁乳白、猪肘烂软、肉质细嫩、肉味醇香、有嚼头、肥而不腻等优点。</p>
    <p>2013年12月，东坡肘子成功获批国家地理标志保护产品称号。</p>
            <p><a href="东坡肘子.htm">了解更多...</a></p></div>
            <br class="clear"/>
       <h1>宫保鸡丁</h1>
            <div class="lft_txt"><p>宫保鸡丁选用鸡肉为主料，佐以花生米、黄瓜、辣椒等辅料烹制而成。
红而不辣、辣而不猛、香辣味浓、肉质滑脆。其入口鲜辣，鸡肉的鲜嫩配合花生的香脆令人叫绝。</p><p>2018年
9月，被评为“中国菜”之贵州十大经典名菜、四川十大经典名菜。</p><p><a href="#">了解更
多...</a></p></div>
            <div class="rgt_img"><img src="../images/宫保鸡丁.jpg"></div>
            <br class="clear"/>
       <h1>毛血旺</h1>
            <div class="lft_img"><img src="../images/毛血旺.jpg"></div>
            <div class="rgt_txt"><p>毛血旺以鸭血为制作主料，烹饪技巧以煮为主，口味属于麻辣味。起
源于重庆，流行于重庆和西南地区，是一道著名的传统菜式。这道菜是将生血旺现烫现吃，且毛肚杂碎为主料，遂得
名。</p>
                <p>毛血旺是重庆市的特色菜，也是渝菜江湖菜的鼻祖之一，已经列入国家标准委员会《渝菜烹
饪标准体系》。</p>   <p><a href="#">了解更多...</a></p>
            </div>
       </div>
    <div id="footer"> <p>Copyright 2023, Beijing, China</p> </div>
    </body>
    </html>
```

5. lv1.css

```
#main h1{ border-bottom:1px black solid;     width:80%;
     font:24px/1.5em 黑体;   margin:40px; }
.lft_img{      float:left;  margin:10px 40px; }
.lft_img img{ width:480px; height:350px; }
.rgt_txt{      width:400px; height:200px;     float:left;  }
.rgt_txt p,.lft_txt p{      font:20px/1.4em 隶书; margin-bottom:1.6em; }
.rgt_img{      float:left;  }
.rgt_img img{ width:480px; height:350px; }
.lft_txt{      width:400px; height:200px;     float:left;  margin:0px 40px; }
.clear{   clear:both;  }
```

6. 东坡肘子.htm

```
<html>
<head>
```

```
    <title>东坡肘子</title>
    <link rel="stylesheet" href="../css/base.css" />
    <link rel="stylesheet" href="../css/lv1.css" />
    <link rel="stylesheet" href="../css/lv2.css" />
    <style>
        #main{   height:1100px;   }
    </style>
  </head>
  <body>
  <div id="topnav">
      <div id="top">
          <p  id="logo"><a  href="../index.htm"><img  src="../images/logo.png"/>
</a></p>
          <p id="bread">您的位置：<a href="../index.htm">首页</a> > <a href="川菜.htm">
川菜</a> > <strong>东坡肘子</strong></p>
          <ul id="toplist">
              <li><a href="#">联系我们</a></li>
              <li><a href="#">独家菜单</a></li>
          </ul>
          <form id="topform">
           <input /> <input type="submit" id="sbmt" value="搜索">
          </form>
          </div>
     </div>
     <div id="main">
      <p id="banner"><img src="../images/foodie.jpg" /></p>
      <ul id="nav">
          <li><a  href="#"> 鲁 菜 </a></li><li><a  id="current"  href=" 川 菜 .htm">
<strong> 川 菜 </strong></a></li><li><a  href="#"> 粤 菜 </a></li><li><a  href="#"> 苏 菜
</a></li><li><a href="#">浙菜</a></li><li><a href="#">湘菜</a></li><li><a href="#">闽菜
</a></li><li><a href="#">徽菜</a></li>
      </ul>
     <div id="box">      <!-- 用于辅助定位的块 -->
         <div id="sidebar">   <!-- 右边栏 -->
         <h1>炖</h1>
              <p>炖和烧相似，所不同的是，炖制菜的汤汁比烧菜的多。</p> <p>炖先用葱、姜炝锅，再
冲入汤或水，烧开后下主料，先大火烧开，再小火慢炖。</p>    <p>炖菜的主料要求软烂，一般是咸鲜味。</p>
         </div>
         <div id="maintxt">   <!-- 左边的主体内容 -->
         <h1>东坡肘子</h1>
         <h2>去哪儿吃？</h2>
             <ul>
             <li> <p>眉州东坡酒楼（中关村店）</p>
                  <p>川菜 |人均 ¥79</p>
                  <p>北京市海淀区中关村大街 27 号中关村大厦 2 层</p>
             </li>
             <li> <p>眉州东坡酒楼（崇文门店）</p>
                  <p>川菜 |人均 ¥89</p>
                  <p>北京市东城区东打磨厂街新活馆 2 层</p>
             </li>
             </ul>
```

```
            <h2>怎么做? </h2>
                <p>原料：肘子</p>
                <p>配料：八角、花椒、桂皮、香叶、干辣椒、草果、蒜瓣、葱段</p>
                <p>调料：料酒、酱油、老抽、盐、姜片、冰糖</p>
            <ol><li>将猪肘子皮毛烧干净，将肘子冲洗干净。</li>
                 <li>洗干净后将肘子冷水下锅，放入香料，再加入葱、老姜等。</li>
                 <li>等待煮熟后，将豆瓣酱、肘子汤等炒出的汁浇到肘子上即可。</li>
            </ol>
            </div>
        </div>
    </div>
<div id="footer"> <p>Copyright 2023, Beijing, China</p> </div>
</body>
</html>
```

7. lv2.css

```
#main h2{
    background:#DC0;   font:18px 黑体;    margin:40px 0px; padding:8px 40px; }
#box{ position:relative;    top:0px;      left:0px;
    padding:1px;    /*此项必须设置，否则 h1 的 margin 会影响#box 的 margin*/
}
#sidebar{     position:absolute;    top:0px;      left:700px;  background:#D6EA82;
    width:300px;  height:744px; }
#maintxt{     width:700px; height:700px; }
#maintxt ul{  margin:30px 0px; list-style:none; }
#maintxt ul li{    margin-bottom:20px; }
#maintxt p,#maintxt ol li{      font:16px/1.8em 宋体;  margin-left:40px;  }
#maintxt ol{  margin:40px 20px; }
#sidebar p{   margin:0px 20px 20px 40px;     line-height:1.2em; }
```

【要点回顾】

① CSS 中的后代选择器、子元素选择器、相邻兄弟选择器和属性选择器能够为设计者设计网页样式提供更多的选择。

② CSS 盒模型规定了元素的内容、填充（padding）、边距（margin）和边框（border）。

③ CSS 中的定位方式包括：静态定位、浮动定位、相对定位、绝对定位和固定定位。

④ CSS 中的分类属性用于设置与定位和显示相关的属性，列表属性用于设置与列表相关的属性，特效属性用于设置各种特效。

⑤ CSS样式优先级的基本规则是“就近优先”，一般规则是“越特殊越优先”（遵循一定的算法）。

练习题

一、客观题

1.（判断题）CSS 的盒模型只能应用于 HTML 块元素。（　　）

2.（判断题）子元素选择器可以认为是后代选择器的一种特殊情况。（　　）

3.（判断题）CSS 过渡属性 transition 必须与其他 CSS 属性一起使用，才能实现过渡效果。（　　）

4.（单选题）HTML 块元素周围的空白由内而外依次是（　　）。

A. margin, padding, border　　B. padding, border, margin

C. margin, border, padding　　D. padding, margin, border

5.（单选题）以下说法错误的是（　　）。

A. 默认的 HTML 定位方式是 static

B. left 和 top 属性可用于定义绝对定位元素的位置

C. width 和 height 属性规定了元素所占空间的大小

D. z-index 属性用来控制元素的堆叠，值较小的元素将覆盖值较大的元素

6.（单选题）以下说法正确的是（　　）。

A. 固定定位的元素位于正常的文档流中　　B. 绝对定位的元素位于正常的文档流中

C. 浮动定位的元素位于正常的文档流中　　D. 相对定位的元素位于正常的文档流中

7.（单选题）已知 HTML 代码如下，则关于“标题 1”边框的描述正确的是（　　）。

```
<html>
<head>
  <style>
    h1{
    border:1px solid black;
    border-width:1px 2px 3px 4px;
    }
  </style>
</head>
<body>
  <h1>标题 1</h1>
</body>
</html>
```

A. 4 个方向上都是 1px 粗细的黑色边框

B. 按照上、左、下、右的顺序，分别为 1px、2px、3px 和 4px 粗细的黑色边框

C. 按照上、右、下、左的顺序，分别为 1px、2px、3px 和 4px 粗细的黑色边框

D. 不显示边框

8.（填空题）要指定 HTML 元素之间的距离，应使用的 CSS 属性是________。

9.（填空题）如果要让块元素在行内显示，应将其 display 属性值设置为________。

10.（填空题）list-type 属性用于一次性指定 3 个列表属性值：list-style-image、________和 list-style-position。

二、问答题

1. 举例说明使用 CSS 绝对定位进行分栏布局时的要点。

2. 对比静态定位、浮动定位、相对定位、绝对定位和固定定位。

3. 说明如何确定 CSS 样式的优先级。

三、综合实践

1. 将本章 6.5 节学习的网站制作完整。

2. 分成两人一组（小组成员必须与之前不同），互相检查综合实践第 1 题的结果，并提出评价和改进意见。

第7章 JavaScript与前端开发技术

07

JavaScript（JS）是基于标准 Web 开发中的“行为”部分，用于给网页增加交互性。使用 jQuery 和 Bootstrap 等前端开发技术，可以进一步增强网页的表现力。学习完本章内容之后，读者将能在网页中加入一定的程序逻辑，并通过综合应用前端开发技术，设计出功能与风格兼备的网站。

【知识目标】

1. 理解客户端脚本的概念。
2. 掌握 JavaScript 的基本概念和语法规则，包括变量、运算符与表达式、条件语句、循环语句、函数等。
3. 理解对象的概念，掌握如何访问对象的属性和方法。
4. 对比 JavaScript 对象、浏览器对象和文档对象。
5. 掌握 jQuery 的基本语法规则。
6. 掌握 Bootstrap 的使用方法。

【技能目标】

1. 掌握 3 种使用客户端脚本的方法。
2. 掌握 JavaScript 编程，能够编写基本的 JavaScript 程序。
3. 熟练使用 JavaScript 对象、浏览器对象和文档对象，编写 JavaScript“面向对象”的程序。
4. 安装与使用 jQuery，为网页增加交互性。
5. 安装与使用 Bootstrap，快速开发风格统一的网站。
6. 综合应用 JavaScript 和前端开发技术，开发具有一定功能和统一风格的网站。

【素养目标】

1. 对比 HTML、CSS 和 JavaScript，体会标记语言与编程语言的差异。
2. 通过对 JavaScript 和前端开发技术的学习，进一步强化“细节决定成败”的工程理念，培养不怕困难、精益求精的职业精神。
3. 深入理解 JavaScript 和 jQuery 编程时采用的“面向对象”思想，体会“面向对象技术”这种复杂技术是如何在实践中演化的。
4. 总结提炼 Bootstrap 的使用方法，体会“工欲善其事，必先利其器”这个工程实践中常见的工匠思维。

7.1 使用客户端脚本

本节介绍如何在网页中插入脚本，包括使用<script>标记符插入脚本、直接添加脚本，以及链接脚本文件。

7.1.1 使用<script>标记符

使用客户端脚本

1. 什么是客户端脚本

脚本（Script）实际上就是一段程序，用来完成某些特殊的功能。脚本既可以在服务器端运行（称为服务器端脚本，例如 PHP 脚本、ASP 脚本等），也可以直接在浏览器端运行（称为客户端脚本）。

客户端脚本经常用来检测浏览器、响应用户动作、验证表单数据以及显示各种自定义内容，如特殊动画、对话框等。在客户端脚本产生之前，通常由 Web 服务器程序完成这些任务，由于需要不断进行网络通信，因此响应较慢，性能较差。而使用客户端脚本时，由于脚本程序驻留在客户机上（随网页同时下载），因此在对网页进行验证或响应用户动作时无须使用网络与 Web 服务器进行通信，从而降低了网络的传输量和 Web 服务器的负荷，改善了系统的整体性能。

接下来将以 JavaScript 为例，介绍如何在网页中使用脚本。

2. 使用<script>标记符插入脚本

在网页中，最常用的一种插入脚本的方式是使用<script>标记符。方法是：首先将标记符<script></script>置于 HTML 代码中的 head 部分或 body 部分，然后在其中加入脚本代码。尽管可以在网页上的多个位置使用<script>标记符，但最好还是将脚本代码放在 head 部分，以确保容易维护。当然，由于某些脚本的作用是在网页特定部分显示特殊效果，此时的脚本就会位于 body 中的特定位置。

例如，以下 HTML 代码创建了一个按钮（button 标记符的效果与<input type="button"/>类似，用法细节详见 HTML 规范），当用户单击该按钮时将显示一个提示对话框，效果如图 7-1 所示。

```
<html>
<head>
<title>JavaScript 示例</title>
<script>
function showmsg()
  {  alert("Hello World!");  }
</script>
</head>
<body>
  <button type="button" onclick="showmsg();">点点我试试</button>
</body>
</html>
```

图 7-1　JavaScript 示例

7.1.2 直接添加脚本

与直接在标记符内使用 style 属性指定样式一样，也可以直接在 HTML 表单的输入元素标记符内添加脚本，以响应输入元素的事件。

例如，对于上一小节的示例，以下通过直接添加 JavaScript 脚本的 HTML 代码来实现：

```
<html>
<head><title>JavaScript 示例</title></head>
<body>
 <button type="button" onclick="alert('Hello World!');">点点我试试</button>
</body>
</html>
```

实际上，不仅像按钮这样的表单输入元素可以接收鼠标点击等事件，其他 HTML 元素往往也可以。例如，将以下代码放到网页中，也可以工作：

```
<p onclick="alert('Hello World!')">点击我! </p>
```

7.1.3 链接脚本文件

如果同一段脚本可以在若干个 Web 页中使用，则没有必要在多处维护相同的冗余代码，此时可以将脚本放在单独的一个文件里，然后再从任何需要该文件的 Web 页中引用即可。

要引用脚本文件，应使用<script>标记符的 src 属性来指定脚本文件的 URL。通过这种方式可以使脚本得到复用，从而降低维护的工作量。如果使用<script>标记符的 src 属性，则 Web 浏览器只使用在外部文件中的脚本，并忽略任何位于<script>标记符内部的脚本。

以下 HTML 代码显示了如何使用链接脚本文件：

```
------------------------网页源文件--------------------------------
<html>
<head>
<title>JavaScript 示例</title>
<script src="test.js"></script>
</head>
<body>
   <button type="button" onclick="showmsg();">点点我试试</button>
</body>
</html>
-------------------与网页源文件同目录下的 test.js 文件-------------------------------
 function showmsg() { alert("Hello World!"); }
```

说明 **与 HTML 和 CSS 一样，JavaScript 源文件也是纯文本文件，因此可以直接在“记事本”中输入脚本代码（即原先放置在<script>标记符内的内容），然后将文件扩展名保存为.js 即可。**

7.2 JavaScript 编程

本节首先介绍 JavaScript 的基础知识，然后分别介绍如何使用 3 类对象：JavaScript 对象、浏览器对象和文档对象。

7.2.1 JavaScript 语言基础

1. JavaScript 变量

与其他编程语言一样，JavaScript 也采用变量存储数据。所谓变量，就是程序中一个已命名的存储单元。变量的主要作用是存取数据和提供存放信息的容器。与 Java 和其他一些高级语言（例如 C 语言）不同，JavaScript 并不要求指定变量中包含的数据类型。由于这种特性，JavaScript 通常被称为弱类型的语言。

JavaScript 语言基础

在 JavaScript 中，我们可以简单地用 var 来定义所有的变量，而不用考虑将在变量中存放什么类型的数值。实际上，变量的类型由赋值语句隐式确定。例如，如果赋予变量 money 数字值 1000，则 money 可参与整型操作；如果赋予该变量字符串值 "This is my money"，则它可以参与字符串操作；同样，如果赋予它逻辑值 false，则它可以支持逻辑操作。

不但如此，变量还可以先赋予一种类型的数值，再根据需要赋予其他类型的数值。在以下示例中，变量 today 先被赋予了数字值 15，然后又被赋予一个字符串值：

```
<script>
  var today=15;   //注意 JavaScript 是区分大小写的，因此 today 和 Today 是不同的
  today="Today is the 15th";
</script>
```

变量可以在声明时直接赋值，如上所示。也可以在声明之后再赋值，例如：

```
<script>
  var today;
  today=15;
</script>
```

另外，在 JavaScript 中也可以不事先声明一个变量而直接使用，这时 JavaScript 会自动声明该变量。不过使用这种方法常常会引起混乱，不建议这样用。

JavaScript 支持的数据类型如下。

- Number（数字）：包括整数和浮点数以及 NaN（非数）值，数字用 64 位 IEEE 754 格式。
- Boolean（布尔）：包括逻辑值 true 和 false。
- String（字符串）：包括单引号或双引号中的字符串值。
- Null（空）：包括一个 null 值，定义空的或不存在的引用。
- Undefined（未定义）：包括一个 undefined 值，表示变量还没有赋值，也就是还没有被赋予任何类型。
- Object（对象）：包括各种对象类型，例如数组类型 Array，日期对象类型 Date 等。

2. JavaScript 运算符与表达式

运算符是完成操作的一系列符号，也称为操作符。运算符用于将一个或几个值变成结果值。使用运算符的值称为算子或操作数。

JavaScript 中包括以下 8 类运算符。

- 算术运算符：包括+、-、*、/、%（取模，即计算两个整数相除的余数）、++（递加 1 并返回数值或返回数值后递加 1，取决于运算符位置）、--（递减 1 并返回数值或返回数值后递减 1，取决于运算符位置）。
- 逻辑运算符：包括&&（逻辑与）、||（逻辑或）、!（逻辑非）。
- 比较运算符：包括<、<=、>、>=、==（等于，先进行类型转换，再测试是否相等）、= = =（严格等于，不进行类型转换直接测试是否相等）、!=（不等于，先进行类型转换，再测试是否不等）、!= =（严格不等于，不进行类型转换直接测试是否不等）。
- 字符串运算符：包括+（字符串接合操作）。
- 位操作运算符：包括&（按位与）、|（按位或）、^（按位异或）、<<（左移）、>>（右移）、>>>（无符号右移）。

- 赋值运算符：包括=、+=（将运算符左边的变量加上右边表达式的值后赋值给左边变量，例如，a+=b 相当于 a=a+b，以下各赋值运算符的含义类似）、-=、*=、/=、%=、&=、|=、^=、<<=、>>=、>>>=。
- 条件运算符：包括?:（条件?结果 1:结果 2，表示若“条件”值为真，则表达式的值为“结果 1”，否则为“结果 2”）。
- 其他运算符：包括.（成员选择运算符，用于引用对象的属性和方法）、[ ]（索引运算符，用于引用数组元素）、( )（函数调用运算符，用于进行函数调用）、,（逗号运算符，用于将不同的值分开）、delete（删除一个对象的属性或一个数组索引处的元素）、new（生成一个对象的实例）、typeof（返回表示操作数类型的字符串值）、void（不返回任何数值）。

除了条件运算符是三目运算符以外，JavaScript 中的其他运算符要么是双目运算符，要么是单目运算符。

说明 单目、双目、三目或多目运算符也称为一元、二元、三元或多元运算符。

大多数 JavaScript 运算符都是双目运算符，即具有两个操作数的运算符，通常用以下方式进行操作：

```
操作数 1 运算符 操作数 2
```

例如，50 + 40、"This"+"that" 等。

双目运算符包括+（加）、-（减）、*（乘）、/（除）、%（取模）、|（按位或）、&（按位与）、<<（左移）、 >>（右移）、>>>（无符号右移）等。

单目运算符是只需要一个操作数的运算符。单目运算符包括：-（单目减）、!（逻辑非）、~（取补）、++（递加 1）、--（递减 1）等。

表达式是运算符和操作数的组合。表达式的值是对操作数实施运算符所确定的运算后产生的结果。有些运算符将数值赋予一个变量，而另一些运算符则可以用在其他表达式中。

由于表达式是以运算符为基础的，因此表达式可以分为算术表达式、字符串表达式、赋值表达式以及逻辑表达式等。

表达式是一个相对的概念，例如，在表达式 $a = b + c \times d$ 中，$c \times d$、$b + c \times d$、$a = b + c \times d$ 以及 a、b、c、d 都可以看作是一个表达式。在计算了表达式 $a = b + c \times d$ 之后，表达式 a、表达式 $b + c \times d$ 和表达式 $a = b + c \times d$ 的值都等于 $b + c \times d$。

3. JavaScript 条件语句

在任何一门编程语言中，程序的逻辑都是通过编程语句来实现的。JavaScript 也是通过完整的一组编程语句来实现基本的程序控制和操作功能。

条件语句可以使程序按照预先指定的条件进行判断，从而选择执行的任务。JavaScript 提供了 if 语句、if else 语句以及 switch 语句 3 种条件语句。

（1）if 语句

if 语句是最基本的条件语句，它的格式为：

```
if(expression)
   statement;
```

也就是说，如果括号里的表达式为真，则执行 statement 语句，否则就跳过该语句。如果要执行的语句只有一条，那么可以写在与 if 所在的同一行，例如：

```
if(a==1)a++;
```

如果要执行的语句有多条，则应使用大括号将这些语句括起来，例如：

```
if(a==1){a++;b++;}
```

说明 如果要在同一行中书写多条语句，语句之间应用分号分隔。否则，语句末尾的分号可以省略（但为了清晰起见，一般建议每条语句末尾都用分号）。

（2）if else 语句

如果需要在表达式为假时执行另外一条语句，则可以使用 else 关键字扩展 if 语句。if else 语句的格式为：

```
if(expression)
 statement1;
else
 statement2;
```

同样，statement1 和 statement2 都可以是一个代码块。如果语句本身又是条件语句，则构成了条件语句的嵌套。

除了用条件语句的嵌套表示多种选择外，还可以直接用 else if 语句获得这种效果，格式如下：

```
if(expression1)
   statement1;
else if(expression2)
  statement2;
else if(expression3)
  statement3;
……
else
  statementn;
```

该格式表示只要满足任何一个条件，则执行相应的语句，否则执行最后一条语句。

（3）switch 语句

如果需要对同一个表达式进行多次判断，那么可以使用 switch 语句，格式如下：

```
switch(expression)
{  //注意：必须用大括号将所有 case 括起来
case value1:
   statement1;  //注意：此处即使使用了多条语句，也不能使用大括号
   break;  /* 注意：如果不使用 break 语句断开各个 case，则在执行（如果确实执行）此 case 中的语句结束后会接着继续执行下一个 case 中的语句*/
case value2:
   statement2;
   break;
……
case valuen:
   statementn;
   break;
default:
   statement;
 }
```

说明 JavaScript 中的注释语句既可以放在 // 之后，也可以放在 /* 与 */ 之间。同一行中 // 之后的内容会被认为是注释，而包括在 /* 与 */ 之间的所有内容都被认为是注释。

该语句实际上相当于以下 if else 语句：

```
if(expression==value1) statement1;
   else if(expression==value2) statement2;
    ……
      else if(expression==valuen) statementn;
       else statement;
```

但 switch 语句显然比 if else 语句更容易让人理解，尤其是当需要判断的条件多于 3 个时。

4. JavaScript 循环语句

循环语句用于在一定条件下重复执行某段代码。JavaScript 提供了多种循环语句：for 语句、while 语句以及 do while 语句。同时还提供了 break 语句用于跳出循环，continue 语句用于终止当前循环并继续执行下一轮循环。

（1）for 语句

for 语句的格式如下：

```
for (initializationStatement; condition; adjustStatement)
{
statement;
}
```

可以看出，for 语句由两部分构成：条件和循环体。循环体部分由具体的语句构成，是需要循环执行的代码。条件部分由括号括起来，分为 3 个部分，每个部分用分号分开。第 1 部分是计数器变量初始化部分；第 2 部分是循环判断条件，决定了循环的次数；第 3 部分给出了每循环一次，计数器变量应如何变化。

for 循环的执行步骤如下。

① 执行 initializationStatement 语句，完成计数器初始化。

② 判断条件表达式 condition 是否为 true，如果为 true，执行循环体语句，否则退出循环。

③ 执行循环体语句之后，执行 adjustStatement 语句。

④ 重复步骤②和③，直到退出循环。

（2）while 语句

while 语句是另一种基本的循环语句，格式如下：

```
while(expression)
{
  statement;
}
```

表示当表达式为真时执行循环体语句。

while 循环的执行步骤如下。

① 计算 expression 的值。

② 如果 expression 的值为真，则执行循环体语句，否则跳出循环。

③ 重复执行步骤①和②，直到跳出循环。

（3）do while 语句

do while 语句是 while 语句的变体，格式如下：

```
do
{
  statement;
}
while(expression)
```

它的执行步骤如下。

① 执行循环体语句。
② 计算 expression 的值。
③ 如果 expression 的值为真，则执行循环体语句，否则退出循环。
④ 重复步骤②和③，直到退出循环。

可见，do while 语句与 while 语句的区别是循环体语句至少执行一次。因为在 while 语句中，如果第一次计算的 expression 值就为 false，则循环一次都不执行。除此之外，这两种语句并没有其他区别。

说明 **无论采用哪一种循环语句，都必须注意控制循环的结束条件，以免出现“死循环”。以下介绍的 break 和 continue 语句可以进一步帮助控制循环。**

（4）break 语句

break 语句提供无条件跳出循环结构或 switch 语句的功能。在多数情况下，break 语句都是单独使用的。但有时也可以在其后面加一个语句标号，以表明跳出该标号所指定的循环，执行该循环之后的代码。

（5）continue 语句

与 break 语句不同，continue 语句的作用是终止当次循环，跳转到循环的开始处继续下一轮循环。同样，continue 语句既可以单独使用，也可以与语句标号一起使用。

5. JavaScript 函数

函数是已命名的代码块，代码块中的语句被作为一个整体引用和执行。

在使用函数之前，必须先定义函数。函数定义通常放在 HTML 文档头中，但也可以放在其他位置。但通常放在文档头，这样就可以确保先定义后使用。

定义函数的格式如下：

```
function functionName (parameter1, parameter2,…)
{
  statements;
}
```

函数名是调用函数时引用的名称，参数是调用函数时接收传入数值的变量名。大括号中的语句是函数的执行语句，当函数被调用时执行。

如果需要函数返回值，那么可以使用 return 语句，需要返回的值应放在 return 之后。如果 return 后没有指明数值或者没有使用 return 语句，则函数返回值为不确定值。

另外，函数返回值也可以直接赋予变量或用于表达式。

6. 示例

以下示例应用到了前面讲解的多个知识点（document.write()表示在网页上写内容，具体细节请参见 7.2.3 节），效果如图 7-2 所示。

```
<html>
<head><title> JavaScript 示例</title>
  <script src="myJS.js"></script>
</head>
<body>
<script>
document.write("<h1>示例 1:</h1>");
var a=3; b=2;
if(a>b)
{ document.write("<p>a 大于 b</p>");
```

```
  document.write(a>b);      //写出表达式的值，此处为布尔值
 }
document.write("<h1>示例2:</h1>");
var i=1;
while (i<=5)  {
 document.write(i);     //写出变量i的值
 document.write(" ");     //在网页上输出空格
 i++; }
document.write("<h1>示例3:</h1>");
var i=1;
for (i=1; i<=5; i++) document.write(i);
document.write(i);
document.write("<h1>示例4:</h1>");
//上面示例运算后i为6
while (i!=1)  {      //请注意区别while(i=1)和while(i==1)
 document.write(i);
 i--; }
document.write("<h1>示例5:</h1>");
var x=3;
document.write(cal(2,x));     //cal()函数计算返回的结果是9
</script>
</body>
</html>
```

同目录下的myJS.js的内容如下：

```
function cal(a, b)
{  if(a>b) return ( a*(++b) );
  else if (a<b) return ( (++a)*b);
        else return (a*b); }
```

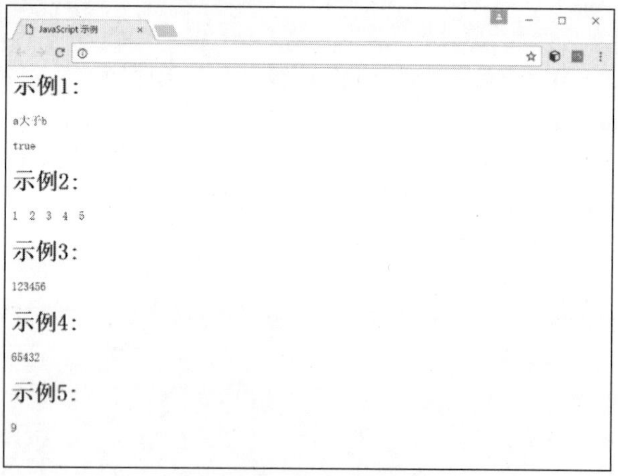

图7-2　JavaScript 综合示例

7.2.2　使用JavaScript对象

1．什么是对象

对象就是客观世界中存在的特定实体。例如，“人”就是一个典型的对象，包含身高、体重、年龄等

特性，同时又包含吃饭、睡觉、行走这些动作。“人”这个对象由这些特性和动作所规定。同样，一盏灯也是一个对象，它包含功率、亮灭状态等特性，同时又包含“开灯”“关灯”这些动作。

使用 JavaScript 对象和浏览器对象

在计算机世界中，也存在各种各样的对象。例如，一个 Web 页可以被看作一个对象，它包含背景颜色、前景颜色等特性，同时包含打开、关闭、读写等动作。Web 页上的一个表单也可以看作一个对象，它包含表单内控件的个数、表单名称等特性，以及表单提交和表单重置等动作。

根据这些说明可以看出，对象包含以下两个要素。

- 用来描述对象特性的一组数据，也就是若干变量，通常称为属性。
- 用来操作对象特性的若干动作，也就是若干函数，通常称为方法。

例如，document 对象的 title 属性表示当前文档的标题，而使用 document 对象的 write()方法可以在文档中写特定内容。

通过访问或设置对象的属性，并且调用对象的方法，我们就可以对对象进行各种操作，从而获得需要的功能。在 JavaScript 中引用对象的方式与典型的面向对象方法相同，都是根据对象的包含关系，使用成员引用操作符（.）一层一层地引用。例如，如果要引用 document 对象的 title 属性，应使用 document.title；如果要引用 document 对象的 write()方法，应使用 document.write()。

在 JavaScript 中可以操作的对象通常包括 3 种类型：JavaScript 对象、浏览器对象（参见 7.2.3 节）和文档对象（参见 7.2.4 节）。JavaScript 对象包括一些常用的通用对象，例如数组对象 Array、日期对象 Date、数学对象 Math、字符串对象 String 等。下面分别简要介绍这几种最常用的 JavaScript 对象。

2. Array 对象

Array 对象也就是数组对象，用于实现编程语言中常见的一种数据结构——数组。Array 对象的构造函数有 3 种，分别用不同的方式构造数组对象，语句格式如下。

- var variable = new Array();
- var variable = new Array(int);
- var variable = new (arg1,arg2,…,arg*n*);

说明　构造函数是面向对象的一个概念，表示用于生成对象的函数。

使用第 1 种构造函数创建出的数组长度为 0，当具体为其指定数组元素时，JavaScript 将自动延伸数组的长度。例如，可以定义数组：

```
order=new Array();
```

然后当具体为数组元素赋值时，数组自动扩充。对应于刚才的 order 数组，如果指定：

```
order[20]="test20";  //在 JavaScript 中用 [ ] 进行数组索引引用
```

则 JavaScript 自动将数组扩充为 21 个元素，前 20 个元素（order[0]~order[19]）被初始化为 null，第 21 个元素为 "test20"。如果再次指定：

```
order[30]="test30";
```

则 JavaScript 自动继续将数组扩充为 31 个元素，并将 order[21]~order[29]初始化为 null，而 order[30]赋值为 "test30"。

说明　JavaScript 中的数组与 C 语言一样，索引都是从 0 开始的。也就是说，数组的第一个元素是 arrayName[0]。

使用第 2 种构造函数时应使用数组的长度作为参数，此时创建出一个长度为 int 的数组，但并没有指定具体的元素。同样，当具体指定数组元素时，数组的长度也可以动态更改。

例如，myArray=new Array(10);创建出一个长度为 10 的数组，如果使用赋值语句 myArray[20]=20;为数组元素赋值，则数组长度自动扩充为 21。

使用第 3 种构造函数时直接使用数组元素作为参数，此时创建出一个指定长度的数组，同时数组元素按照指定的顺序赋值。在构造函数使用数组元素作为参数时，参数之间必须使用逗号分隔开，并且不允许省略任何参数。例如，以下两种数组定义都是错误的：

```
myArray=new Array(0,,2,3,4);
myArray=new Array(0,1,2,3,);
```

而正确的定义为：

```
myArray=new Array(0,1,2,3,4);
```

除了使用以上 3 个构造函数定义数组以外，还可以直接用 [ ] 运算符定义数组。例如：

```
var myArray=[0,1,2,3,4];
```

该定义的效果与 var myArray=new Array(0,1,2,3,4);一模一样。

从前面的数组定义中已经可以看出，数组元素可以是整数，也可以是字符串。实际上，JavaScript 并不对数组元素的值做限制，它们可以是任意类型。例如，以下数组包含不同类型的数据：

```
var myArray=new Array(0,1,true,null,"great");
```

该数组有 5 个元素，分别如下：

```
myArray[0]=0;
myArray[1]=1;
myArray[2]=true;
myArray[3]=null;
myArray[4]="great";
```

数组元素不但可以是其他数据类型，而且可以是其他数组或对象。例如，以下示例构造出了一个二维数组并将其元素在表格中显示，效果如图 7-3 所示。

```
<html>
<head><title>创建数组</title><head>
<body>
<script>
var order=new Array();
order[0]=new Array("背心","30","￥80");
order[1]=new Array("鞋","50","￥200");
order[2]=new Array("袜子","100","￥10");
document.write("<table border align=center>")
document.write("<th>产品</th><th>数目</th><th>单价</th>")
for(i=0;i<order.length;i++)     //length 属性表示数组的长度，也就是数组元素的个数
{
document.write("<tr>")
for(j=0;j<order[0].length;j++)
{
document.write("<td>"+order[i][j]+"</td>")
}
document.write("</tr>")
}
document.write("</table>")
</script>
</body>
</html>
```

3. Date 对象

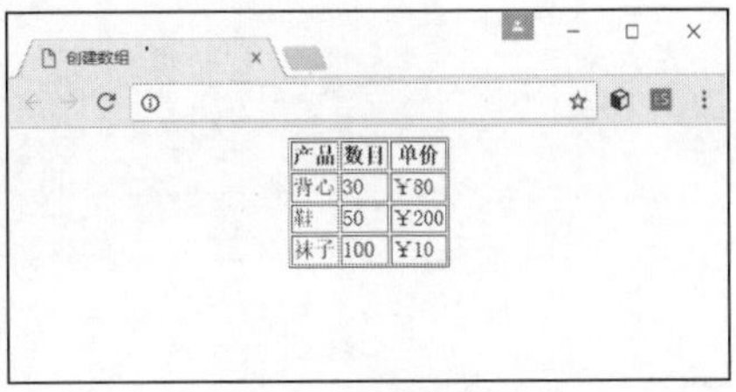

图 7-3 创建二维数组

Date 对象也就是日期对象，它可以表示从年到毫秒的所有时间和日期。如果在创建 Date 对象时就给定了参数，则新对象就表示指定的日期和时间；否则新对象就被设置为当前日期。

创建日期对象可以使用以下 4 种构造函数中的一种：

- var variable=new Date();
- var variable=new Date(milliseconds);
- var variable=new Date(string);
- var variable=new Date(year, month, day, hours, minutes, seconds, milliseconds);

第 1 种构造函数使用当前时间和日期创建 Date 实例；第 2 种构造函数使用从 GMT（格林尼治标准时间）1970 年 1 月 1 日凌晨到期望日期和时间之间的时间来创建 Date 实例；第 3 种构造函数使用特定的表示期望日期和时间的字符串来创建 Date 实例，该字符串的格式应该与 Date 对象的 parse 方法相匹配，可以是 "month day, year hours:minutes:seconds" 等格式；第 4 种构造函数使用“年、月、日、小时、分钟、秒、毫秒”的形式创建 Date 实例，其中年和月是必需的参数，其他参数可选（注意在指定月份时，0 表示 1 月，依次类推，11 表示 12 月）。

Date 对象的常用方法如下。

- getDate( )：返回一个整数，表示一月中的某一天（1~31）。
- getDay( )：返回一个整数，表示星期中的某一天（0~6，0 表示星期日，6 表示星期六）。
- getHours( )：返回表示当前时间中的小时部分的整数（0~23）。
- getMinutes( )：返回表示当前时间中的分钟部分的整数（0~59）。
- getMonth( )：返回表示当前日期中月的整数（0~11）。
- getSeconds( )：返回表示当前时间中的秒部分的整数（0~59）。
- getTime( )：返回从 GMT 时间 1970 年 1 月 1 日凌晨到当前 Date 对象指定的时间之间的时间。
- getYear( )：返回日期对象中的年份，用 2 位或 4 位数字表示。
- toGMTString( )：返回表示日期对象的世界时间的字符串，日期在转换成字符串之前转换到 GMT 零时区。
- toLocalString( )：返回一个表示日期对象所表示的当地时间的字符串。
- toString( )：返回一个表示日期对象的字符串。

例如，以下示例显示了如何使用 Date 对象，效果如图 7-4 所示。

```
<html>
<head><title>显示欢迎信息</title></head>
<body>
<script>
myDate = new Date();  //创建一个日期对象
myHour = myDate.getHours();  //获得当前时间的小时数
    if(myHour<6)  //根据小时数显示不同的欢迎信息
        welcomeString="凌晨好";
    else if(myHour<9)
        welcomeString="早上好";
    else if(myHour<12)
        welcomeString="上午好";
    else if(myHour<14)
        welcomeString="中午好";
```

```
        else if(myHour<17)
            welcomeString="下午好";
        else if(myHour<19)
            welcomeString="傍晚好";
        else if(myHour<22)
            welcomeString="晚上好";
        else
            welcomeString="夜里好";
    arrayDay=["日" , "一" , "二" , "三" , "四" , "五" , "六" ];
    //定义一个字符数组以显示星期数
    document.write((myDate.getMonth()+1) + "月" + myDate.getDate() + "日 ");
    document.write("星期" + arrayDay[myDate.getDay()] +" ");
    document.write(welcomeString);
    </script>
    </body>
    </html>
```

4. Math 对象

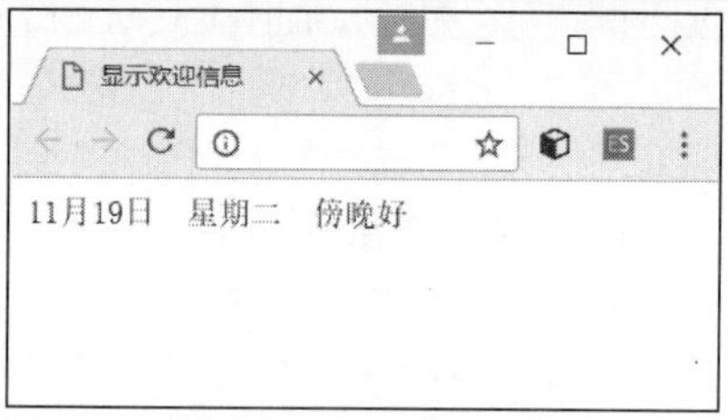

图7-4 Date对象的用法

Math 对象包含用来进行数学计算的属性和方法，其属性也就是标准数学常量，其方法则构成了数学函数库。Math 对象可以在不使用构造函数的情况下使用，并且所有的属性和方法都是静态的。

Math 对象的常用属性包括 E（欧拉常数，约为 2.718）、PI（圆周率常数，约为 3.14159）和 SQRT2（2 的平方根，约为 1.414）等。

Math 对象的常用方法包括 abs(num)（返回参数 num 的绝对值）、cos(num)（返回参数 num 的余弦值）、pow(num1,num2)（返回 num1 的 num2 次方）、random()（返回一个 0 到 1 之间的随机数）、round(num)（四舍五入返回最接近参数 num 的整数）、sin(num)（返回参数 num 的正弦值）、sqrt(num)（返回参数 num 的平方根）、toString()（返回表示该对象的字符串）。

例如，以下语句计算了 cos(PI/3) 的值：

```
Math.cos(Math.PI/3));
```

5. String 对象

String 对象用于处理文本字符串，创建方法为：

```
var txt = new String("string");
```

或者用更为简单的方式（单引号、双引号都可以）：

```
var txt = "string";
var txt = 'string';
```

String 对象的常用属性是 length，表示字符串的长度。例如，以下代码将在网页上显示数字 12：

```
var txt="Hello World!";
document.write(txt.length);
```

在字符串中如果要表示某些特殊字符，需要用到转义字符，即用一个反斜杠加一个符号来表示。常见的转义字符包括\'表示单引号、\"表示双引号、\\表示斜杠、\n 表示换行、\r 表示回车符、\t 表示制表符、\b 表示空格、\f 表示换页。例如，以下写法是等价的：

```
var answer="It's alright";
var answer='It\'s alright';
```

String 对象的常用方法包括：charAt()（返回在指定位置的字符）、concat()（连接两个或多个字符串，并返回新的字符串）、indexOf()（返回某个指定的字符串值在字符串中首次出现的位置）、includes()

（查找字符串中是否包含指定的子字符串）、match()（查找找到一个或多个正则表达式的匹配）、replace()（在字符串中查找匹配的子字符串，并将其替换为与正则表达式匹配的子字符串）、slice()（提取字符串的片段，并在新的字符串中返回被提取的部分）、split()（把字符串分割为字符串数组）、toLowerCase()（把字符串转换为小写形式）、toUpperCase()（把字符串转换为大写形式）、trim()（去除字符串两边的空白）等。

例如，以下代码将在网页上显示“请访问 https://www.ptpress.com.cn/”：

```
var str="请访问我们的网站! "
var s=str.replace("我们的网站","https://www.ptpress.com.cn/");
document.write(s);
```

7.2.3 使用浏览器对象

浏览器对象模型（Browser Object Model，BOM）使 JavaScript 可以与浏览器进行“对话”。BOM 提供了访问和控制浏览器对象的接口和方法，使得 JavaScript 能够与浏览器进行交互。通过浏览器对象，我们可以操作和控制浏览器的窗口、文档、页面元素以及其他浏览器功能，实现各种交互和操作。

常用的浏览器对象包括 window 对象、screen 对象、location 对象、history 对象、navigator 对象等。

1. window 对象

所有浏览器都支持 window 对象，它表示浏览器窗口。所有 JavaScript 全局对象、函数以及变量均自动成为 window 对象的成员（全局变量是 window 对象的属性，全局函数是 window 对象的方法）。window 对象包含 document（详见 7.2.4 节）、navigator、location、history 等子对象，是浏览器对象层次中的顶级对象。当遇到<body>、<frameset>或<frame>标记符时创建该对象的实例，另外，该对象的实例也可由 window.open()方法创建。

说明　实例是面向对象技术中的一个术语，表示抽象对象的具体实现。

window 对象的常用属性如表 7-1 所示。

表 7-1　window 对象的常用属性

属性	描述	举例
closed	返回窗口是否已被关闭	if (myWindow.closed)　document.getElementById("msg").innerHTML="我的窗口被关闭!";
document	表示窗口中显示的当前文档	document.write("Hello World!");
history	表示窗口中最近访问过的 URL 列表	<button type="button" onclick="window.history.forward()">前进</button>
innerHeight	返回窗口文档显示区的高度	var h=window.innerHeight;
innerWidth	返回窗口文档显示区的宽度	var w=window.innerWidth;
location	表示窗口中显示的当前 URL	document.write(location.href);

续表

属性	描述	举例
name	返回窗口的名称	myWindow=window.open('','MsgWindow','width=200,height=100'); myWindow.document.write("<p>窗口名：" + myWindow.name + "</p>");
navigator	表示与浏览器相关的信息	document.write("浏览器名称：" + navigator.appName);
screen	表示客户端显示屏幕的信息	document.write("可用高度：" + screen.availHeight);
status	表示窗口状态栏中的文本	window.status="状态栏文本!"; /*注意本属性在多数浏览器的默认配置下不能工作！ */

window 对象的常用方法如表 7-2 所示。

表 7-2　window 对象的常用方法

方法	描述	举例
alert(string)	显示提示信息对话框	alert("Hello World!");
clearInterval (interval)	清除由参数传入的先前用 setInterval()方法设置的重复操作	var myVar = setInterval(function() { myTimer() }, 1000); clearInterval(myVar);
clearTimeout()	取消由 setTimeout()方法设置的 timeout	myVar = setTimeout(function() { alert("Hello"); }, 3000); clearTimeout(myVar);
close( )	关闭窗口	<button type="button" onclick="window.close( )">关闭</button>
confirm( )	显示确认对话框，其中包含“确定”按钮和“取消”按钮（或 OK 按钮和 Cancel 按钮），如果用户单击“确定”按钮，confirm()方法返回 true；如果用户单击“取消”按钮，confirm()方法返回 false	<button type="button" onclick="if(confirm('您正在关闭当前窗口，确定要如此吗？')) window.close( )">关闭</button>
open(pageURL, name,parameters)	创建一个新窗口实例，该窗口使用 name 参数作为窗口名，装入 pageURL 指定的页面，并按照 parameters 指定的效果显示	<body onload="window.open('newWin.htm','myWin','height=200, width=400')">
prompt(string1, string2)	弹出一个要求键盘输入的提示对话框，参数 string1 的内容作为提示信息，参数 string2 的内容作为文本框中的默认文本	var person=prompt("请输入你的名字","Harry Potter");
scrollBy()	按照指定的值（单位为像素）来滚动内容	window.scrollBy(100,100);
scrollTo()	把内容滚动到指定的坐标	window.scrollTo(100,500);

续表

方法	描述	举例
setInterval()	按照指定的周期（以毫秒计）来调用函数或计算表达式，可以使用以下两种形式： setInterval(code, milliseconds); setInterval(function, milliseconds, param1, param2, …); 可用 clearInterval()方法取消设置的重复操作	setInterval('alert("Hello");', 3000); setInterval(function(){ alert("Hello"); }, 3000);
setTimeout()	用于在指定的毫秒数后调用函数或计算表达式，可以使用以下两种形式： setTimeout(code, milliseconds, param1, param2, …); setTimeout(function, milliseconds, param1, param2, …); 可用 clearTimeout()方法阻止函数的执行	setTimeout('alert("Hello");', 3000); setTimeout(function(){ alert("Hello"); }, 3000);
stop()	停止页面载入，类似在浏览器上单击停止载入按钮	window.stop();

2. screen 对象

window.screen（window.可以省略，直接写为 screen）对象包含有关用户屏幕的信息。以下示例使用了该对象的所有属性，效果如图 7-5 所示。

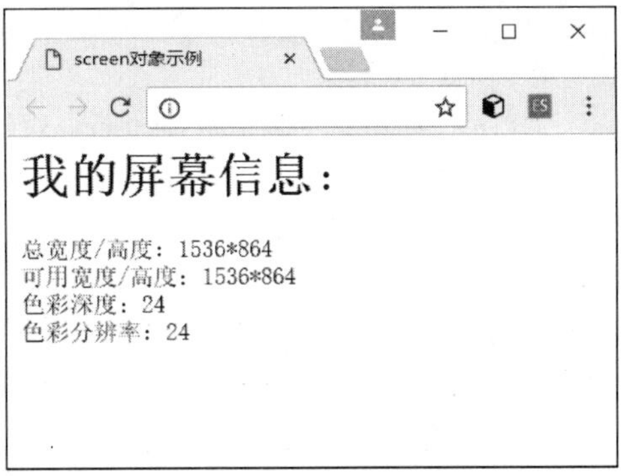

图 7-5　screen 对象使用示例

```
<html>
<head>
<title>screen 对象示例</title>
</head>
<body>
<h1>我的屏幕信息：</h1>
<script>
document.write("总宽度/高度：");
document.write(screen.width + "*" + screen.height); document.write("<br />");
document.write("可用宽度/高度：");
document.write(screen.availWidth + "*" + screen.availHeight); document.write("<br />");
document.write("色彩深度：");
document.write(screen.colorDepth); document.write("<br />");
document.write("色彩分辨率：");
document.write(screen.pixelDepth);
</script>
</body>
</html>
```

3. location 对象

window.location（简写为 location）对象包含有关当前 URL 的信息。其属性包括 hash（返回一个 URL 的锚部分）、host（返回一个 URL 的主机名和端口）、hostname（返回 URL 的主机名）、href

（返回完整的URL）、pathname（返回的URL路径名）、port（返回一个URL服务器使用的端口号）、protocol（返回一个URL协议）、search（返回一个URL的查询部分）。其方法包括assign()（载入一个新的文档，可以用后退按钮）、reload()（重新载入当前文档，类似于单击浏览器的“刷新”按钮）、replace()（用新的文档替换当前文档，不能用“后退”按钮）。

以下示例显示了location对象的用法，效果如图7-6所示。

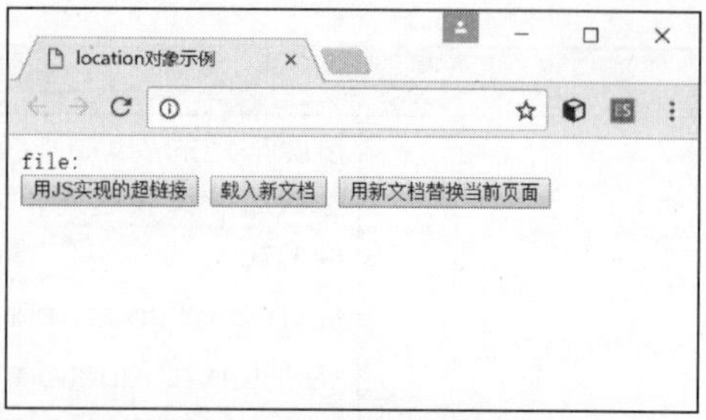

图7-6　location对象使用示例

```
<html>
<head><title>location 对象示例</title></head>
<body>
<script>
document.write(location.protocol+"<br />");     //因为是本地文件，所以显示为 file:
</script>
<button type="button" onclick="location.href='https://www.ptpress.com.cn/'">用 JS 实现的超链接</button>
<button type="button" onclick="location.assign('https://www.ptpress.com.cn/')">载入新文档</button>  <!-- 以上两种方法等价 -->
<button type="button" onclick="location.replace('https://www.ptpress.com.cn/')">用新文档替换当前页面</button>
</body>
</html>
```

4. history对象

window.history（简写为history）对象包含用户在浏览器窗口中访问过的URL，也就是历史记录列表。其属性包括length（返回history列表中的网址数），方法包括back()（加载history列表中的前一个URL，效果相当于单击浏览器窗口中的“后退”按钮）、forward()（加载history列表中的下一个URL，效果相当于单击浏览器窗口中的“前进”按钮）、go()（加载history列表中的某个具体页面，history.go(1)相当于history.forward()，history.go(-1)相当于history.back()）。

5. navigator对象

window.navigator（简写为navigator）对象包含有关访问者浏览器的信息。以下示例使用了该对象的所有属性和支持的方法，效果如图7-7所示。

图7-7　navigator对象使用示例

```
<html>
<head>
<title>navigator 对象示例</title>
</head>
<body>
<div id="example"></div>
<script>
txt = "<p>浏览器代号: " + navigator.appCodeName + "</p>";
txt+= "<p>浏览器名称: " + navigator.appName + "</p>";
```

```
txt+= "<p>浏览器版本: " + navigator.appVersion + "</p>";
txt+= "<p>启用 Cookies: " + navigator.cookieEnabled + "</p>";
txt+= "<p>硬件平台: " + navigator.platform + "</p>";
txt+= "<p>用户代理: " + navigator.userAgent + "</p>";
txt+= "<p>支持 Java: " + navigator.javaEnabled() + "</p>";
document.getElementById("example").innerHTML=txt;    //此用法参见 7.2.4 节
</script>
</body>
</html>
```

7.2.4 使用文档对象

使用文档对象

文档对象模型（Document Object Model，DOM）是 W3C（万维网联盟）的标准，它是独立于平台和语言的接口，允许程序和脚本动态地访问和更新文档的内容、结构和样式。HTML DOM 定义了所有 HTML 元素的对象和属性，以及访问它们的方法。

对于如下一个简单的 HTML 文档，HTML DOM 的树形结构如图 7-8 所示。

```
<html><head><title>文档标题</title></head>
<body>
  <a href="">我的链接</a>
  <h1>我的标题</h1>
</body>
</html>
```

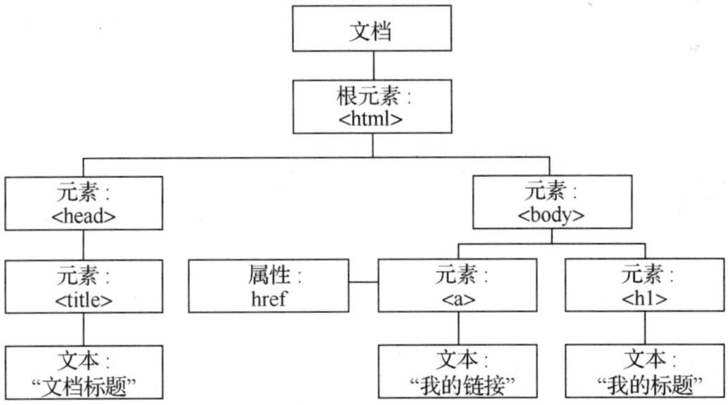

图 7-8　HTML DOM 的树形结构

在 HTML DOM 中，每个东西都是节点：文档本身就是一个 document 对象，HTML 元素是元素节点，HTML 属性是属性节点，插入 HTML 元素中的文本是文本节点，HTML 注释是注释节点，等等。

节点树中的节点彼此关联，我们常用父（parent）、子（child）和同胞（sibling）等术语来描述它们之间的关系。在节点树中，顶端节点被称为根（root）；除了根节点外，其他节点都有父节点；一个节点可拥有任意数量的子节点；同级的子节点被称为同胞（拥有相同父节点的节点）。

理解了 HTML DOM 的树形结构和层次关系之后，就可以用特定的方法和属性引用这些节点，以便在脚本中正确地使用它们。HTML DOM 方法是我们可以在节点（HTML 元素）上执行的动作，HTML DOM 属性是我们可以在节点（HTML 元素）上设置和修改的值。

例如，以下示例显示了如何通过访问和设置元素属性来实现动态更改背景颜色的效果，如图 7-9 所示。

```
<html>
<head><title>动态更改背景颜色</title>
<script>
function changeBGColor()
{ document.body.style.backgroundColor=document.getElementById("myBGColor").value; }
</script>
</head>
<body>
<h1>在文本框中输入颜色值（如#00ffff 或 green 等），然后单击“变!”按钮：</h1>
<form name="myForm">
  <p><input id="myBGColor" value="#ffffff"></p>
  <p><input type="button" value="变! " onclick="changeBGColor()"></p>
</form>
</body>
</html>
```

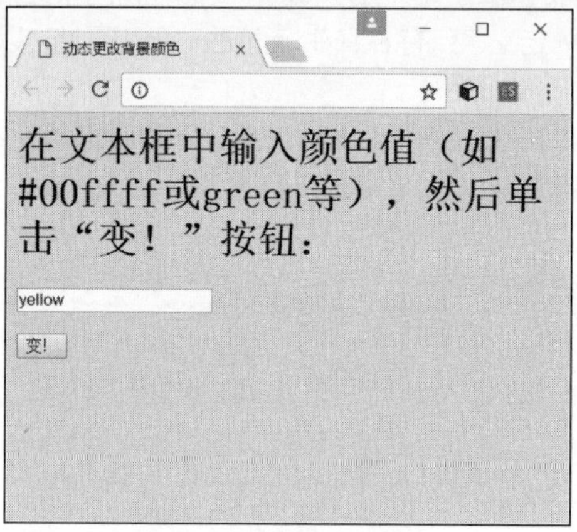

图 7-9　动态更改背景颜色

目前常用的文档对象有 document 对象、元素对象、事件对象等。

1. document 对象

当浏览器载入一个 HTML 文档，它就会成为 document 对象（即 document 对象代表当前浏览器窗口中的文档），它是 HTML 文档的根节点，使我们可以从脚本中对 HTML 页面中的所有元素进行访问。

document 对象的常用属性如表 7-3 所示。

表 7-3　document 对象的常用属性

属性	描述	举例

anchors	返回对文档中所有锚点对象（即 <a name=""></a>）的引用（以 HTML Collection 的形式，类似数组）	<a name="css">CSS 教程</a>
		
		<a href="js.htm">JavaScript 教程</a>
		<p>锚点数量：<script>
		document.write(document.anchors.length);
		//此处显示为 1
		</script></p>

body	返回文档的 body 元素	document.body.style.backgroundColor="red"; //设置背景色

续表

属性	描述	举例

forms	返回对文档中所有 form 对象的引用（以 HTML Collection 的形式，类似数组）	<form name="Form1"></form>
		<form name="Form2"></form>
		<p>第 1 个表单名称：<script>
		document.write(document.forms[0].name);
		//此处显示 Form1
		</script></p>

images	返回对文档中所有 image 对象的引用（以 HTML Collection 的形式，类似数组）	<img id="image1" src="rose.jpg">
		<img id="image2" src="violet.jpg">
		<p>第 1 个图像的 ID：<script>
		document.write(document.images[0].id);
		//此处显示 image1
		</script></p>

links	返回对文档中所有 link（即<a href="">）和 area（即<area>）对象的引用（以 HTML Collection 的形式，类似数组）	<p><a id="javascript" href="js.htm"> JavaScript 教程</a></p> <p><a id="css" href="css.htm">CSS 教程</a> </p> <p>第 2 个链接的 ID：<script> document.write(document.links[1].id); /*此处显示 css*/ </script></p>
title	返回当前文档的标题	document.title="网页新标题"; /*设置标题*/

document 对象的常用方法如表 7-4 所示。

表 7-4 document 对象的常用方法

方法	描述	举例
addEventListener()	向文档添加事件监听器	<p id="demo"></p><script> document.addEventListener("click", function(){ document.getElementById("demo"). innerHTML ="Hello World!"; }); </script>

createAttribute()	创建一个属性节点	var att=document.createAttribute("class");
		att.value="democlass";
		document.getElementsByTagName("H1")[0].
		setAttributeNode(att);

createElement()	创建一个元素节点	var btn=document.createElement("button");
		var t=document.createTextNode("CLICK ME");
		btn.appendChild(t);
		document.body.appendChild(btn);

createTextNode()	创建一个文本节点（注意：一个 HTML 元素通常是由元素节点和文本节点组成）	var h=document.createElement("H1")
		var t=document.createTextNode("Hello World");
		h.appendChild(t);
		document.body.appendChild(h);

续表

方法	描述	举例

getElementsByClassName()	返回文档中所有指定类名的元素集合（以 HTML Collection 的形式，类似数组）	var x = document.getElementsByClassName ("example");
		for (var i = 0; i < x.length; i++) {
		x[i].style.backgroundColor = "red";
		} /*修改所有样式为 class="example" 元素的背景颜色*/

getElementById()	返回对拥有指定 id 的第一个对象的引用	document.getElementById("demo");
getElementsByName()	以一个 NodeList 对象的形式返回带有指定名称的对象集合（NodeList 即一个有顺序的节点列表，可以用从 0 开始的索引进行引用，类似数组）	var x=document.getElementsByName("x"); alert(x.length);
getElementsByTagName()	返回带有指定标记符名的对象集合（以 HTML Collection 的形式，类似数组）	document.getElementsByTagName("p");

querySelector()	返回文档中匹配指定的 CSS 选择器的第 1 个元素	document.querySelector("#demo");
		document.querySelector("p");
		document.querySelector(".example");

querySelectorAll()	返回文档中匹配的 CSS 选择器的所有元素的节点列表（NodeList 对象）	var x = document.querySelectorAll("p.example"); /* 设置 class="example" 的第 1 个 p 元素的背景颜色*/ x[0].style.backgroundColor = "red";

removeEventListener()	移除文档中由 addEventListener() 方法添加的事件监听器	<button onclick="removeHandler()">点我</button>
		<p id="demo"></p><script>
		document.addEventListener("mousemove", myFunction);
		function myFunction() {
		document.getElementById("demo"). innerHTML = Math.random();}
		function removeHandler() {
		document.removeEventListener("mousemove", myFunction); }
		</script>

write()	向文档写 HTML 表达式或 JavaScript 代码	document.write("<h1>Hello World!</h1><p> Have a nice day!</p>");

注意 使用 document.forms、document.images 和 document.links 等属性，以及 document.getElementById()、document.getElementsByClassName()、document.getElementsByTagName()、document.querySelector()和 document.querySelectorAll()等方法，可以访问到 HTML DOM 中的具体元素，之后可以引用其属性和方法进行操作。

注意 如果想快速查看一个网页的文档对象树状结构，可以打开 Chrome 的开发者工具（按【Ctrl+Shift+I】组合键，参见图 6-22），在 Elements 面板中查看；切换到 Console 面板，可以输入 HTML DOM 方法或属性（注意正确拼写）等进行查看，如图 7-10 所示；此外，Console 面板还常用于 JavaScript 调试，如果在网页的 JS 代码中使用 console.log()方法，可以在控制台输出内容，而非像 document.write()那样在网页上输出内容。

图 7-10　使用 Chrome 开发者工具的 Console 面板

2. 元素对象

在 HTML DOM 中，元素对象代表 HTML 元素，其子节点可以是元素节点、文本节点或注释节点。NodeList 对象代表节点列表，类似于 HTML 元素的子节点集合。

HTML 元素对象的常用属性或方法如表 7-5 所示。

表 7-5　HTML 元素对象的常用属性或方法

属性或方法	描述	举例

addEventListener()	向指定元素添加事件监听器	document.getElementById("myBtn").
		addEventListener("click", function(){
		document.getElementById("demo").
		innerHTML = "Hello World"; });

appendChild()	为元素添加一个新的子元素	var node=document.createElement("li");
		var textnode=document.createTextNode
		("Water");
		node.appendChild(textnode);
		document.getElementById("myList").appe
		ndChild(node);

续表

属性或方法	描述	举例

attributes	返回一个元素的属性数组	<p id="demo">查看按钮元素有多少个属性:</p>
		<button onclick="myFunction()">点我</button>
		<script>
		function myFunction(){
		var btn=document.getElementsByTagName("button")[0];
		var x=document.getElementById("demo");
		x.innerHTML=btn.attributes.length; }
		</script>

blur()	设置元素失去焦点	document.getElementById("myText").blur();

childNodes	返回元素的一个子节点的数组，包括元素节点、文本节点、注释节点	<body>
		<p id="demo">单击“按钮”获取有关 body 元素的子节点信息</p>
		<button onclick="myFunction()">点我</button>
		<script> function myFunction(){
		var txt="";
		var c=document.body.childNodes;
		for (i=0; i<c.length; i++){ txt=txt + c[i].nodoName + "
		"; };
		var x=document.getElementById("demo");
		x.innerHTML=txt; }
		</script>
		</body>

children	返回元素的子元素的集合，仅包括元素节点	<p>单击按钮获取 body 元素子元素的标记符名。</p>
		<button onclick="myFunction()">点我</button>
		<p id="demo"></p>
		<script> function myFunction() {
		var c = document.body.children;
		var txt = "";
		for (i = 0; i < c.length; i++) { txt = txt + c[i].tagName + "
		"; }
		document.getElementById("demo").innerHTML = txt; } </script>

className	设置或返回元素的 class 属性	<body id="myid" class="mystyle"> <script> document.write(document.getElementById("myid").className); </script> </body>

续表

属性或方法	描述	举例
clientHeight	在页面上返回内容的可视高度（不包括边框、边距或滚动条）	document.body.clientHeight; //直接在 Console 面板输入代码可以查看 document.getElementById("demo"). clientHeight;
clientWidth	在页面上返回内容的可视宽度（不包括边框、边距或滚动条）	document.body.clientWidth; document.getElementById("demo"). clientWidth;
firstChild	返回元素的第一个子节点	document.firstChild; document.body.firstChild;
focus()	设置元素获取焦点	document.getElementById("myText"). focus();
getAttribute()	返回指定元素的属性值	document.getElementsByTagName("a") [0].getAttribute("target");
getAttributeNode()	返回指定属性节点	document.getElementsByTagName("a") [0].getAttributeNode("target").value;
getElementsByTagName()	返回具有指定标记符名的所有子元素集合	document.getElementById('myid'). getElementsByTagName('p');
getElementsByClassName()	返回具有指定类名的子元素集合	document.getElementById('myid'). getElementsByClassName('demo');
hasAttribute()	如果元素中存在指定的属性则返回 true，否则返回 false	document.getElementsByTagName ("button")[0].hasAttribute("onclick");
hasAttributes()	如果元素有任何属性则返回 true，否则返回 false	document.body.hasAttributes();
hasChildNodes()	检查一个元素是否具有任何子元素	document.getElementById("myList"). hasChildNodes();

hasFocus()	检测元素是否获取焦点	<p id="demo"></p>
		<script> setInterval("myFunction()", 1);
		function myFunction() {
		    var x = document.getElementById
		("demo");
		    if (document.hasFocus()) {
		        x.innerHTML = "文档已获取焦点。";
		    } else { x.innerHTML = "文档失去焦点。";
		    } } </script>

id	设置或者返回元素的 id	document.getElementById("myAnchor").id;
innerHTML	设置或者返回元素开始标记符和结束标记符之间的内容	document.getElementById("myAnchor"). innerHTML="<b>修改后的内容</b>"; //将以粗体显示文本

续表

属性或方法	描述	举例
insertBefore()	在现有的子元素之前插入一个新的子元素	<ul id="myList"><li>咖啡</li><li>茶</li></ul> <button onclick="myFunction()">点我</button> <script> function myFunction(){ var newItem=document.createElement("li") var textnode=document.createTextNode("矿泉水") newItem.appendChild(textnode) var list=document.getElementById("myList") list.insertBefore(newItem,list.childNodes[0]); } </script>
lastChild	返回元素的最后一个子节点	document.getElementById("myList").lastChild;
nextSibling	返回元素之后的下一个兄弟节点（包括元素节点、文本节点和注释节点）	document.getElementById("item1").nextSibling;
nextElementSibling	返回元素之后的下一个兄弟元素节点	document.getElementById("item1").nextElementSibling.innerHTML;
offsetHeight	返回元素的高度（包括边框和填充，不包括边距）	document.getElementById("demo").offsetHeight;
offsetWidth	返回元素的宽度（包括边框和填充，不包括边距）	document.getElementById("demo").offsetWidth;
parentNode	返回元素的父节点	document.getElementById("item1").parentNode;
previousSibling	返回元素之前的上一个兄弟节点	document.getElementById("item2").previousSibling;
previousElementSibling	返回元素之前的上一个兄弟元素节点	document.getElementById("item2").previousElementSibling.innerHTML;
querySelector()	返回元素中匹配指定 CSS 选择器的第一个子元素	document.getElementById("myDIV").querySelector("p").innerHTML = "Hello World!";
querySelectorAll()	返回元素中匹配指定 CSS 选择器的所有子元素节点列表	document.getElementById("myDIV").querySelectorAll("p")[0].innerHTML = "Hello World!";
removeAttribute()	从元素中删除指定的属性	document.getElementsByTagName("h1")[0].removeAttribute("style");
removeChild()	删除一个子元素节点	var list=document.getElementById("myList"); list.removeChild(list.childNodes[0]);

续表

属性或方法	描述	举例
removeEventListener()	移除由 addEventListener() 方法添加的事件监听器	document.getElementById("myDIV").addEventListener("mousemove", myFunction); document.getElementById("myDIV").removeEventListener("mousemove", myFunction);

replaceChild()	替换一个子元素	var textnode=document.createTextNode("矿泉水");
		var item=document.getElementById("myList").childNodes[0];
		item.replaceChild(textnode,item.childNodes[0]);

scrollHeight	返回元素的高度（包括带滚动条的隐蔽的地方）	document.getElementById("demo").scrollHeight;
scrollWidth	返回元素的宽度（包括带滚动条的隐蔽的地方）	document.getElementById("demo").scrollHeight;
setAttribute()	设置指定属性的值	document.getElementsByTagName("input")[0].setAttribute("type","button");
style	设置或返回元素的样式属性	document.getElementById("demo").style.fontSize = "24px";
textContent	设置或返回节点的文本内容，注意与 innerHTML 不同	document.getElementById("myAnchor").textContent="<b>修改后的内容</b>"; //将显示文本“<b>修改后的内容</b>”
title	设置或返回元素的 title 属性	document.getElementById("myAnchor").title;
nodelist.item()	返回基于文档树索引的元素	document.body.childNodes.item(0); //相当于 document.body.childNodes[0];
nodelist.length	返回节点列表的节点数目	document.body.childNodes.length;

注意 使用 parentNode、firstChild、lastChild、nextSibling、previousSibling、children 和 childNodes 等属性，可以遍历 HTML DOM 树，以对相应节点进行操作。

注意 使用 innerHTML、textContent 和 style 等属性，可以访问或设置 HTML 元素的内容和样式。

注意 使用 appendChild()、removeChild()、replaceChild()和 insertBefore()等方法，可以修改 HTML DOM 树。

> **说明** 相比 HTML 元素对象，HTML 属性对象就要简单得多，只有 name、value 和 specified 等几个常用属性。例如，以下代码通过修改属性对象的 value 值设置了某个样式：document.getElementsByTagName("h1")[0].getAttributeNode("style").value="color:green";

3. 事件对象

HTML DOM 事件允许 Javascript 在 HTML 文档元素中注册事件处理程序，它通常与函数结合使用。在 7.1 节中我们已经看到，可以直接在 HTML DOM 元素中指定事件处理程序（例如：<input onclick="alert ('谢谢支持')" type="button" value="点我" />）。此外，还有以下两种方式可以用于指定事件处理程序。

第 1 种是在 JavaScript 代码中用元素的事件属性进行指定，其形式如下：

```
elementObject.onXXX=function(){
    // 事件处理代码
}
```

其中：elementObject 为文档对象，即 HTML DOM 元素；onXXX 为事件名称。

第 2 种方式是使用元素的 addEventListener()方法，其用法如下：

```
elementObject.addEventListener(eventName,eventHandler);
```

其中，elementObject 为文档对象，即 HTML DOM 元素；eventName 为事件名称（注意此处没有"on"，单击就是"click"）；eventHandler 是事件处理函数，可以直接嵌入，如下所示：

```
document.getElementById("myBtn").addEventListener("click", function(){
  document.getElementById("demo").innerHTML = "Hello World"; });
```

当然，也可以把函数放在外面定义，如下所示：

```
document.getElementById("myBtn").addEventListener("click", myHandler );
function myHandler(){
  document.getElementById("demo").innerHTML = "Hello World"; }
```

用任意一种方式指定事件处理函数时，还可以指定参数 e，以处理事件细节（例如鼠标单击的坐标、按下的按键等），如下所示（效果如图 7-11 所示）：

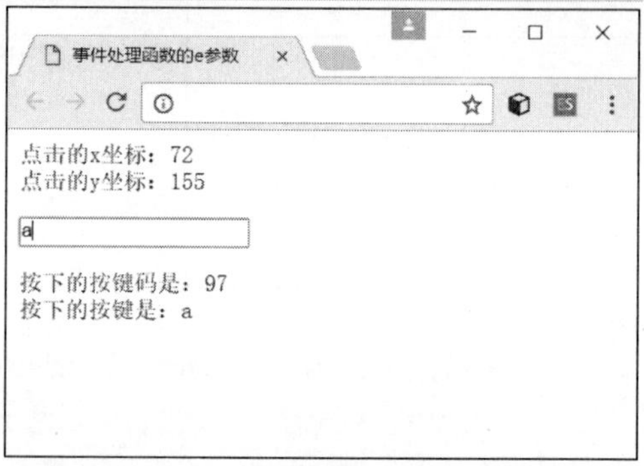

图 7-11　事件处理函数的 e 参数使用示例

```
<html><head><title>事件处理函数的 e 参数</title></head>
<body>
<p id="demo1">单击文档任意部位将显示点击的屏幕坐标，双击显示窗口坐标</p>
<script>
document.body.addEventListener("click", function(e){
  document.getElementById("demo1").innerHTML = "点击的 x 坐标："+e.screenX+  "<br>点击的 y 坐标："+e.screenY;});
document.body.addEventListener("dblclick", function(e){
  document.getElementById("demo1").innerHTML = "点击的 x 坐标："+e.clientX+  "<br>点击的 y 坐标："+e.clientY;});
</script>
<input type="text" id="text"/>
<p id="demo2">显示按键码和按键</p>
<script>
document.getElementById("text").onkeypress = function(e) {
```

```
    document.getElementById("demo2").innerHTML = "按下的按键码是: "+e.keyCode+  "<br>按下的按键是: "+String.fromCharCode(e.keyCode); }
    </script>
    </body>
    </html>
```

HTML DOM 中的常用事件如表 7-6 所示。

表 7-6　HTML DOM 中的常用事件

类别	事件	描述
鼠标事件	onclick	当用户单击某个对象时触发
	oncontextmenu	在用户单击鼠标右键打开快捷菜单时触发
	ondblclick	当用户双击某个对象时触发
	onmousedown	鼠标按键被按下时触发
	onmouseenter	当鼠标指针移动到元素上时（从元素外部进入元素内部）触发
	onmouseleave	当鼠标指针移出元素时（从元素内部离开到元素外部）触发
	onmousemove	鼠标被移动时触发
	onmouseover	鼠标指针移到某元素之上时（进入元素内部时触发，包括在元素内部移动）触发
	onmouseout	鼠标指针从某元素上移开时（离开元素内部时触发，包括在元素内部移动）触发
	onmouseup	鼠标按键被松开时触发
键盘事件	onkeydown	某个键盘按键被按下时触发
	onkeypress	某个键盘按键被按下并松开时触发
	onkeyup	某个键盘按键被松开时触发
表单事件	onblur	元素失去焦点时触发
	onchange	表单元素的内容改变时触发
	onfocus	元素获取焦点时触发
	oninput	元素获取用户输入时触发
	onselect	用户选取文本时触发
	onsubmit	表单提交时触发
其他事件	onload	一张页面或一幅图像完成加载时触发
	onresize	窗口或框架被重新调整大小时触发
	onscroll	当文档被滚动时触发
	onunload	用户退出页面时触发
	ondrag	元素正在被拖动时触发
	ondrop	拖动元素放置在目标区域时触发

4．实例：Tab 导航

下面来完成一个 Tab 导航实例，请读者体会 JavaScript 如何与 HTML 和 CSS 共同工作，效果如图 7-12 所示。

```
<html><head><title>Tab 导航</title>
<style>
     *{       padding: 0;       margin: 0;   }
     #container{
         margin:50px auto; width: 500px; height: 300px; position:relative; }
     ul li{
         list-style: none;      float: left; position:relative;
         width: 100px;     height: 50px;     border: 1px solid black;
         border-top-left-radius:10px;        border-top-right-radius:10px;
         text-align: center;   font: 18px/50px 楷体; box-sizing:border-box;  }
     ul{      height:50px; }
     #d1,#d2,#d3,#d4{
         display: none;    border: 1px solid black;       border-top:none;
         padding:18px;     height:300px;     position:relative;          top:-1px;
     }
     #d1{      display: block;  }
     #empty{  position:absolute;    top:0px;      right:0px;   border-top:none;
              border-right:none;    border-left:none;     width: 103px;     }
     #li2{ left:-1px; }
     #li3{ left:-2px; }
     #li4{ left:-3px; }
</style>
<script>
function tab(selected,id){
     for (var i = 1; i <= 4; i++) {
          document.getElementById("li"+i).style.border = "1px solid black";
          document.getElementById("d"+i).style.display = "none";
       }
     selected.style.borderBottom = "white";
     document.getElementById("d"+id).style.display = "block";
}
</script>
<body>
<div id="container">
     <ul>
          <li id="li1" onmouseover="tab(this,1)">影视</li>
          <li id="li2" onmouseover="tab(this,2)">动漫</li>
          <li id="li3" onmouseover="tab(this,3)">游戏</li>
          <li id="li4" onmouseover="tab(this,4)">体育</li>
          <li id="empty"></li>
     </ul>
     <div id="d1">          <p>有关影视的内容</p>        </div>
     <div id="d2">          <p>有关动漫的内容</p>        </div>
     <div id="d3">          <p>有关游戏的内容</p>        </div>
     <div id="d4">          <p>有关体育的内容</p>        </div>
</div>
</body>
</html>
```

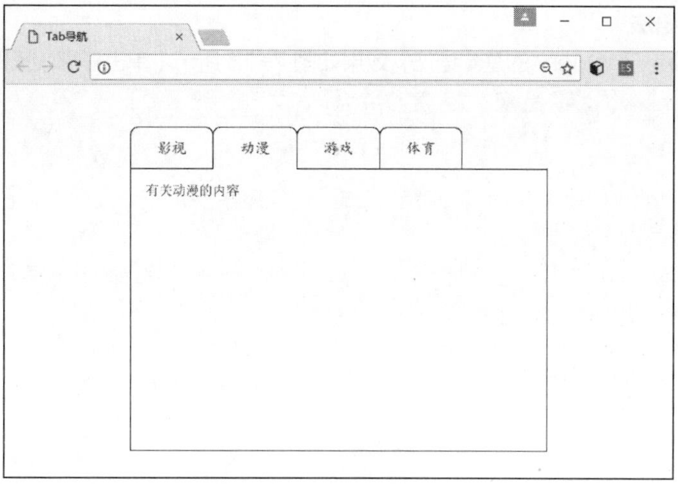

图 7-12　Tab 导航效果

7.3 前端开发技术

前端开发是创建 Web 页面或 App 等前端界面呈现给用户的过程，通过 HTML、CSS 及 JavaScript，以及衍生出来的各种技术、框架、解决方案，以实现互联网产品的用户界面交互。本节介绍 jQuery、Bootstrap、Vue.js、AngularJS 和 React 等前端开发技术。

7.3.1　使用 jQuery

使用 jQuery

jQuery 是一个轻量级的 JavaScript 函数库，能够让开发者在尽量少写代码的情况下实现复杂的功能。jQuery 库包含以下功能：HTML 元素选取、HTML 元素操作、CSS 操作、HTML 事件函数、JavaScript 特效和动画、HTML DOM 遍历和修改、AJAX 和 Utilities 等。

1. jQuery 的安装与使用

由于函数库本身就是写在 JS 文件中，因此要想使用 jQuery，只需要下载相应的 JS 文件并复制到自己网站目录中，而无须安装。具体操作如下。

（1）打开 jQuery 的下载页面，找到“Download the compressed, production jQuery 3.4.1”（下载压缩的、用于生产的版本，这里以 3.4.1 为例）链接。

（2）在链接上单击鼠标右键，选择“链接另存为”，将“jquery-3.4.1.min.js”文件下载到本地。

（3）将该文件复制到需要使用 jQuery 的网站目录（例如可以放到根目录或 JS 目录等）。

（4）在需要使用 jQuery 的页面，在<head>标记符中加入以下代码（注意 src 属性的值应与实际存储的位置一致）：

```
<script src="jquery-3.4.1.min.js"></script>
```

这样就可以在网页中使用 jQuery 了。

> **说明**　除了用于生产的压缩版本（去掉了所有不影响使用的代码、空格和换行等，以保证 jQuery 文件最小）以外，也可以使用开发者版本（代码可读）、精简版（不包括特效和 AJAX 的、用于生产的压缩版）和精简开发版（不包括特效和 AJAX 的、用于开发的完整代码版）。

2. jQuery 的语法

以下简单示例展示了 jQuery 的基本语法，效果如图 7-13 所示（单击任意段落时，该段落会消失）。

```
<!DOCTYPE html>   <!-- 表明本文档是个 HTML 5 文档 -->
<html>
<head>
<meta charset="utf-8">   <!-- 指定文档的字符编码 -->
<title>jQuery 基本语法</title>
<script src="jquery-3.4.1.min.js"></script>   <!-- 引用 jQuery 库 -->
<script>  <!-- 自定义 jQuery 代码 -->
$(document).ready(function(){
  $("p").click(function(){
    $(this).hide();
  });
});
</script>
</head>
<body>
<p>单击本段落，就会消失。</p>
<p>单击本段落，就会消失。</p>
<p>单击本段落，就会消失。</p>
</body>
</html>
```

图 7-13　jQuery 语法示例

jQuery 的基本语法如下：

```
$(selector).action()
```

其中，$表示 jQuery，selector 是选择器（详见稍后介绍），action 是 jQuery 执行的特定操作（例如在以上示例中是 hide()）。

所有的 jQuery 函数都位于 ready( )函数中，如下：

```
$(document).ready(function(){
    // 此处写 jQuery 代码
});
```

这是为了防止文档在完全加载（就绪）之前运行 jQuery 代码，以避免出现问题。

也可以使用更加简洁的以下代码，实现完全一样的功能：

```
$(function(){
    // 此处写 jQuery 代码
});
```

3. jQuery 的选择器

jQuery 的选择器基于 CSS 的选择器，包括标记符、类、ID、子元素、后代、相邻兄弟、属性、伪类等，常用的选择器如表 7-7 所示。

表 7-7 jQuery 的常用选择器

选择器	实例	说明
*	$("*")	选取所有元素
this	$(this)	选取当前 HTML 元素
标记符	$("p")	选取所有 p 元素
标记符,标记符…	$("h2,div,span")	选取所有 h2、div 和 span 元素
#id	$("#test")	选取 id 为 test 的元素
.class	$(".test")	选取所有 class 为 test 的元素
.class,.class…	$(".intro,.demo,.end")	选取 class 为"intro"、"demo"或"end"的所有元素
parent >child	$("div > p")	选取作为 div 元素直接子元素的所有 p 元素
parent descendant	$("div p")	选取作为 div 元素后代的所有 p 元素
element + next	$("div + p")	选取与每个 div 元素相邻的下一个 p 元素
element～siblings	$("div～p")	选取与 div 元素同级的所有 p 元素
[attribute]	$("[href]")	选取带有 href 属性的元素
[attribute=value]	$("a[target='_blank']")	选取所有 target 属性值等于"_blank"的 a 元素
[attribute!=value]	$("a[target!='_blank']")	选取所有 target 属性值不等于"_blank"的 a 元素
[attribute$=value]	$("[href$='.jpg']")	选取所有带有 href 属性且值以".jpg"结尾的元素
[attribute|=value]	$("[title|='Tomorrow']")	选取所有带有 title 属性且值等于'Tomorrow'或者以'Tomorrow'后跟连接符作为开头的字符串
[attribute^=value]	$("[title^='Tom']")	选取所有带有 title 属性且值以"Tom"开头的元素
[attribute～=value]	$("[title～='hello']")	选取所有带有 title 属性且值包含单词"hello"的元素
[attribute*=value]	$("[title*='hello']")	选取所有带有 title 属性且值包含字符串"hello"的元素
:first/:last	$("p:first")	选取第一个 p 元素
:first-child/:last-child	$("p:first-child")	选取属于其父元素的第一个子元素的所有 p 元素
:even/:odd	$("tr:even")	选取偶数位置的 tr 元素。索引值从 0 开始，第 1 元素是偶数（0），第 2 元素是奇数（1），以此类推

例如，以下代码显示了:first 和:first-child 选择器的不同，效果如图 7-14 所示（此时单击了:first-child 按钮）。

```
<!DOCTYPE html>
<html>
<head>
<meta charset="utf-8">
<script src="jquery-3.4.1.min.js"></script>
<script>
$(function(){  //相当于$(document).ready(function(){
   $("#btn1").click(function(){
     $("p:first").css("background-color","red");
   });
   $("#btn2").click(function(){
     $("p:first-child").css("background-color","yellow");
   });
});
```

```
</script>
</head>
<body>
<button id="btn1">:first</button>
<button id="btn2">:first-child</button><br><br>
<div style="border:1px solid">
    <p>div 中第一个段落。</p>
    <p>div 中的最后一个段落。</p>
</div><br>
<div style="border:1px solid">
    <p>另一个 div 中第一个段落。</p>
    <p>另一个 div 中的最后一个段落。</p>
</div>
</body>
</html>
```

图 7-14　使用 jQuery 选择器

4. jQuery 的方法

jQuery 的最基本方法包括两类：HTML/CSS 方法和事件方法。实际上，在刚才的示例中，我们已经看到了 css() （HTML/CSS 方法）和 click()（事件方法）的应用。

顾名思义，HTML/CSS 方法用于处理 HTML 和 CSS，常见的有 append()（在被选元素的结尾插入内容）、attr()（设置或返回被选元素的属性值）、css()（为被选元素设置或返回一个或多个样式属性）、html()（设置或返回被选元素的内容）、remove()（移除被选元素，包括数据和事件）、text()（设置或返回被选元素的文本内容）等。

在 jQuery 中，大多数 HTML DOM 事件都有一个等效的 jQuery 方法。常见的 jQuery 事件方法包括 click()、dblclick()、mouseenter()、mouseleave()、hover()、keypress()、keydown()、keyup()、blur()、change()、submit()、focus()、resize()、scroll()等。

例如，以下代码可以让鼠标指针进入 p 元素时，设置背景色为黄色，并在其后增加文本；而在鼠标指针移出时，设置背景色为绿色，并删除刚刚增加的文本：

```
$(function(){
    $("p").mouseenter(function(){
      $("p").css("background-color","yellow");
      $("p").append(" <b>插入文本</b>");
    });
   $("p").mouseleave(function(){
       $("p").css("background-color","green");
       $("b").remove();
    });
});
```

5. jQuery 动画效果

在 jQuery 中使用某些特定的方法，可以创建动画效果。常见的动画效果方法包括 animate()、delay()、fadeIn()、fadeOut()、fadeTo()、fadeToggle()、finish()、hide()、show()、slideDown()、slideToggle()、slideUp()、stop()、toggle()等。

例如，以下代码显示了部分动画效果方法的基本用法，效果如图 7-15 所示（显示面板，并且已完成显示动画效果）。

```
<!DOCTYPE html>
<html>
<head>
<meta charset="utf-8">
<title>jQuery 动画效果</title>
<style>
#pane,#flip{  padding:5px; text-align:center;    background-color:#e5eecc;
              border:solid 1px #c3c3c3;  }
#pane{    padding:50px;     display:none;  }
#mydiv {  width:180px; height:80px; background-color:red; position:relative;  }
</style>
<script src="jquery-3.4.1.min.js"></script>
<script>
$(function(){
     $("button#showHide").click(function(){
          $("#mydiv").toggle();
     });
    $("button#fade").click(function(){
         $("#mydiv").fadeToggle();
    });
    $("button#animate").click(function(){
         $("#mydiv").animate({
            left:'250px', opacity:'0.5', width:'80px'
         });
    });
    $("#flip").click(function(){
           $("#pane").slideToggle("slow");
    });
});
</script>
</head>
<body>
  <button id="showHide">show()和 hide()切换</button>
  <button id="fade">淡入淡出 div 元素</button>
  <button id="animate">增加动画效果</button><br><br>
  <div id="mydiv"></div><br>
  <div id="flip">显示或隐藏面板</div>
  <div id="pane">Hello world!</div>
</body>
</html>
```

说明 如果想要实现 Tab 导航或折叠面板这些复杂的界面元素特效，可以使用 jQuery UI，它是一个基于 jQuery 的 JavaScript 库。它提供了一组用户界面交互、特效、小部件及主题元素等，用法与 jQuery 类似，感兴趣的读者可进行尝试。

图 7-15　jQuery 动画效果

7.3.2　使用 Bootstrap

Bootstrap 集成了 HTML、CSS 和 JavaScript，能够让 Web 开发更为快捷和有效，是最受欢迎的前端开发框架之一。

使用 Bootstrap

> **说明**　前端开发框架是指集成了各种预置代码的 Web 开发工具。

1. 安装和使用

与 jQuery 类似，只需要下载相应的 CSS 文件和 JS 文件并复制到自己网站目录中，即可使用 Bootstrap，步骤如下。

（1）打开 Bootstrap 的下载页面，找到“Compiled CSS and JS”（压缩的 CSS 和 JS，这里以 4.4.1 为例），单击“Download”（下载）按钮。

（2）将“bootstrap-4.4.1-dist.zip”这个文件下载到本地并解压缩，将文件夹名改为“bootstrap”。

（3）将该文件夹复制到需要使用 Bootstrap 的网站目录（例如可以放到根目录）。将 jQuery 的“jquery-3.4.1.min.js”文件复制到 Bootstrap 的 JS 目录。

（4）使用以下基本的 HTML 模板（改编自官方模板）：

```
<!DOCTYPE html>
<html>
  <head>
    <meta charset="utf-8">
    <meta name="viewport" content="width=device-width, initial-scale=1, shrink-to-fit=no">
    <link rel="stylesheet" href="./bootstrap/css/bootstrap.min.css" >
    <title>Hello, world!</title>
  </head>
  <body>
    <h1>Hello, world!</h1>
    <!-- 此处放其他网页内容，最后放 JS（如果仅使用基本功能，可省略 JS；JS 也可以放到<head></head>中） -->
    <script src="./bootstrap/js/jquery-3.4.1.min.js"></script>
```

```
        <script src="./bootstrap/js/bootstrap.bundle.min.js"></script>
        <script src="./bootstrap/js/bootstrap.min.js"></script>
    </body>
</html>
```

这样就可以开始使用 Bootstrap 了。

说明 使用 Bootstrap 的过程，实际就是使用预定义的 CSS 代码和 JS 代码的过程，因此学习 Bootstrap 就是学习怎么在 HTML 文档中编写代码来引用 Bootstrap 的 CSS 和 JS 代码。

2. Bootstrap 网格与布局

Bootstrap 提供了一套响应式、移动设备优先的网格系统，随着屏幕或视口（viewport）尺寸的增加，系统会自动分为多列（最多 12 列）。设计网页时，我们可以根据需要自定义列数，如图 7-16 所示。

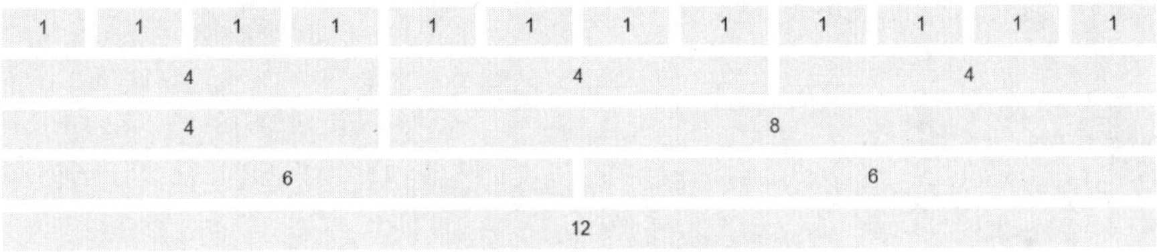

图 7-16　Bootstrap 的网格系统

说明 响应式（responsive）设计是指设计出来的 Web 页或 App 等能够自适应各种尺寸的显示屏，是当下的一种基本设计要求（因为已经有超过半数的浏览者使用手机、iPad 等设备浏览网页）。

Bootstrap 使用一系列的容器（container）、行（row）和列（col）来对内容进行布局。容器类是 container（固定宽度）或 container-fluid（全屏宽度），行类是 row，列类是 col-*-*（第 1 个星号表示响应的设备，如 sm、md、lg 或 xl；第 2 个星号表示所占列数，同一行的列数相加为 12），并且可以用空格分隔多个类名（如"col-sm-3 col-md-6" 表示在平板上占 3 列，在桌面显示器上占 6 列）。

说明 在 HTML5 中，如果要对一个 HTML 元素应用多个类样式，可以直接用空格分隔多个类名，例如 <div class="class1 class2">（表示同时应用 class1 和 class2），这在 Bootstrap 中是一种很常见的用法。

Bootstrap 网格系统包含了多个类以适应不同尺寸的显示屏，这里不再赘述。

以下示例显示了如何用 Bootstrap 进行布局，效果如图 7-17 所示（上图为桌面显示器、下左为平板、下右为移动设备的显示情况。为了使显示效果更清楚，加入了 border 类）。

```
<!DOCTYPE html>
<html>
  <head>
    <meta charset="utf-8">
    <meta name="viewport" content="width=device-width, initial-scale=1, shrink-to-
fit=no">
    <title>Bootstrap 网格与布局</title>
    <link rel="stylesheet" href="./bootstrap/css/bootstrap.min.css" >
    <style>
```

```
        p{ margin:20px 0px 0px;font-weight:bold; }
        .row{ height:100px; }
    </style>
  </head>
  <body>
<div class="container">
<p>平分两列</p>
  <div class="row">
    <div class="col border"> 两列之一 </div>
    <div class="col border"> 两列之一 </div>
  </div>
<p>平分三列</p>
  <div class="row">
    <div class="col border"> 三列之一  </div>
    <div class="col border"> 三列之一  </div>
    <div class="col border"> 三列之一  </div>
  </div>
<p>左边占 1/3，右边占 2/3；屏幕宽度小于 576px 时堆叠显示</p>
  <div class="row">
   <div class="col-sm-4 border"> 左列 </div>
   <div class="col-sm-8 border"> 右列 </div>
  </div>
</div>
<p>全屏，桌面显示器为等宽两列，平板为左 1/4 右 3/4，移动设备为堆叠显示</p>
<div class="container-fluid">
  <div class="row">
    <div class="col-sm-3 col-md-6 border"> 左列 </div>
    <div class="col-sm-9 col-md-6 border"> 右列 </div>
  </div>
</div>
</body>
</html>
```

图7-17　Bootstrap布局

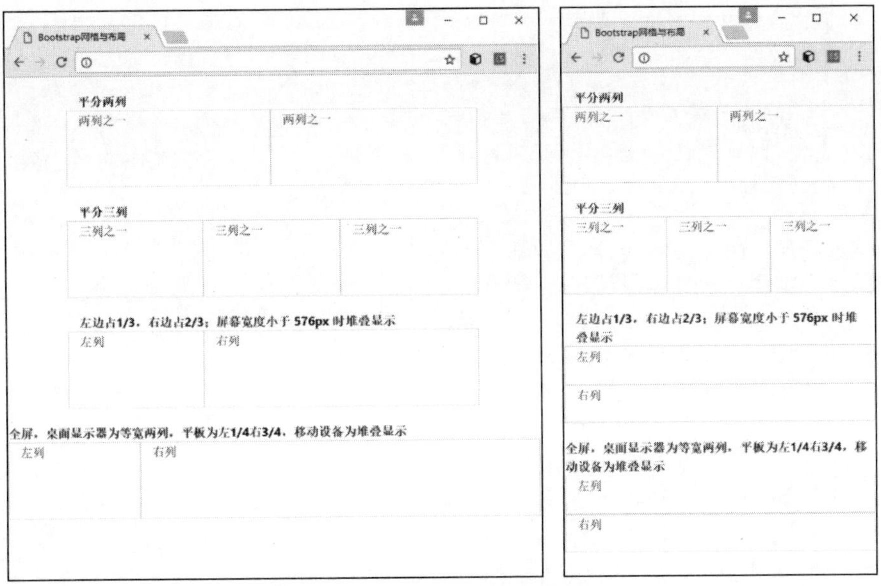

图 7-17 Bootstrap 布局（续图）

3. Bootstrap 格式设置

如前所述，使用 Bootstrap 就是使用预定义的类的过程，因此在进行字体、颜色等格式设置时应使用对应的类，如以下实例所示，效果如图 7-18 所示。

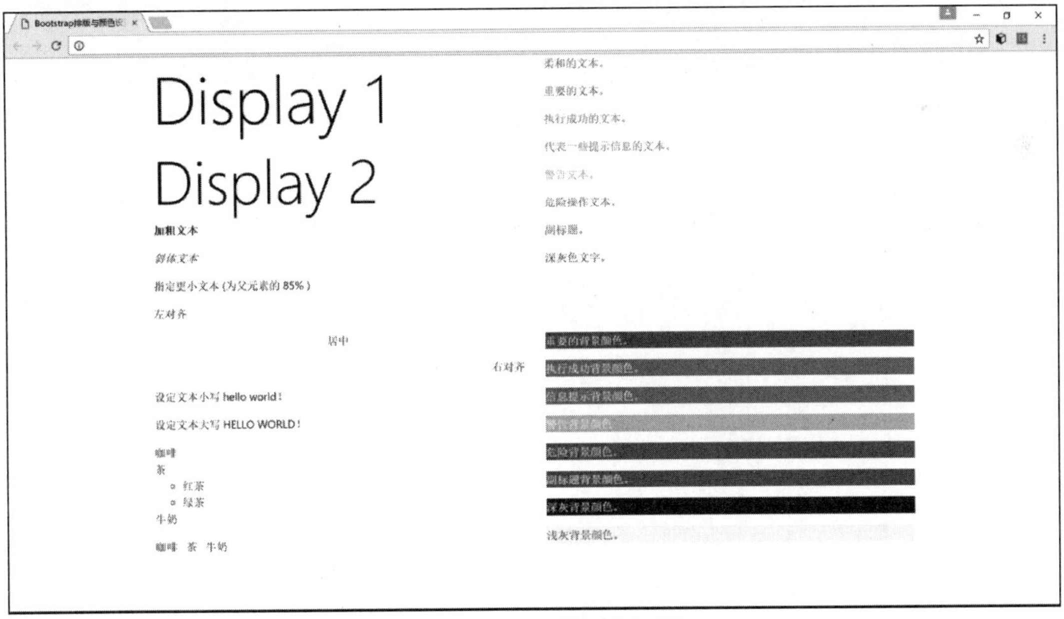

图 7-18 Bootstrap 排版与颜色设置

```
<!DOCTYPE html>
<html>
<head>
    <meta charset="utf-8">
    <meta name="viewport" content="width=device-width, initial-scale=1, shrink-to-
fit=no">
    <title>Bootstrap 排版与颜色设置</title>
```

```
    <link rel="stylesheet" href="./bootstrap/css/bootstrap.min.css" >
</head>
<body>
<div class="container">
<div class="row">
<div class="col">
  <h1 class="display-1">Display 1</h1>
  <h1 class="display-2">Display 2</h1>
  <p class="font-weight-bold">加粗文本</p>
  <p class="font-italic">斜体文本</p>
   <p class="small">指定更小文本（为父元素的 85%）</p>
  <p class="text-left">左对齐</p>
  <p class="text-center">居中</p>
  <p class="text-right">右对齐</p>
  <p class="text-lowercase">设定文本小写 Hello World! </p>
  <p class="text-uppercase">设定文本大写 Hello World! </p>
  <ul class="list-unstyled">
   <li>咖啡</li>
   <li>茶
   <ul>  <li>红茶</li>  <li>绿茶</li>  </ul>
   </li>
   <li>牛奶</li>
  </ul>
  <ul class="list-inline">
   <li class="list-inline-item">咖啡</li>
   <li class="list-inline-item">茶</li>
   <li class="list-inline-item">牛奶</li>
  </ul>
</div>
<div class="col">
  <p class="text-muted">柔和的文本。</p>
  <p class="text-primary">重要的文本。</p>
  <p class="text-success">执行成功的文本。</p>
  <p class="text-info">代表一些提示信息的文本。</p>
  <p class="text-warning">警告文本。</p>
  <p class="text-danger">危险操作文本。</p>
  <p class="text-secondary">副标题。</p>
  <p class="text-dark">深灰色文字。</p>
  <p class="text-light">浅灰色文本（白色背景上看不清楚）。</p>
  <p class="text-white">白色文本（白色背景上看不清楚）。</p>
  <p class="bg-primary text-white">重要的背景颜色。</p>
  <p class="bg-success text-white">执行成功背景颜色。</p>
  <p class="bg-info text-white">信息提示背景颜色。</p>
  <p class="bg-warning text-white">警告背景颜色</p>
  <p class="bg-danger text-white">危险背景颜色。</p>
  <p class="bg-secondary text-white">副标题背景颜色。</p>
  <p class="bg-dark text-white">深灰背景颜色。</p>
  <p class="bg-light text-dark">浅灰背景颜色。</p>
```

```
</div>
</div>
</body>
</html>
```

4. Bootstrap 组件

组件是指用于完成特定功能的、相对独立的代码片段，可以在不同的系统中重复使用。使用 Bootstrap 提供的丰富的 Web 组件，可以快速搭建美观、功能完备的网站。常用的 Bootstrap 组件包括下拉菜单、导航栏、折叠栏、轮播图等。

以下示例显示了如何使用 Bootstrap 组件，效果如图 7-19 所示（左图为 PC 桌面显示效果，右图为移动设备显示效果）。

```
<!DOCTYPE html>
<html>
<head>
    <meta charset="utf-8">
    <meta name="viewport" content="width=device-width, initial-scale=1, shrink-to-
fit=no">
    <title>Bootstrap 组件</title>
    <link rel="stylesheet" href="./bootstrap/css/bootstrap.min.css">
    <style> p{ margin:20px 0px 5px; }
      .carousel-inner img { width: 100%; height: 100%; }
    </style>
</head>
<body>
<div class="container">
<p>选项卡导航</p>
<ul class="nav nav-tabs">
  <li class="nav-item"> <a class="nav-link active" href="#">主页</a> </li>
  <li class="nav-item"> <a class="nav-link" href="#">商店</a> </li>
  <li class="nav-item"> <a class="nav-link" href="#">支持</a> </li>
  <li class="nav-item"> <a class="nav-link disabled" href="#">Disabled</a> </li>
</ul>
<p>可折叠导航</p>
<nav class="navbar navbar-expand-md bg-dark navbar-dark">
  <a class="navbar-brand" href="#">Logo</a>
  <button class="navbar-toggler" type="button" data-toggle="collapse" data-target=
"#collapsibleNavbar"> <span class="navbar-toggler-icon"></span> </button>
  <div class="collapse navbar-collapse" id="collapsibleNavbar">
    <ul class="navbar-nav">
      <li class="nav-item"> <a class="nav-link" href="#">主页</a> </li>
      <li class="nav-item"> <a class="nav-link" href="#">商店</a> </li>
      <li class="nav-item"> <a class="nav-link" href="#">支持</a> </li>
    </ul>
  </div>
 </nav>
<p>有下拉菜单的导航栏</p>
<nav class="navbar navbar-expand-sm bg-dark navbar-dark">
  <a class="navbar-brand" href="#">Logo</a>
  <ul class="navbar-nav">
    <li class="nav-item"> <a class="nav-link" href="#">主页</a> </li>
    <li class="nav-item"> <a class="nav-link" href="#">商店</a> </li>
```

```
        <li class="nav-item dropdown">
          <a class="nav-link dropdown-toggle" href="#" id="navbardrop" data-toggle=
"dropdown">支持</a>
          <div class="dropdown-menu">
            <a class="dropdown-item" href="#">站点地图</a>
            <a class="dropdown-item" href="#">在线问答</a>
            <a class="dropdown-item" href="#">联系我们</a>
          </div>
        </li>
      </ul>
    </nav>
    <p>折叠栏</p>
    <div id="accordion">
        <div class="card">
          <div class="card-header">
            <a class="card-link" data-toggle="collapse" href="#collapseOne"> 选项一 </a>
          </div>
          <div id="collapseOne" class="collapse show" data-parent="#accordion">
            <div class="card-body"> #1 内容 </div>
          </div>
        </div>
        <div class="card">
          <div class="card-header">
        <a class="collapsed card-link" data-toggle="collapse" href="#collapseTwo">
选项二</a>
          </div>
          <div id="collapseTwo" class="collapse" data-parent="#accordion">
            <div class="card-body">  #2 内容 </div>
          </div>
        </div>
        <div class="card">
          <div class="card-header">
    <a class="collapsed card-link" data-toggle="collapse" href="#collapseThree">
选项三</a>
          </div>
          <div id="collapseThree" class="collapse" data-parent="#accordion">
            <div class="card-body">  #3 内容 </div>
          </div>
        </div>
      </div>
    <p>轮播图</p>
    <div id="demo" class="carousel slide" data-ride="carousel">
      <ul class="carousel-indicators">
        <li data-target="#demo" data-slide-to="0" class="active"></li>
        <li data-target="#demo" data-slide-to="1"></li>
        <li data-target="#demo" data-slide-to="2"></li>
      </ul>
      <div class="carousel-inner">
        <div class="carousel-item active">  <img src="images/img1.jpg">   </div>
        <div class="carousel-item">  <img src="images/img2.jpg">   </div>
        <div class="carousel-item">  <img src="images/img3.jpg">   </div>
      </div>
```

```
        <a class="carousel-control-prev" href="#demo" data-slide="prev">
          <span class="carousel-control-prev-icon"></span>
        </a>
        <a class="carousel-control-next" href="#demo" data-slide="next">
          <span class="carousel-control-next-icon"></span>
        </a>
      </div>
      </div>
      <script src="./bootstrap/js/jquery-3.4.1.min.js"></script>
      <script src="./bootstrap/js/bootstrap.bundle.min.js"></script>
      <script src="./bootstrap/js/bootstrap.min.js"></script>
      </body>
      </html>
```

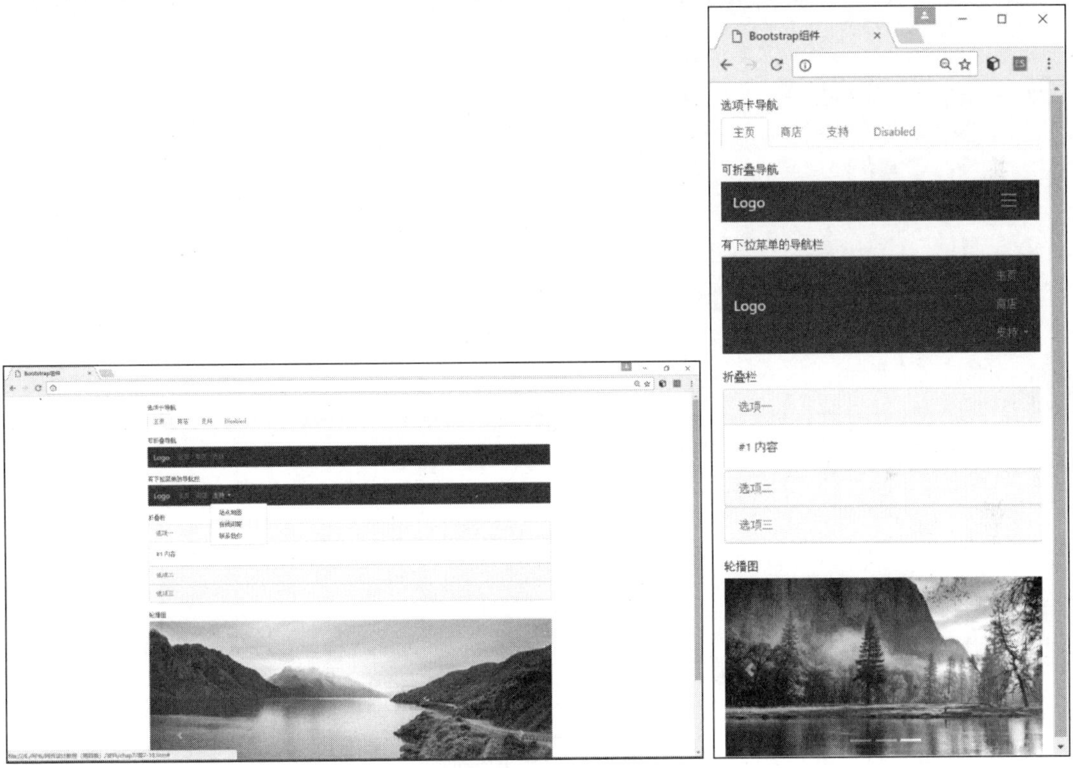

图 7-19　Bootstrap 组件

7.3.3　使用 Vue.js

使用 Vue.js、AngularJS 和 React

Vue.js 是一套构建用户界面的渐进式框架，它只关注视图层，采用自底向上增量开发的设计。Vue.js 的目标是通过尽可能简单的 API 实现响应的数据绑定和组合的视图组件，它是目前比较主流的一种前端开发框架。

1. 安装和使用

Vue.js 最基本的使用方式是直接当作 JS 库来使用，就像 jQuery 或 Bootstrap 一样，这也是它被称作“渐进式”框架的原因之一。

在 Vue.js 的官网上直接下载 vue.js 或 vue.min.js，并用<script>标记符在网页中引用其中之一，即可使用 Vue.js（以下简称 Vue）。

说明 vue.js 包含了完整的警告和调试模式，适用于开发环境；而 vue.min.js 是生产版本，适用于调试完毕后投入正式使用。

以下示例显示了 Vue 的基本用法（在浏览器中打开该 html 文件，会显示字符串“Hello Vue!”）：

```
<html>
<head>
  <title>Vue 的基本用法</title>
  <script src="./js/vue.js"></script>
</head>
<body>
<div id="app">    <!-- 视图部分 -->
  {{ message }}
</div>
<script>    <!-- 应用部分 -->
var app = new Vue({
   el: '#app',
   data: {  message: 'Hello Vue!'  }
})
</script>
</body>
</html>
```

打开控制台（Console 面板），输入 app.message="新的内容"，这时浏览器窗口中的内容会自动更新，如图 7-20 所示。

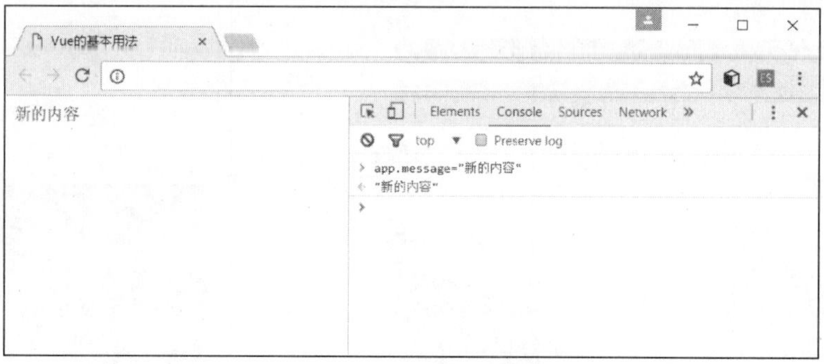

图 7-20　Vue 的基本用法

每个 Vue 应用都是通过用 Vue( )函数创建一个新的 Vue 实例开始的。代码中，el 是指 element，代表 Vue 实例要绑定的元素对象（在上例中是#app）；data 表示数据，其中的内容一般用于控制视图部分内容的显示（在上例中定义了一个变量 message）。在视图中，双大括号方式也称为 Mustache 语法，显示时会用对应数据对象上 message 变量的值替换。

2. Vue 指令

Vue 指令是指形式为 v-*的特性，它们会在渲染的 HTML DOM 上应用特殊的响应式行为。例如，v-bind（可直接简写为“:”）用于将数据与 HTML 元素的属性绑定，v-on（可直接简写为“@”）用于监听 HTML DOM 事件，v-model 用于实现表单输入和应用状态之间的双向绑定，v-html 用于将数据解释为 HTML 代码。

例如，以下实例显示了常见 Vue 指令的用法，效果如图 7-21 所示。

```
<html><head><title>Vue 指令的用法</title>
```

```
<script src="./js/vue.js"></script>
</head>
<body>
<div id="app-1">
  <span v-bind:title="message">
    鼠标指针悬停几秒钟查看此处动态绑定的提示信息!
  </span>
</div>
<div id="app-2">
  <p>{{ message }}</p>
  <button v-on:click="reverseMessage">反转消息</button>
</div>
<div id="app-3">
  <p>{{ message }}</p>
  <input v-model="message">
</div>
<div id="app-4">
<p>使用 mustaches: {{ rawHtml }}</p>
<p>使用 v-html 指令: <span v-html="rawHtml"></span></p>
</div>
<script>
var app1 = new Vue({
  el: '#app-1',
  data: {
    message: '页面加载于 ' + new Date().toLocaleString()
  }
})
var app2 = new Vue({
  el: '#app-2',
  data: {
    message: 'Hello Vue!'
  },
  methods: {
    reverseMessage: function () {
      this.message = this.message.split('').reverse().join('')
    }
  }
})
var app3 = new Vue({
  el: '#app-3',
  data: {
    message: 'Hello Vue!'
  }
})
var app4 = new Vue({
  el: '#app-4',
  data: {
    rawHtml: '<span style="color:red">红色文本</span>'
  }
})
</script>
</body>
</html>
```

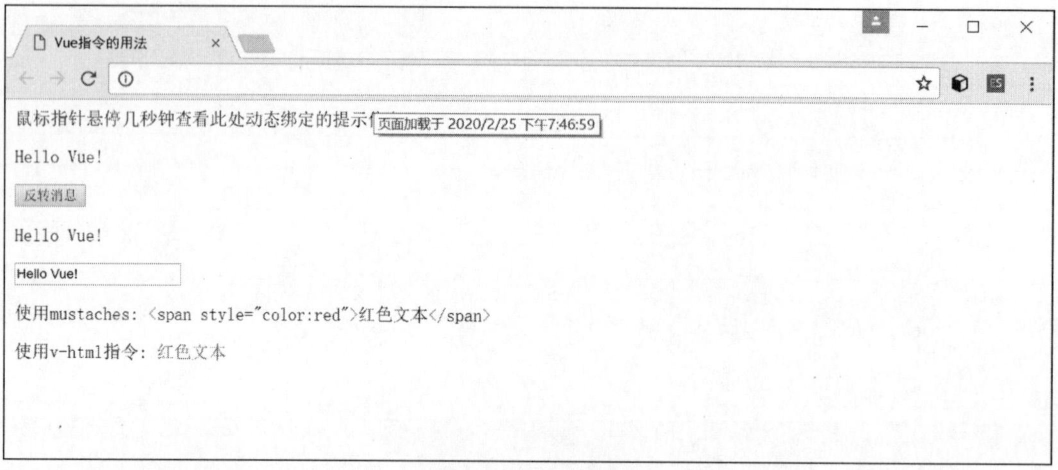

图 7-21　Vue 指令的用法

3. Vue 的应用实例

以下实例显示了如何建立一个稍微复杂一点的 Vue 应用，效果如图 7-22 所示。

```
<html><head><title>Vue 的应用实例</title>
<script src="./js/vue.js"></script>
</head>
<div id="main">
     <nav v-bind:class="active" @click.prevent>
<!-- 为阻止链接在点击时跳转，使用了 "prevent" 修饰符（preventDefault 的简称）。-->
          <a href="#" class="home" @click="makeActive('home')">Home</a>
          <a href="#" class="projects" @click="makeActive('projects')">Projects</a>
          <a href="#" class="services" @click="makeActive('services')">Services</a>
          <a href="#" class="contact" @click="makeActive('contact')">Contact</a>
     </nav>
     <p>您选择了 <b>{{active}} 菜单</b></p>
</div>
<script>
var demo = new Vue({
     el: '#main',
     data: {
         active: 'home'
     },
     methods: {
         makeActive: function(item){
            this.active = item;
         }
     }
});
</script>
</body>
</html>
```

说明　请读者自行添加 CSS 代码，以使页面更美观。

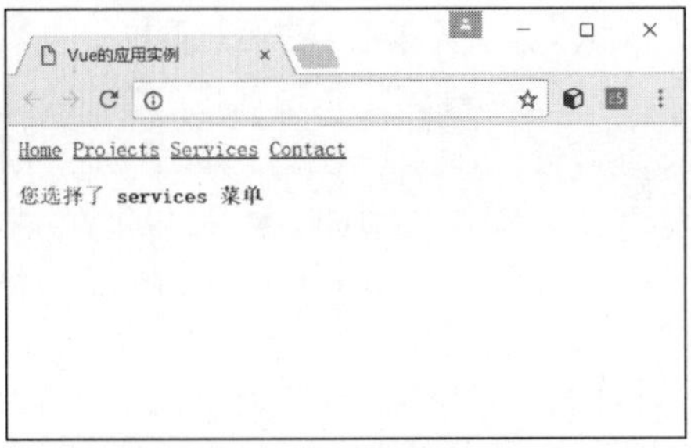

图 7-22　Vue 的应用实例

7.3.4　使用 AngularJS

AngularJS 是一个 JavaScript 框架，它通过指令扩展了 HTML，并且可以通过表达式绑定数据到 HTML。

1. 安装和使用

与其他 JavaScript 框架一样，AngularJS 也只需下载 angular.js 或 angular.min.js 文件，并将其用<script>标记符引用即可。

以下示例显示了 AngularJS 的基本用法，效果如图 7-23 所示。

图 7-23　AngularJS 基本用法

```
<html>
<head>
  <title>AngularJS 基本用法</title>
  <script src="js/angular.min.js"></script>
</head>
<body>
<div ng-app="">
  <p>名字: <input type="text" ng-model="name"></p>
  <h1>Hello {{name}}</h1>
  <h1>Hello <span ng-bind="name"></span></h1>
  <!-- 以上两种方法效果一样 -->
</div>
</body>
</html>
```

AngularJS 通过 ng-directives（指令）扩展了 HTML。ng-app 指令定义一个 AngularJS 应用程序，指出 div 元素是应用程序的“所有者”；ng-model 指令把元素值（如输入域的值）绑定到应用程序变量 name；ng-bind 指令把应用程序数据绑定到 HTML 视图。在双大括号中放一个表达式，这种表达式叫作 AngularJS 表达式，它把数据绑定到 HTML，效果与 ng-bind 指令一样。AngularJS 将在表达式书写的位置“输出”数据。AngularJS 表达式很像 JavaScript 表达式，可以包含文字、运算符和变量等，例如{{ 5 + 5 }}或{{ firstName + " " + lastName }}。

说明　**AngularJS 指令是扩展的 HTML 属性，带有前缀 ng-。**

2. AngularJS 指令、scope 与模块

除了 ng-app、ng-model 和 ng-bind 以外，常见的 AngularJS 指令还包括 ng-init（定义应用的初始化值）、ng-repeat（循环输出指定次数的 HTML 元素，集合必须是数组或对象）、ng-controller

（定义应用的控制器对象）、ng-click（定义元素被点击后需要执行的操作）、ng-submit（定义表单提交后执行的操作）、ng-style（为 HTML 元素添加 style 属性）等。

一个 AngularJS 应用包括 3 个部分：View（视图），即 HTML；Model（模型），即当前视图中可用的数据；Controller（控制器），即 JavaScript 函数，可以添加或修改属性。

scope 是一个 JavaScript 对象，其属性和方法可以在视图和控制器中使用。在创建控制器时，可以将$scope 对象当作参数传递。

模块是应用控制器的容器，可以通过 AngularJS 的 angular.module( )函数来创建模块。

以下实例显示了如何使用控制器、scope 和模块，效果如图 7-24 所示。

```
<html>
<head>
<title>AngularJS 的控制器、scope 和模块</title>
<script src="js/angular.min.js"></script>
</head>
<body>
<div ng-app="myApp" ng-controller="myCtrl">  <!-- 定义控制器 -->
姓: <input type="text" ng-model="lastName"><br>
名: <input type="text" ng-model="firstName"><br>
<br>
姓名: {{lastName + " " + firstName}}
</div>
<script>
var app = angular.module('myApp', []);  //创建模块
app.controller('myCtrl', function($scope) {
     $scope.lastName = "李";     //用这种方式进行变量初始化比用 ng-init 更常见
     $scope.firstName = "四";
});
</script>
</body>
</html>
```

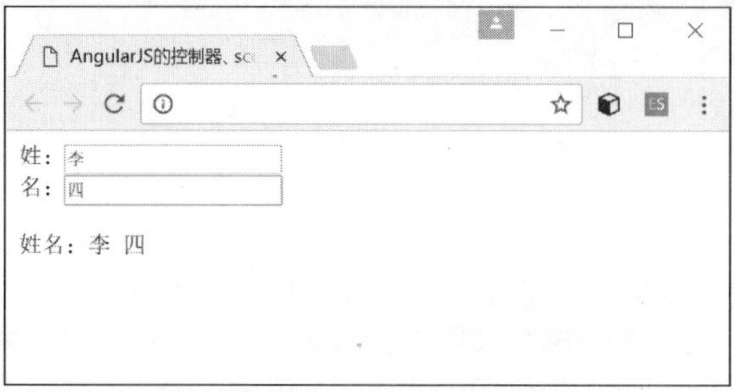

图 7-24　使用控制器、scope 和模块

3. AngularJS 应用实例

以下实例显示了如何建立一个稍微复杂一点的 AngularJS 应用，效果如图 7-25 所示（在输入框中输入内容后单击“新增”按钮，可以将数据增加到列表中；选中任意待办事项，单击“删除记录”按钮，可以将其删除）。

```
<html>
<head>
  <title>我的待办清单</title>
  <script src="js/angular.min.js"></script>
</head>
```

```
    <body ng-app="myApp" ng-controller="todoCtrl">
    <h1>我的待办清单</h1>
    <form ng-submit="todoAdd()">
        <input type="text" ng-model="todoInput" size="50" placeholder="新增待办事项">
        <input type="submit" value="新增">
    </form>
    <br>
    <div ng-repeat="x in todoList">
        <input type="checkbox" ng-model="x.done"> <span ng-bind="x.todoText"></span>
    </div>
    <p><button ng-click="remove()">删除记录</button></p>
    <script>
    var app = angular.module('myApp', []);
    app.controller('todoCtrl', function($scope) {
        $scope.todoList = [{todoText:'写作业', done:false},{todoText:'打游戏', done:
false}];
        $scope.todoAdd = function() {
            $scope.todoList.push({todoText:$scope.todoInput, done:false});
            $scope.todoInput = "";
        };
        $scope.remove = function() {
            var oldList = $scope.todoList;
            $scope.todoList = [];
            angular.forEach(oldList, function(x) {
                if (!x.done) $scope.todoList.push(x);
            });
        };
    });
    </script>
    </body>
    </html>
```

图 7-25　AngularJS 应用实例

7.3.5　使用 React

React 是一个用于构建用户界面的 JS 库，它采用声明式设计，通过 React 能够方便地构建组件，从而实现高效、灵活的 Web 项目开发。

1. 安装和使用

与其他 JS 库一样，最简便的使用 React 的方法是下载其 JS 代码（3 个文件）并用<script> 标记符引用，如以下实例所示（将在屏幕上显示 Hello, world!，如图 7-26 所示）。

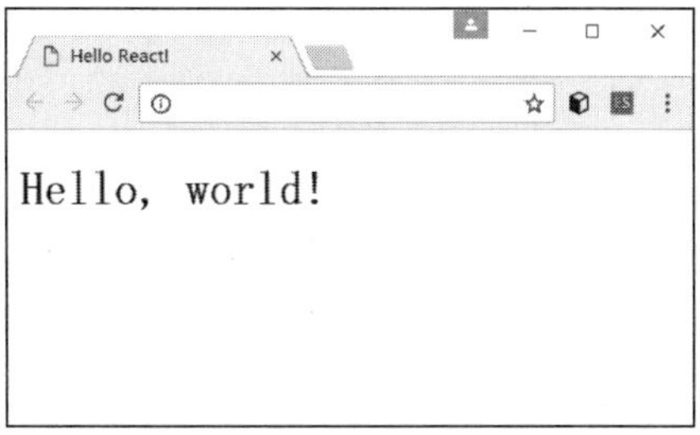

图 7-26　React 的基本用法

```
<!DOCTYPE html>
<html>
<head>
  <meta charset="UTF-8" />
  <title>Hello React!</title>
  <script src="js/react.development.js"></script>
  <script src="js/react-dom.development.js"></script>
  <script src="js/babel.min.js"></script>
</head>
<body>
<div id="example"></div>
<script type="text/babel">
ReactDOM.render(
    <h1>Hello, world!</h1>,
    document.getElementById('example')
);
</script>
</body>
</html>
```

在该实例中，<div id="example"></div>中的所有内容都将由 React DOM 来管理，所以将其称为根 DOM 节点，用 React 开发应用时一般只会定义一个根节点。要将 React 元素渲染到根 DOM 节点中，应通过把它们都传递给 ReactDOM.render()的方法来将其渲染到页面上。一般用 JSX 来声明 React 中的元素，详见下面的说明。

2. JSX

JSX 是一种 JavaScript 的语法扩展，它看起来就像是 HTML。如果有多个标记符，则需要一个 div 元素包含它们，如下所示：

```
ReactDOM.render(
    <div>
      <h1>欢迎学习 React</h1>
      <p>这是一个很不错的 JavaScript 库!</p>
    </div> ,
    document.getElementById('example')
);
```

可以在 JSX 中使用 JavaScript 表达式——将表达式写在大括号中即可，例如：

```
ReactDOM.render(
        <div>
          <h1>{i == 1 ? 'True!' : 'False'}</h1>
        </div>,
        document.getElementById('example')
      );
```

在 JSX 中也可以使用样式，方法如下所示：

```
var myStyle = {
    fontSize: 100,
    color: '#FF0000'
};
ReactDOM.render(
    <h1 style = {myStyle}>添加了样式的标题</h1>,
    document.getElementById('example')
);
```

3. React 组件

一种简单的创建组件的方式是使用函数，如以下实例所示：

```
<!DOCTYPE html>
<html>
<head>
<meta charset="UTF-8" />
  <title>React 组件</title>
  <script src="js/react.development.js"></script>
  <script src="js/react-dom.development.js"></script>
  <script src="js/babel.min.js"></script>
</head>
<body>
<div id="example"></div>
<script type="text/babel">
function HelloMessage(props) {
     return <h1>Hello World!</h1>;
}
const element = <HelloMessage />;
ReactDOM.render(
    element,
    document.getElementById('example')
);
</script>
</body>
</html>
```

其中，const element = <HelloMessage />为用户自定义的组件。

说明 如果想使用 React 开发稍复杂的应用（例如待办清单），一般应安装 React 开发环境，而非简单引用 JS 库。

【要点回顾】

① 在网页中插入脚本通常有 3 种方式：使用<script>标记符、直接添加脚本，以及链接脚本文件。

② JavaScript 脚本语言的基本要素包括变量、运算符、表达式、语句以及函数。

③ JavaScript 是一种基于对象的脚本语言，它可以使用 JavaScript 对象、浏览器对象和文档对象。

④ jQuery 是一种轻量级的 JavaScript 库，使开发者能用更少的代码实现更多、更强大的效果。

⑤ 前端开发框架是指集成了各种预置代码的 Web 开发工具，常见的有 Bootstrap、Vue.js、React 和 AngularJS 等。

练习题

一、客观题

1.（判断题）JavaScript 变量不区分大小写。（　　）

2.（判断题）++运算符是单目运算符。（　　）

3.（判断题）在 HTML DOM 中，document 对象和一般的元素对象都有 getElementById( )方法。（　　）

4.（判断题）jQuery 和 Bootstrap 都提供了方便的 JavaScript 代码库。（　　）

5.（单选题）以下关于 JavaScript 的说法中，错误的是（　　）。

A. for 语句都可以改写为 while 语句

B. while 语句与 do while 语句的功能没有区别

C. break 和 continue 语句都可以用于循环结构

D. break 语句可以用于跳出 switch 结构

6.（单选题）在网页中如果嵌入以下 JavaScript 代码，则将在屏幕上显示（　　）。

```
function cal(a, b)
{
 if(a>b) return ( a*(++b) );
else if (a<b) return ( (++a)*b);
else return (a*b);
}
var x=3;
document.write(cal(2,x));
```

A. 6　　B. 9　　C. 12　　D. 8

7.（单选题）已知网页的 HTML 代码如下，以下在 JavaScript 中引用 HTML 对象的方式，错误的是（　　）。

```
<html>
<body>
<form id = "myForm">
  <input id = "myText" class="textInput">
  <input type="password" id="myPwd" class="textInput">
</form>
</body>
</html>
```

A. document.getElementById("myForm")

B. document.getElementById("myText")

C. document.forms[0].getElementsByClass("textInput")

D. document.forms[0].querySelector("input")

8.（填空题）在使用 JavaScript 时，一般使用____________对象代表当前网页。

9.（填空题）在网页中如果嵌入以下 JavaScript 代码，则将在屏幕上显示____________。

```
var j;
for(j = 4; j > 1; j -- )
      document.write ( j );
```

10.（填空题）用 JavaScript 实现超链接的代码为<button type="button" onclick="__________= 'https://www.ptpress.com.cn/'">用 JS 实现的超链接</button>。

二、问答题

1. 举例说明向网页中插入脚本的 3 种方法。
2. 对比 for、while 和 do while 语句。
3. BOM 和 DOM 有何区别?
4. 举例说明如何访问 HTML DOM 中的具体元素（至少列举 3 种方法）。

三、综合实践

1. 将本章 7.2.4 节学习的 Tab 导航效果（见图 7-12）放到自己制作的网站中，并根据实际情况修改 HTML、CSS 和 JS 代码。
2. 尝试使用 jQuery 和 Bootstrap 构建一个基本的响应式网站。

第8章 网页设计基础

08

网站开发除了需要考虑技术因素外，还需要考虑设计因素。只有设计合理的网页，才能更有效地传达信息。学习完本章内容之后，读者将能应用认知和设计的原则，设计出适合扫描、导航清晰、版式合理的网页。

【知识目标】

1. 理解人们在认知时采取的组织原则。
2. 掌握 4 个基本设计原则：紧凑、对齐、重复、对比。
3. 理解网站导航的概念，熟悉常见的网站导航元素。
4. 列举网站导航测试时使用的常见问题。
5. 理解页面比例、页面分栏、版面率、图版面积和跳跃率的概念。

【技能目标】

1. 在网页设计与制作时，应用紧凑、对齐、重复和对比等设计原则。
2. 通过建立清楚的视觉层次、使用习惯用法、划分明确的页面区域、减轻视觉污染等方法设计适于扫描的网页。
3. 合理设计网站导航，使其能够通过网站导航测试。
4. 在网页制作过程中，合理设计页面版式。
5. 综合应用 HTML、CSS 和设计原则，设计风格统一、反映站点需求的网站。

【素养目标】

1. 理解认知科学、心理学、设计学等学科对网站开发的影响，体会工程实践和职业实践的跨学科性。
2. 理解科学与技术、技术与艺术、科学与艺术等之间的关系，体会这些学科是如何在人类认识世界和改造世界的过程中发展起来的。
3. 体会外在表现与具体内容之间的协调与统一，认识到任何一个作品或产品，都是内容与外观的有机整合。

8.1 设计与认知

在进行设计时，必须考虑人们在认知时采取的策略，本节介绍格式塔理论的基本概念和人们在认知时采用的组织原则，以便使设计者在设计作品时考虑到这些因素。

8.1.1 格式塔理论概述

尽管大多数设计师都没有经过心理学方面的正规培训，但设计人员解释视觉的原理时建议还是要了解一些心理学的基本知识。其中一个理论是格式塔（gestalt）理论，即整体大于其各个部分之和。换句话说，人们把对象理解为一个完整单元，然后才意识到其各个组成部分。例如，看到一个小孩骑自行车的海报时，人们不会注意到这辆自行车的轮子有 12 根辐条、小孩穿的什么衣服或自行车是在草地上，而是先注意到自行车上的小孩。

这种认知理论表明，人类的意识能够组织、简化和综合自己看到的事物。我们正是这样感知和理解身边的事物的。假设整体性是人们感知事物所追寻的一种方式，那么设计人员的主要目标就是建立统一性。可以通过遵循各种设计原则来达到这一目标。例如，通过将网页内容排列为几何图形和视觉分块，并使用对齐原则，使得人们能够快速理解网页。

认知时的组织原则

8.1.2 认知时的组织原则

由于现实世界非常复杂，人们在认知时采取了一些通用的策略，或者说组织原则，以便更好地认识这个世界。

1. 图形与背景

在一个特定的场景中，有些对象突显出来形成图形，有些对象退居到衬托地位而成为背景。一般说来，图形与背景的区分度越大，图形就越可突出而成为我们的知觉对象。例如，我们在寂静中比较容易听到清脆的鸟鸣，在绿叶中比较容易发现红花，在一个静态的天空中容易感知到飞翔的鸟儿。反之，图形与背景的区分度越小，我们就越是难以把图形与背景分开。例如，生物界的拟态和军事上的伪装便是如此。

要使图形成为知觉的对象，不仅要具备突出的特点，而且应具有明确的轮廓、明暗度和统一性。需要指出的是，这些特征不是物理刺激物的特性，而是心理场的特性。一个物体，例如一块冰，就物理意义而言，具有轮廓、硬度、高度，以及其他一些特性，但如果此物没有成为观察者注意的中心，它就不会成为图形，而只能成为背景，从而在观察者的心理场内缺乏轮廓、硬度、高度等；一旦它成为观察者的注意中心，便成为图形，呈现出轮廓、硬度、高度等特性。

但是，有时图形和背景是难以区分的，什么是图形、什么是背景往往取决于我们观察的角度。例如，图 8-1 左图既可以被认知为一个高脚杯，也可以被认知为两个相对的人脸；而图 8-1 右图则既可以是一个站立的吹奏者，也可以是一个女人的头像。

图 8-1　图形与背景示例

2. 接近性

某些距离较短或互相接近的部分，容易组成整体。例如，在图 8-2 中，人们会自然将 8 个 ⧖ 分为 4 组。

图 8-2　接近性示例 1

又例如，在图 8-3 中，左图会被认知为 6 列，右图会被认知为 6 行，而中图则由于各点之间距离相等，因此被认知为一个正方形。

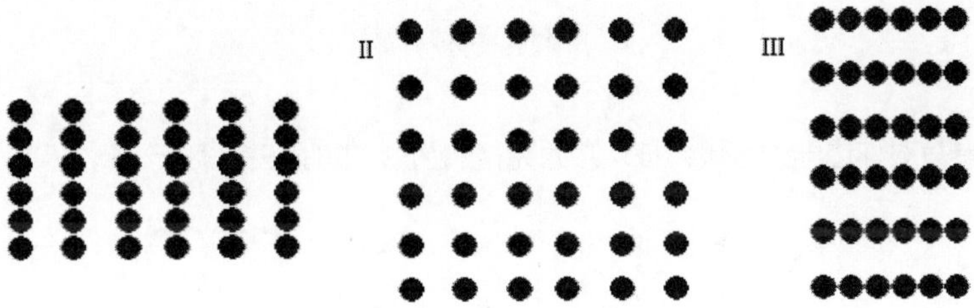

图 8-3　接近性示例 2

3. 连续性

连续性指对线条的一种知觉倾向。如图 8-4 所示，尽管线条受其他线条阻断，却仍像未阻断或仍然连续着一样为人们所感知到。

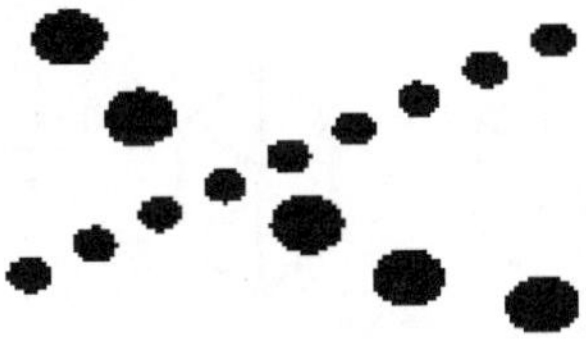

图 8-4　连续性示例

4. 完整和闭合倾向

知觉印象会随环境而呈现成最为完善的形式。彼此相属的部分，容易被组合成整体；反之，彼此不相属的部分，则容易被隔离开来。把一种不连贯的、有缺口的图形尽可能在心理上使之趋合，这就是闭合倾向。

例如，对于图 8-5 左图，人们会将其解释为一个矩形；对于图 8-5 右图，人们会将其解释为两个交叉的三角形，而不是若干离散的图形。

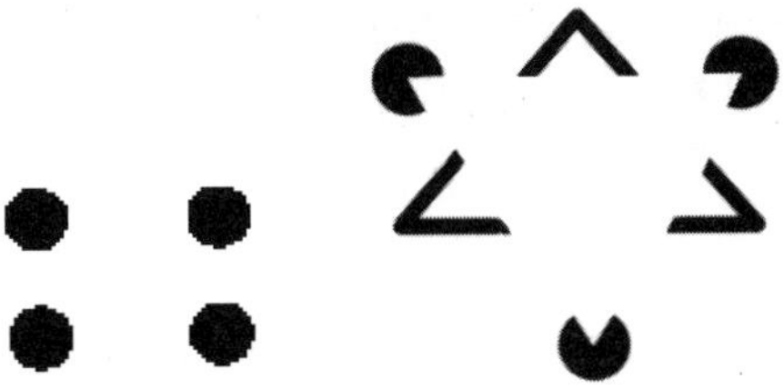

图 8-5　闭合倾向示例

完整和闭合倾向在所有感觉中都起作用，它为认知提供完善的定界、对称和形式。例如，对于某些说话很快的人，虽然每句话的最后一部分都被“吃掉”了，但并不影响听众的理解，就是因为听众自动将其“封闭”了。

5. 相似性

在认知时，相似的元素会被分为一组。例如，在图 8-6 中，人们很容易将其认知为 X 组和 O 组，而不是按照“接近性”原则将其分为左右两部分。

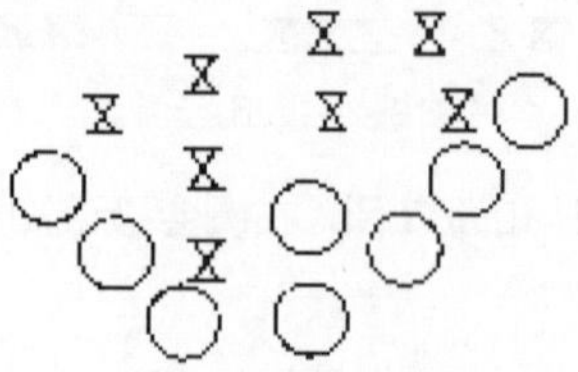

图 8-6 相似性示例

6. 对称性

对称性是指具有对称边界的区域会被认知为完整的图形，如图 8-7 所示。

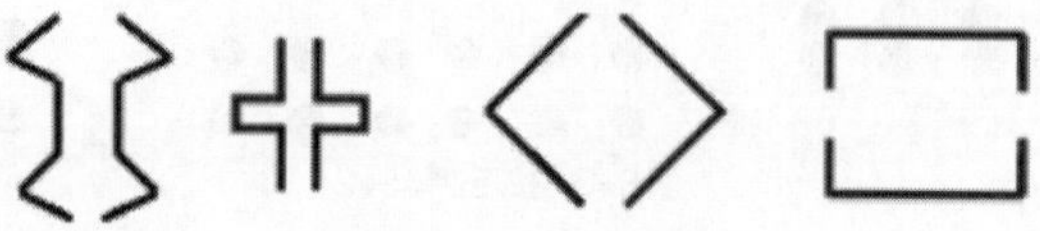

图 8-7 对称性示例

7. 简化律

简化律是指人们倾向于用最简单的方式来认知模糊的刺激。例如，在图 8-8 中，中图和右图往往会被认知为与左图一样的立方体。

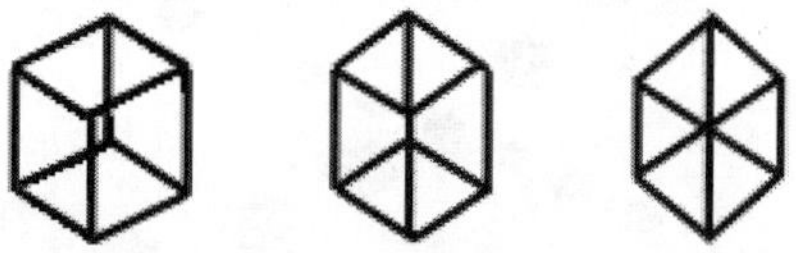

图 8-8 简化律示例

注意 **浏览者在访问网站时也会自然而然地使用认知组织原则，因此在进行网页设计时也必须考虑这些认知规律。**

8.2 设计原则

设计要素有标志、图标、文本块、图片等。设计要素必须合理组织起来，才能产生实际的含义。设计者把这些元素或形式进行组合时，一般要遵循一些基本的原则，以便符合人们的认识和审美习惯。本节介绍 4 个基本的设计原则：紧凑、对齐、重复、对比。

设计原则

8.2.1 紧凑原则

紧凑原则指出：应将相关项目成组地摆放在一起，让它们彼此靠近，以便相关的项目看起来像是一个整体，而非一堆无关的东西。当几个信息彼此相邻时，它们就会成为一个视觉整体而非数个独立的个体单元。在日常生活中也是如此，紧凑，往往意味着关联。

通过将相似的元素组织到一个块中，页面立刻就变得更加井井有条。浏览者不但能清晰地明白信息起始于何处，还可以知道何时能阅读完所有信息；留白（文字周围的空间）也会变得自然合理。

换句话说，逻辑意义上相关联的元素，在视觉上也应该关联。而其他单独的元素或元素组则不应紧凑摆放。项目之间的紧凑或稀疏说明了它们之间相互的关系。

紧凑原则在网页设计中的最基本应用就是将信息合理分组，从而使网页内容更容易被查找到。查看任何一个阅读方便的网站，我们会发现其中的信息往往被分成了若干个合理的板块。例如，在图 8-9 所示的网页中，各种商品被清晰地分组，从而非常适合浏览。

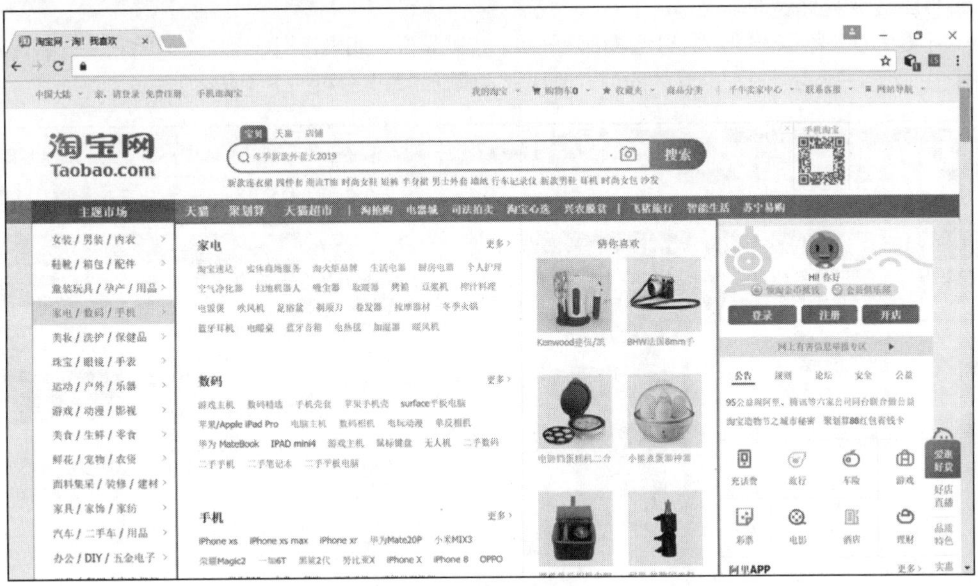

图 8-9　清晰的商品分组

使用紧凑原则时的一个技巧是扫视整个页面，并数一下页面上的视觉单元，即视线停留的次数。如果页面上的视觉单元超过了 5 个（当然这取决于作品），那么某些单独的元素也许可以被编排至一个更为紧凑的组作为一个视觉单元。例如，图 8-10 所示的当当网首页，虽然内容众多，但通过合理的设计能够清楚地呈现不同的视觉分组，让人感觉阅读起来并不困难。

图 8-10　通过紧凑原则建立视觉分组

使用紧凑原则时应该避免的错误包括以下几点。

- 不要因为有空间就把东西堆放在角落或者堆放在中间。

- 避免在同一页上放置过多的独立单元。
- 避免在各个元素之间使用等量的留白，除非每个组都是某个子集的一部分。
- 避免出现让人无法判断其与周围内容关系的大标题、子标题、图片说明文字、图形等，而应遵循紧凑原则建立元素间的关系。
- 不要为那些不属于同一组的元素创建联系。也就是说，如果它们不相关，应将它们分离开来。

图 8-11 是一个设计稍显杂乱的网页，请从紧凑原则的角度分析一下为什么。

图 8-11　网页示例

注意　**分析实际网站的设计优劣是提高自己设计能力的有效手段。不但要看设计得好的网页，而且要分析设计得不好的网页。**

8.2.2　对齐原则

对齐原则指出：页面上不能随意放置东西，每一个项目都应当与页面上的其他各项目建立视觉上的联系。在页面上对齐之后，各元素会形成一个更具有凝聚力的单元。虽然这些对齐的元素貌似相互分离，但是实际上会存在一条“不可见的线”将它们连接在一起，从视觉和意识上给浏览者一个整体的感觉。

或许使用紧凑原则我们分离了某些特定的元素以表明它们的关系，但是对齐原则会告诉浏览者，即便这些元素离得不是很近，它们仍属于同一类型的信息。如果在页面上放置了多个元素，必须确保每一元素均与页面上的其他元素存在视觉上的对齐效果。如果有文本行水平地跨越了几个元素，那么应将这几个元素的基线对齐。如果文本有多个单独的块，那么应将它们左对齐或者右对齐。如果有多个图形，那么需要参照页面的其他图形边缘进行对齐。

页面元素的不对齐是导致文档看起来不舒适的最大因素之一。人们喜欢观看有次序的东西，有次序的东西给人一种平静、安全的感觉。另外，这也有助于信息的沟通。在任何一幅设计良好的作品中，都可以为对齐的元素绘制对齐线，哪怕页面中包含非常多的视觉分块。

例如，在图 8-12 所示的网页中，虽然内容非常丰富，视觉块非常多，但我们仍然能够清晰地感觉到那些不可见的对齐线。

图 8-12 内容众多但并不显得混乱的网页

在设计中，统一是一个重要的概念。想要让页面上所有的元素看上去统一、相关联，就需要在分离的元素之间建立一些视觉联系。即便这些分离的元素在页面上并不是靠得很近，通过它们本身的布局也可以给人以相连、相关，并与其他信息相统一的感觉。任意找到一个设计良好的网页，无论看上去有多杂乱无章，我们都可以在其中找到对齐点。

例如，图 8-13 所示是一个图像较多的网页，请注意图像边界与其他视觉块之间的对齐关系。

使用对齐原则进行设计的一个简单技巧就是使用栅格系统。通过让页面元素与栅格对齐，可以确保元素之间的对齐。如果要评价他人的网页，可以延长每条可见或不可见的线条，看是否对齐。

使用对齐原则时应当做到以下两点。

图 8-13 图像对齐的网页

- 避免在页面上使用多种对齐方式，除非有明确的理由。换句话说，不要将一部分文本居中，同时将另一部分文本右对齐。
- 尽量避免使用居中对齐方式，除非是有意要创建一种更为正式、稳重的外观。

注意 居中对齐方式是初学者比较常用的一种对齐方式，因为这种方式非常安全，让人感觉非常舒适。虽然居中对齐能创建正式、稳重的外观，但是这种外观相对而言较为普遍，特色不突出。

例如，图 8-14 和图 8-15 是另外两个设计糟糕的页面，请看它们是如何违背对齐原则的。

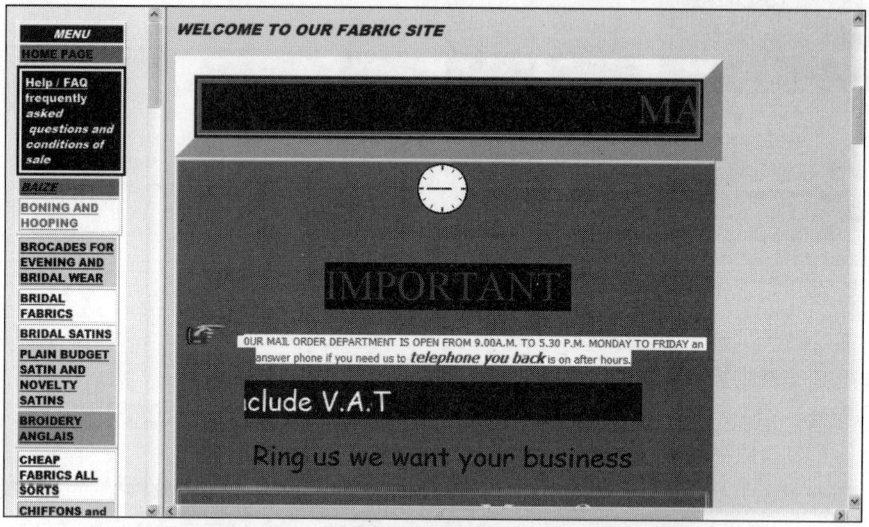

图 8-14 网页示例

图 8-15 网页示例

8.2.3 重复原则

重复原则指出：请在整个作品中重复设计某些部分。该重复元素可以是粗体字、水平线、特定的项目符号、颜色、设计元素、特定的格式以及空间关系等——它可以是浏览者能从视觉上感知的任何东西。实际上，我们在日常生活中已经见过很多重复原则的应用了。例如，一本书的标题、页眉、页脚等设计都是重复原则的应用实例。

重复可以理解为“保持一致性”。当阅读一本数百页的技术书籍的某一章时，特定元素的重复和一致性（如页眉），是让这几十页纸的每一页看上去同属于一本书特定一章的原因。如果某一页与另一页没有重复的元素，那么整本书就丧失了统一的外观和感觉。

重复可以让信息更加条理化，可以为浏览者提供指引，统一设计中各不相同的部分。即便是在单页文档上，重复元素也能创建出精细的连贯性，并将所有元素连成一个整体。如果正在创建的是多个单页文档，且同属于一个综合的整体，重复元素的使用就更加关键了。

重复的基本用途是为了统一并增加视觉吸引力。如果一个页面看上去很有吸引力，那么阅读者会更有兴趣进行阅读。实现站点统一的重要元素包括字体大小与样式、页面背景颜色、导航元素位置、超链接样式和布局格式的一致性等。

例如，图 8-16 和图 8-17 是“IBM-中国”网站上的两个页面，一致的 Logo、一致的导航、一致的颜色方案让浏览者感觉很自然。

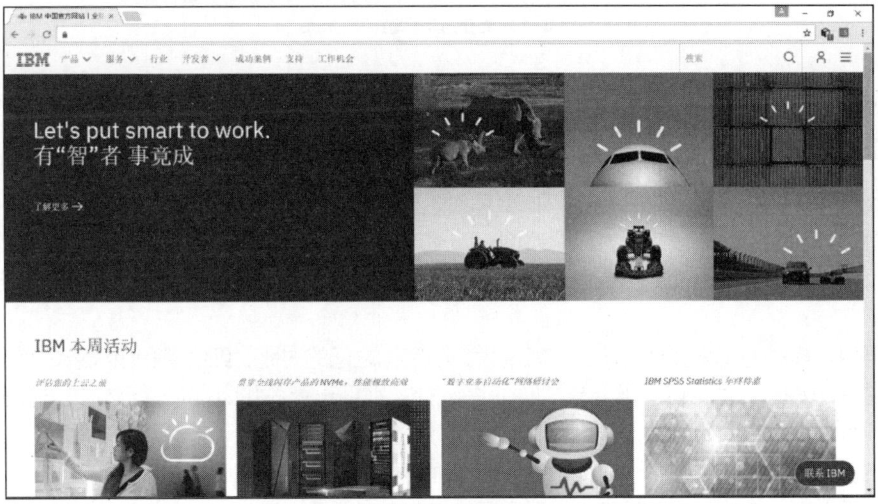

图 8-16 “IBM-中国”网页 1

图 8-17 “IBM-中国”网页 2

使用重复原则时应注意：要避免过多地重复某一元素，以免使人有厌烦之感或者喧宾夺主之感，此时应当注意对比的价值。

例如，图 8-18 所示是一个错误地应用了重复原则的例子。

图 8-18　错误应用重复原则的网页

8.2.4　对比原则

将两个不同的元素放在一起就产生了对比。如果两个元素只是稍有不同，就不存在对比和冲突。对比原则指出：如果两个元素相似度不高，那么应该使它们看起来截然不同。

在设计中，对比可以表示相反的两个方面，如黑与白、厚与薄、大与小。简单地说，设计中的对比就是视觉反差：对点、线、面或形、色、纹理、空间、质量、容量之类的设计要素，在一个构图中进行不同处理。

可以通过很多种方式来实现对比。例如，大、小字体之间的对比，细线条和粗线条之间的对比，冷色和暖色之间的对比，平滑纹理和粗糙纹理之间的对比，水平元素（如很长的一行文本）与垂直元素（如长而窄的一列文本）之间的对比，行的宽间距与窄间距之间的对比，小图形与大图形之间的对比等。

对比的基本目的是在构图中引入视觉变化，增强总体视觉效果，同时能在不同的元素中构建起一个有组织的层级关系。对比可以在元素之间建立深度与张力，并可以产生戏剧效果和增强可读性。要实现和谐、统一的设计，成功的设计师就要知道如何运用对比，以便在不同情形中进行不同处理。

在网页设计时，建立适当的对比是实现设计目标的重要手段。例如，在图 8-19 所示的网页中，综合应用了字体大小、留白、颜色（包括冷暖色调）等对比手段，实现了很好的显示效果。

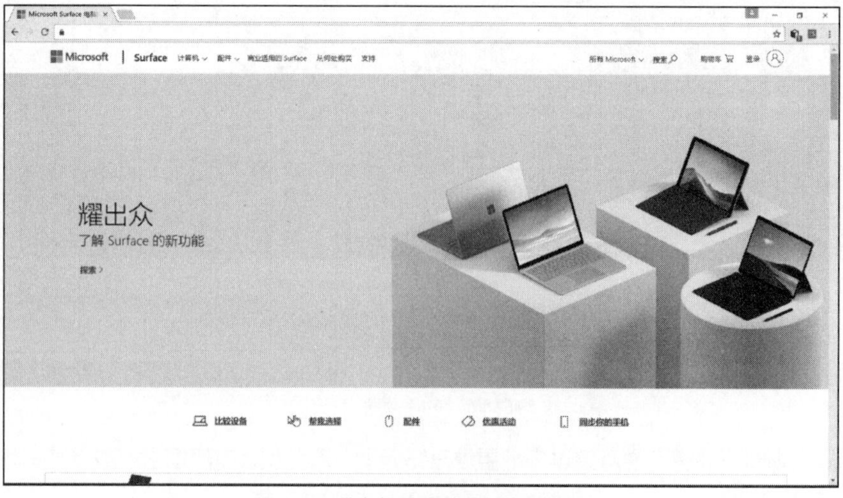

图 8-19　综合应用了各种对比手段的网页

使用对比原则时，一定不要“缩手缩脚”的。例如，不宜将 12 磅的字体和 14 磅的字体放在一起对比；也不宜将深棕色和黑色放到一起对比。图 8-15 和图 8-18 都是对比效果不明显导致页面可读性很差的例子。而在图 8-20 所示的网页中，没有通过合适的手段获得需要的对比效果。

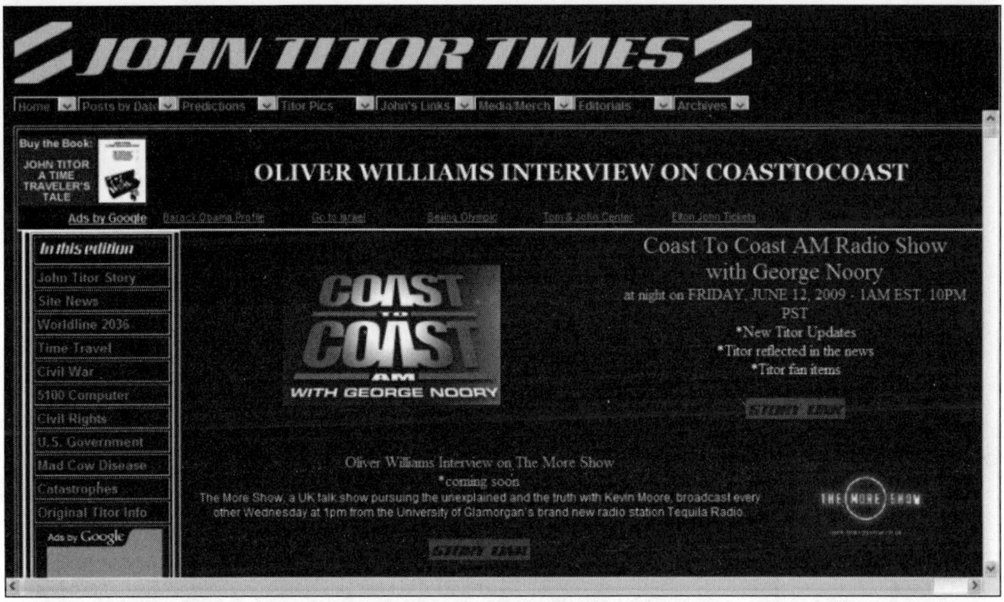

图 8-20　对比不清楚的网页

8.3 设计适于扫描的网页

在信息爆炸的今天，几乎所有人都是在“扫描”网页。因此网页设计者需要针对扫描而设计。为扫描而设计需要遵循以下原则：在每个页面上建立清楚的视觉层次，尽量使用习惯用法，把页面划分成明确定义的区域，最大程度减轻视觉污染。

设计适于扫描的网页

8.3.1 建立清楚的视觉层次

如果想让页面快速让人理解，最好的方法就是让页面上所有内容的外观都清清楚楚，而且能准确地表现页面内容之间的关系，包括哪些内容是相关的，哪些内容是其他内容的组成部分。换句话说，每个页面都应该有清楚的视觉层次。

一个视觉层次清晰的页面有以下 3 个特点。

（1）越重要的部分越突出。例如，最重要的标题要么字体更大、更粗，颜色更特别，旁边留有更多空白，要么更接近页面的顶部——或者是以上几点的综合。在图 8-21 所示网页中，位于页面中间的 3 个新闻标题就明显与周围内容不同，因此更突出。

（2）逻辑上相关的部分在视觉上也相关。例如，可以把相近的内容分成一组，放在同一个标题之下，采用类似的显示样式，或者把它们全部放在一个定义明确的区域之内，如图 8-21 中的“要闻”和“突发 LIVE”分组。

（3）逻辑上的包含关系在视觉上应进行嵌套。例如，在图 8-22 所示网页中，每个视觉分块都隐含了相应的包含关系。

图 8-21 越重要的部分越突出

图 8-22 视觉相关与嵌套

8.3.2 使用习惯用法

我们阅读报纸的时候，会发现每张报纸都用突出、分组和嵌套的方式为读者提供关于报纸内容的有用信息。例如，某图片和某新闻内容是一起的，因为它们位于同一个标题的覆盖范围之下；而某新闻的内容最重要，因为它采用了最大的标题，最宽的栏目，并占用页面上最突出的位置。日久天长，这些东西都形成了惯例，成为我们生活中自然而然的一部分。例如，图 8-23 所示为人民日报报纸的版式，我们可以很清楚地体会到各种视觉要素的组织原则。

我们知道，了解报纸版面的布局和格式的不同用法能让我们更快、更容易地扫描报纸，找到我们感兴趣的新闻故事。还有，当我们在别的城市旅行时，由于我们知道所有报纸都采用差不多的习惯用法，因此，了解这些习惯用法可以很容易地阅读任何报纸。

文化 18
大雪为何兆丰年
冬至何以大如年
雪花纷飞时 冬至日舒长
冬季养生正当时
冬至
大雪

图 8-23 报纸的版式

实际上，每一种出版媒体都在发展自己的习惯用法，并不断改进这些用法，形成新的习惯用法。Web 上已经有很多的习惯用法，大部分是从报纸和杂志中延续过来的，而新的习惯用法也在不断涌现。例如，图 8-24 所示网页为人民网书画页面。请思考它的版式与图 8-23 有多少相似和不同之处？

图 8-24 人民网书画页面

8.3.3 划分明确的页面区域

任何一个设计良好的网页都应该能做到这一点：在网页上四处扫视之后，浏览者应该能指着页面上的不同区域中的内容说出“这是我在网站能进行的活动”“这是到今日头条的链接”“这是这个公司销售的产品”“他们正在向我们推销这个东西”“这是到网站其他部分的导航”，等等。

把页面划分成明确的区域很重要，因为这可以让浏览者很快决定关注页面的哪些区域，或者放心地跳过哪些区域。对网页扫描所进行的几项初始眼动研究表明，浏览者很快就会确定页面哪些部分包含有用的信息，然后对其他部分看都不看。

例如，进入多数电子商务网站（参见图8-9、图8-10、图8-25）以后，由于搜索框就清楚地显示在页面顶部，因此很多知道自己要买什么的用户就直接输入需要的产品进行搜索，然后进入搜索结果页面；同样，由于我们对页面区域划分的理解，多数人会在1秒之内忽略掉该页面80%以上的内容，而直接去拖曳滚动条，以期望找到自己可能感兴趣的商品。

图8-25 电子商务网站

8.3.4 减轻视觉污染

让页面不容易理解的原因之一是视觉污染。有一种污染最为常见，就是“眼花缭乱”。如果页面上所有的内容都在大声叫喊着希望得到浏览者的注意，那么效果可能适得其反。如果我们看一下图8-18，就会明白什么叫“眼花缭乱”了。图8-26所示的是另外一个让人眼花缭乱的页面。

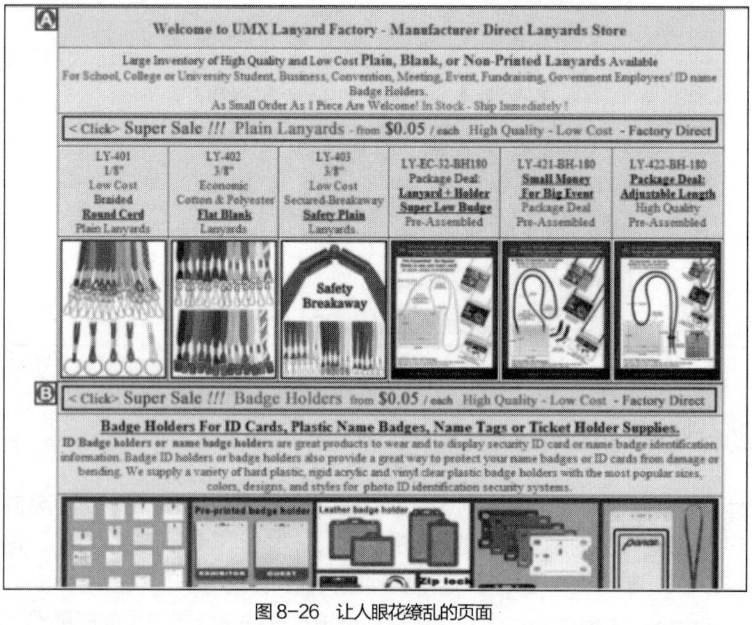

图8-26 让人眼花缭乱的页面

还有一类视觉污染就像日常生活中的背景噪声，虽然并没有造成过分的干扰，但是这些小噪声太多也会让人觉得厌烦，例如图8-27所示网页中的各种图标。

图 8-27　背景噪声过多的网页

减轻视觉污染还有一句潜台词：突出需要重点关注的内容（参见前面介绍的“对比”原则）。例如，能够单击的超链接就应该让它们有下画线（或者是鼠标指针悬停时有下画线，或者至少是鼠标指针悬停时显示“手形”图标），按钮就应该“长得像按钮”（如有三维阴影）。

8.4 设计导航

网站导航设计的好坏是决定浏览者体验的最主要因素之一，本节首先介绍网页导航惯例，然后分别就每个导航元素进行解释说明。

设计导航

8.4.1 网页导航惯例

导航系统实际上是我们日常生活中重要的一部分。不论是一个城市，还是一座建筑物，或者是一本杂志，都有自己的导航系统，有它们自己随着时间发展起来的习惯用法，比如街头指示牌、页码、章节标题等。这些习惯用法指出导航元素的外观和位置，因此我们知道该寻找什么，以及在需要的时候如何找到。

把导航元素放在标准的位置可以帮助我们快速定位，而将它们的外观标准化让我们更容易把它们与别的东西区分开来。

例如，我们总是希望能在街头找到街头指示牌，而且希望它们是按照常规的指示牌那样工作的，如图 8-28 所示；我们也自然地认为建筑物的名字应该在前门的上方或旁边；在超市里，我们希望能在商品通道的尽头看见标志；在杂志上，我们知道前几页会有目录，在页边的某个地方会有页码，它们看起来也会像目录和页码的样子。

图 8-28　街头指示牌

假如打破了这些习惯用法，用户就可能会非常困惑。想象一下如果突然之间所有图书都不提供包含书名、章名和页码的页眉页脚了，读者将会多么疑惑！

网站上的导航也是一样，随着岁月的流逝，形成了很多习惯用法（大部分来自已有的印刷品习惯用法）。一个设计合理的网站，可能包含以下导航元素。

- 网站 ID。
- 栏目。
- 实用工具。

- “你在这里”指示器。
- 下一级栏目。
- 页面名称。
- 页面导航。
- 小字体页脚导航。

8.4.2 全局导航

网站设计师使用术语“全局导航”来描述出现在网站每个页面上的一组导航元素。如果设计得当，全局导航应该始终传达以下信息：导航部分在这里，其中一些可能会根据您所处的位置有所变化，但它总会出现在这里，也会总是以同样的方式为您服务。

让导航部分在每一页以一致的外观出现在同样的位置，会让浏览者立即确定自己仍然在这个网站中。而且，让导航在整个网站保持一致性也就意味着浏览者只需要了解它一次。

全局导航一般包括 5 个元素：站点 ID、栏目、回主页的方式、搜索的方式、实用工具，如图 8-29 所示。当然，不同的网站可能需要不同，例如，很多网站就不包括实用工具，而一些小网站则不提供搜索功能。

图 8-29　全局导航

需要说明的是，对于全局导航“每一页都一样”有以下两个例外。

- 主页。主页和其他页面不一样，它要承担一些不同的任务，所以主页上可以不必使用全局导航。不过，主页上使用与其他页面一致的全局导航也是一种很常见的做法。
- 表单。在需要填写表单的页面中，全局导航可能会成为不必要的干扰。例如，当用户在一个电子商务站点付费时，设计者可能并不希望用户去做除了填写表单之外的任何事情。对表单页面来说，可能只要站点 ID、一个回到主页的链接和任何有助于填写表单的实用工具就可以了。

8.4.3 站点 ID

网站的站点 ID 或标志（Logo）相当于建筑物的名字。在进入一家商场之前，顾客只需要在进来的路上看见它的名称就可以了。一旦进入商场，我们就知道自己还待在里面，直到离开为止。但是在 Web 上我们的移动方式主要是“瞬移”，因此我们需要在每个页面上见到网站的名称。

和我们希望在正门处见到建筑的名字一样，我们希望在页面的上方见到站点 ID——通常是在左上角，或者至少应靠近左上角。原因很简单，站点 ID 代表了整个网站，也就是说，它在当前站点结构中层次最高，如图 8-30 所示。

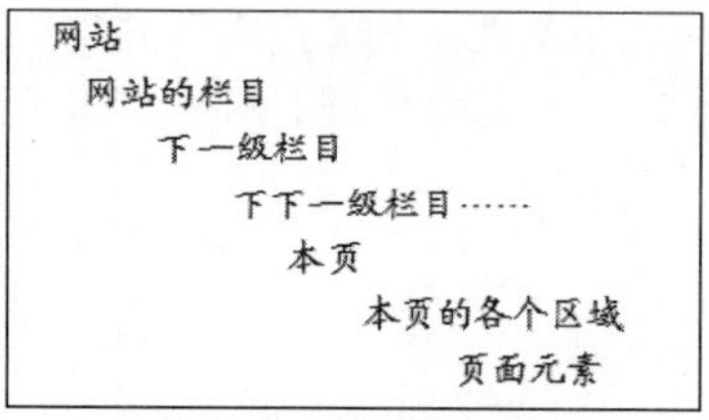

图 8-30　站点内容的层次结构

要让站点 ID 出现在页面可视层次的首要位置，可采取两种方式：让它成为本页最显眼的内容，或者让它涵盖页面所有其他元素。

除了位于我们希望它出现的位置之外，站点 ID 还要看起来像一个站点 ID。也就是说，它应该像我们平常看到的商标或商场外部标志一样：使用一种独特的字体，一个可以识别的图形，大小从按钮到广告牌不等。

例如，在图 8-9、图 8-10、图 8-12、图 8-13 等所示的网页中，站点 ID 或标志都以清晰可见的方式位于页面的左上角。图 8-31 是另外的例子。

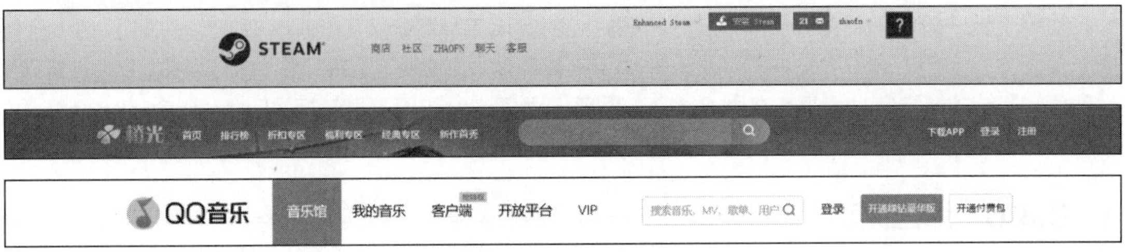

图 8-31　站点 ID/Logo

8.4.4　导航条

导航条是到达站点主要栏目的超链接，也就是站点层次结构的顶层。它通常位于站点顶部或者左端，偶尔也可能出现在右端。例如，图 8-31 所示的网页都采用常规的顶部导航条。

在很多情况下，导航条中也可以直接包括二级导航，如图 8-32 所示。这种菜单式的二级导航和多级导航在内容比较多的网站上的应用很普遍。

图 8-32　包含菜单导航的页面

8.4.5　实用工具

实用工具是到达网站中不属于内容层次的重要元素的超链接，它要么能帮助我们使用站点（例如帮助、站点地图或购物车），要么提供网站发布者的信息（如“关于我们”“联系我们”）。

对于不同类型的网站，实用工具也有所不同。对于公司网站或电子商务网站，它们可能包括以下内容列表的一部分。

关于我们	下载	如何购物	注册
档案	目录	招聘	搜索
结账	论坛	我的××	购物车
公司信息	常见问题	新闻	登录
联系我们	帮助	订单跟踪	站点地图
客户服务	主页	新闻稿	店面位置
讨论板	投资者的关系	隐私声明	你的账户

实用工具一般位于页面的顶部区域，不同站点的实用工具可能大不相同。例如，在图 8-32 上图所示页面中，实用工具分为左右两部分，左边是“在校生”“教职工”等用户分类，右边是“迎新网”“新闻网”等超链接和搜索框；在图 8-32 下图所示页面中，实用工具包括“Enhanced Steam”“安装 Steam”等。

8.4.6 返回主页

全局导航中最重要的元素之一是把浏览者送回主页的按钮或超链接。这使浏览者感到很“安全”，因为不论浏览者“迷路”到了何地，也都能重新开始，就像按一下“重启”按钮一样。

有一种已经普遍流行的惯用法，就是让站点 ID 同时作为回到主页的按钮。很多站点都已经这么做了，但还有大量的用户没有意识到这一点。实际上，有经验的用户在看到站点 ID 时都会认为它应该带我们返回主页。

也可以采用以下做法。

- 在主导航或实用工具中包含一个回到主页的超链接。
- 在主页之外的站点 ID 上加上“主页”字样，让大家知道可以点击它。

8.4.7 搜索功能

由于搜索的巨大威力和喜欢搜索的用户比喜欢浏览的用户更多，因此除非站点规模非常小而且组织得很好，否则每个页面都应该有一个搜索框或一个链接到搜索页面的链接。

记住，大多数用户访问一个新的站点时，第一件事就是扫描页面，看有没有一个基本的搜索框或搜索按钮。

例如，在本章前面的多数页面图中，页面顶部都有一个明显的搜索框或搜索按钮。图 8-33 是另外的例子。

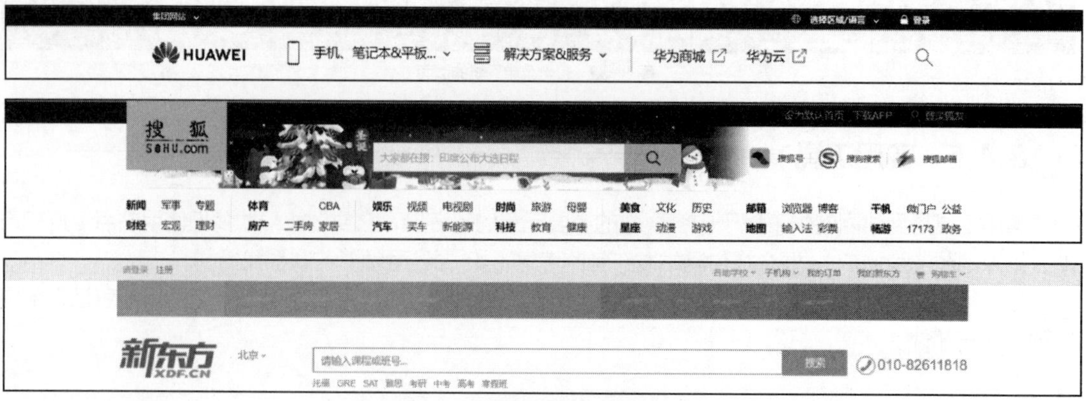

图 8-33 显著的搜索框或搜索按钮

8.4.8 页面名称

无论是自驾车，还是在一个陌生的城市乘坐公共交通工具，路牌都是给我们指路的重要导航元素。好的路牌都有以下特点。

- 路牌标志很大。当你在一个十字路口停下来时，能看清楚各个方向的名称。
- 路牌在适合的位置。路牌大部分安置在行驶道路的上方，所以只要抬头看一眼就可以了。

页面名称就可以看作是网页中的路牌。浏览者一旦觉得自己浏览方向不对时，就可以毫不费劲地看到页面名称来确定方向。

关于页面名称，需要注意以下 4 点。

- 每个页面都需要一个名称。和每个十字路口处都应该有一个路牌一样，每个页面应该有一个名称。
- 页面名称要出现在合适的位置。在页面的可视层次上，页面名称应该出现在涵盖该页内容的位置。
- 名称要引人注目。需要结合位置、字体大小、颜色和留白体现出“这就是整个页面的标题”。在大多数情况下，它应使用该页面最大的字体（对应于<h1>标记符）。
- 名称要和超链接匹配。页面的名称应该与超链接的内容完全匹配。换句话说，如果浏览者单击了一个名为“快速入门”的超链接，网站却打开了一个“下载和安装”页面，浏览者就可能会产生疑惑。

一个具有醒目的页面标题的页面如图 8-34 所示。

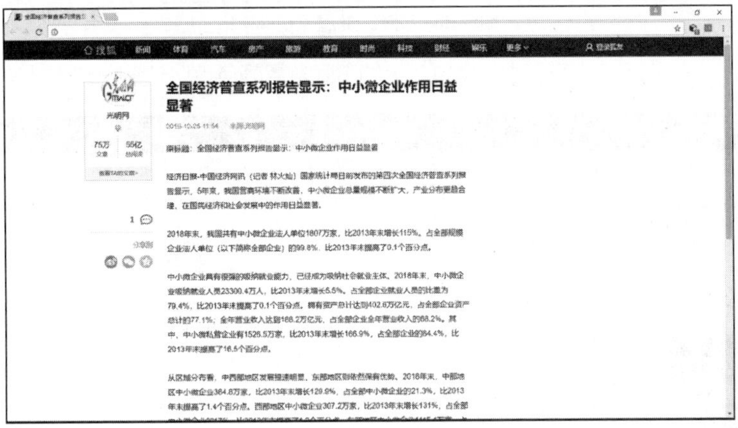

图 8-34 具有醒目的页面标题的页面

8.4.9 当前位置与面包屑

要抵消网络固有的空间迷失感，一种有效的导航方式就是告诉浏览者当前在什么位置，这和购物广场或者公园地图上的“当前位置”指示器的作用一样（如图 8-35 所示）。

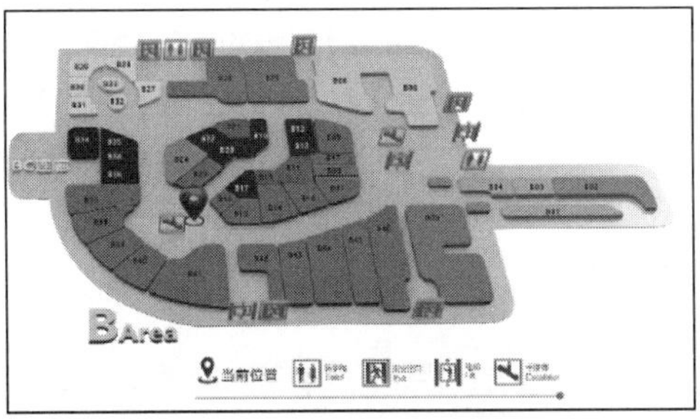

图 8-35 “当前位置”指示器

在网页上，这可以用突出浏览者当前的位置来做到。不管是在页面的导航条、列表还是菜单上，通过特殊的显示方式可以快速告诉浏览者当前位置。

例如，在图 8-36 所示的页面中，左边导航列表中的“人生哲学”文字显示为特定背景和颜色，表示当前处于相应的页面。

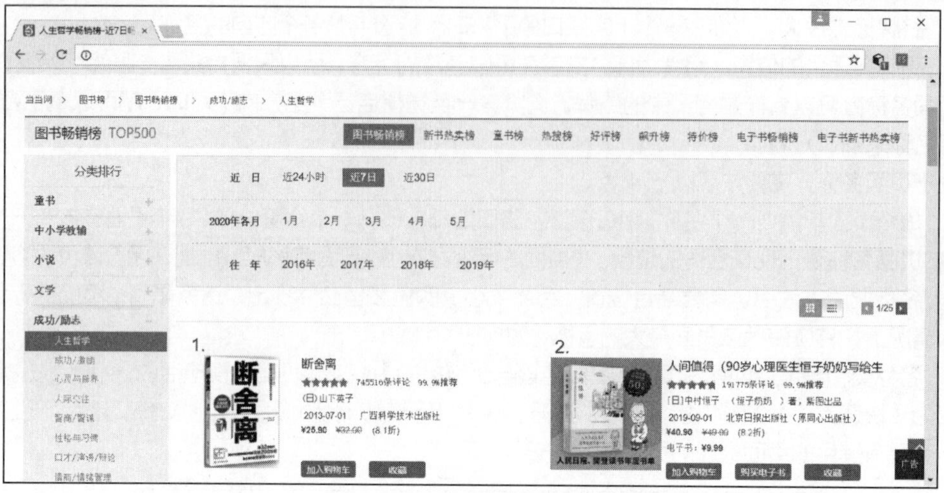

图 8-36　页面当前位置显示示例 1

又例如，在图 8-37 所示的页面中，导航条上的不同背景颜色可以让浏览者很清楚地知道当前位置。

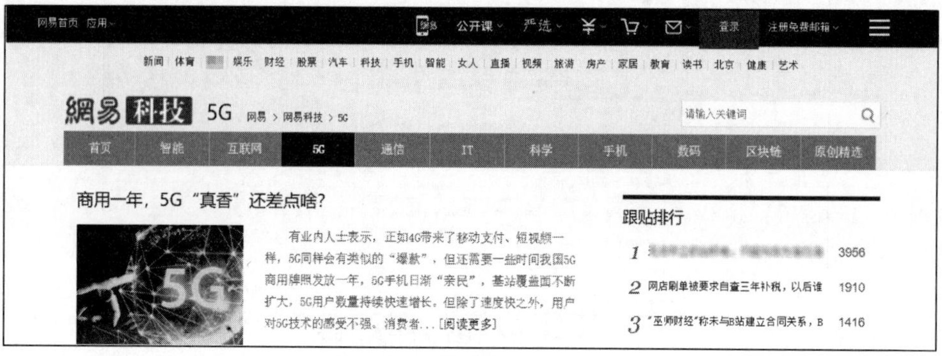

图 8-37　页面当前位置显示示例 2

实际上，在图 8-37 所示网页中还有另外一个告诉浏览者当前位置的导航元素——面包屑，它在页面上端子栏目 logo 的右边，文字为“网易 > 网易科技 > 5G”。

和“当前位置”指示器一样，面包屑也告诉了浏览者当前的位置。有时候它们甚至也会包含“你在这里”或“当前位置”这种字样。

“当前位置”指示器告诉浏览者所在的站点层级结构的前后关系，而面包屑只告诉浏览者从主页到当前位置的路径。或者说，前者告诉浏览者在整个网站中的位置，后者告诉浏览者如何到达这里。

如果设计得好，面包屑的优越性是不言而喻的。一方面，它们不会占用太多空间；另一方面，它们也提供了一种方便、一致的方式让浏览者可以做最常做的两件事：回退一个层次，或者回到主页。

设计面包屑时应遵循以下原则。

- 把它们放在页面顶端。
- 使用“>”对层级进行分隔，因为它在视觉上暗示了沿着层级向前移动的动作。
- 使用小字体，表明它是补充机制。

- （可选）必要时使用文字“当前位置”或“你在这里”，让没有经验的浏览者知道它是什么。
- （可选）将最后一个元素加粗，以便突出当前位置。层级清单中的最后一个元素应该是当前页面的名称，将它加粗正好强调了当前所在的位置。

例如，图 8-37 所示网页中的面包屑就是符合以上原则的，而图 8-38 所示网页中的面包屑则有一些小问题。上面的面包屑最后一项不应是“正文”，而应是具体的页面名称，下面的面包屑则有 3 个问题：“您现在的位置”较为啰嗦，写成“您的位置”即可；分隔符号为两个“>”号，不合常规；最后一项是“当前页”，而非具体的页面名称。

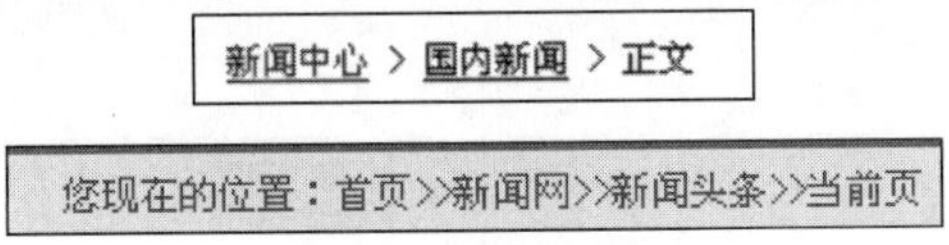

图 8-38　有问题的面包屑

8.4.10　网站导航测试

有个著名的网站导航测试叫作“后备箱测试”：想象浏览者被蒙上双眼，锁在车子的后备箱里。车开动一会儿以后，把他放在某个网站的某个网页上，如果这个页面设计良好，当除去眼罩时，这个浏览者应该能毫不犹豫地回答出以下问题。

- 这是什么网站？（站点 ID）
- 我在哪个网页上？（网页名称）
- 这个网站的主要栏目有哪些？（主导航）
- 在这个层次上我有哪些选择？（本页导航）
- 我在导航系统的什么位置？（“你在这里”指示器和面包屑）
- 我怎么搜索？（搜索框）

一般而言，设计良好的网站可以让人对以上问题的回答都清晰而肯定。

8.5　设计页面版式

设计页面版式是指对各种页面元素进行布局，从而获得需要的设计效果。本节介绍设计页面版式时需要注意的几个方面：页面比例、网页的分栏、版面率、图版面积以及跳跃率。

设计页面版式

8.5.1　页面比例

在设计页面版式时，页面分块的比例是需要考虑的基本因素。

1．黄金分割

“黄金分割”是众所周知的有关比例的概念，这个神奇的比例是“1∶0.618”。这个数字在人们生活中到处可见：大多数门窗的宽长之比大致为 0.618；金字塔、巴黎圣母院、埃菲尔铁塔等著名建筑都有与 0.618 有关的数据；一些名画、雕塑、摄影作品的主体，大多在画面的 0.618 处。

黄金分割的简化就是所谓的“三分法”原理。由于被黄金分割分成两部分的线段中，其中一部分大概是另一部分的两倍，因此将一个整体分成三等份是一种应用黄金分割原理而不需要详细计算的简单方法。

在进行页面版式设计时，可以在纸上绘制图 8-39 所示的三等分正方形，然后在每个小方形再三等分，从而得到一张栅格纸。在放置页面元素时，应将其边缘与栅格线对齐，从而获得合理的比例关系。

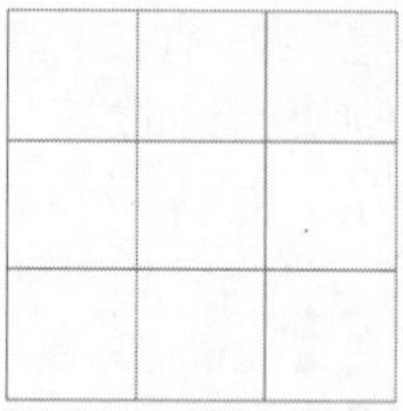

图 8-39 “三分法”的应用

实际上，设计良好的网页大多遵循黄金分割原则。例如，在图 8-40 所示的网页中，左、 右栏的划分就是大概 2 : 1 的比例。

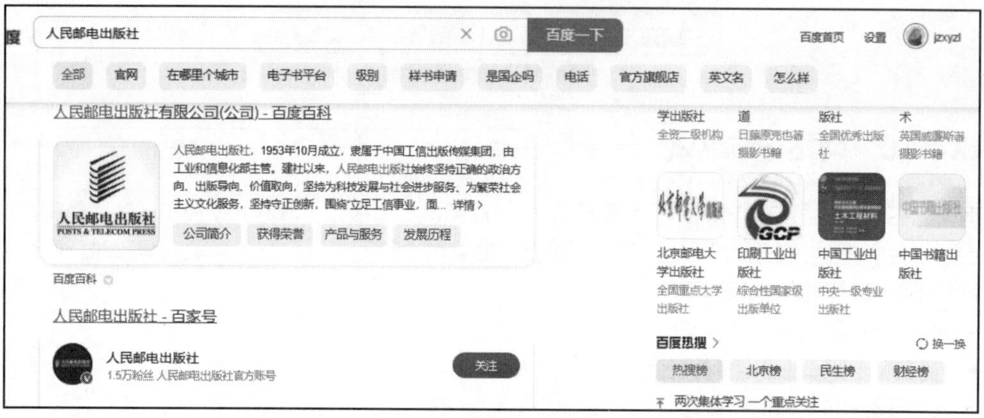

图 8-40 遵循黄金分割的页面

2. 对称比

对称广泛存在于自然界和我们的生活中。人在生理上、心理上都习惯和喜欢这种和谐的美。对称往往给人以庄严、稳重、典雅之感。设计师们往往在绝对对称的设计中加入一定的不对称因素，或者在不对称的设计中加入对称的因素，集活泼与庄重于一体，从而给人们留下深刻的印象。

例如，在图 8-41 所示的网页中，既有对称的比例，显得整齐稳重；又有不对称的比例，显得灵动活泼。

图 8-41 对称与不对称的综合应用

8.5.2 网页的分栏

网页的分栏是划分页面区域最基本的手段，页面的版式变化主要是通过“栏”的变化来体现的。受计算机显示屏和人们浏览习惯的影响，网站的宽度相对固定，而高度是不固定的，因此网站“栏”的设计主要集中在竖栏的区分上。

1. 单栏版式

单栏版式是指网页纵向只有一个竖栏的版面结构。这种版式最简单，用户视觉流程就是从上到下，但如果页面要同时传达两项以上内容，这种版式就很难实现了。因此，单栏版式较多用在目的较为单一的页面中，比如“注册页面”“调查页面”或“通知页面”，如图 8-42 所示。

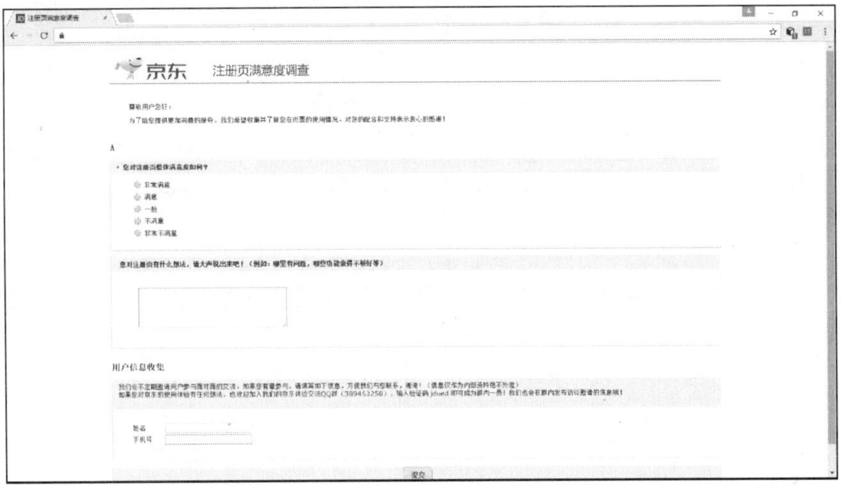

图 8-42 单栏版式

2. 两栏版式

两栏版式是指页面纵向有两个竖栏的版面结构。由于其结构简单清晰，又能够解决内容并置的问题，因此在实际网站中应用非常广泛，如图 8-43 所示。

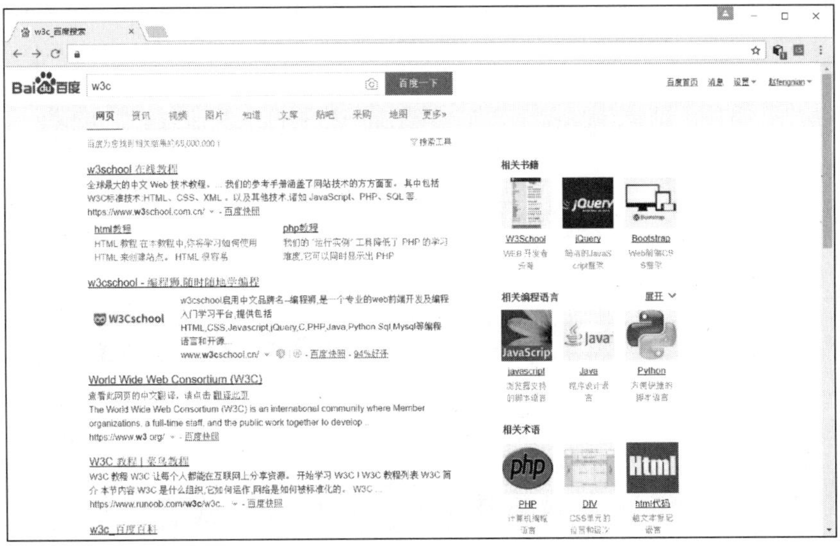

图 8-43 两栏版式

3. 三栏版式

三栏版式是指网站纵向有 3 个竖栏的版面结构，其结构相对复杂一些，但由于能够同时呈现较多的内容，因此是大网站常用的结构，如图 8-44 所示。

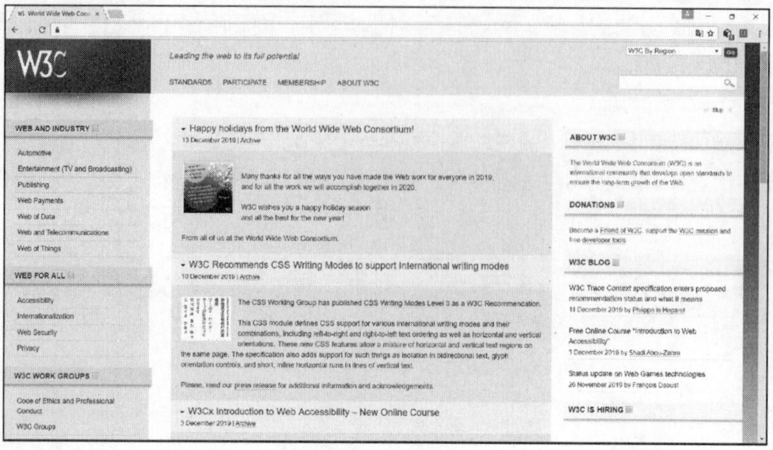

图 8-44 三栏版式

注意 对于复杂的网页，也有可能出现多于三栏的情况，但从整体上看依然是两栏或三栏的基本结构。

8.5.3 版面率

版面率是指页面中文字的面积与版面总面积之比，它主要受文字、图片和留白之间关系的影响。版面率低的网页给人简约感，版面率高的网页则信息量大、通俗性强。

版面率过低，会导致空间的浪费，而版面率过高则容易使页面杂乱拥挤。设计者必须要根据网页的功能、内容和性质确定适当的版面率。

例如，图 8-45～图 8-47 显示了不同版面率的网页，它们都较好地实现了需要的功能。

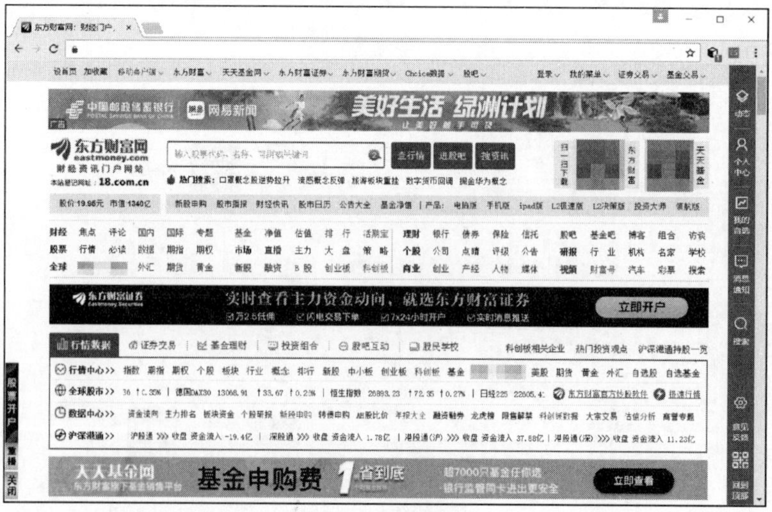

图 8-45 高版面率网页

图 8-46　中版面率网页

图 8-47　低版面率网页

8.5.4　图版面积

页面中的图形可广义理解为除了文字外一切有形的部分。图版面积大的页面感觉活泼，适用于艺术性或娱乐性强的网页；反之，则用于更严肃的场合。在一个页面中，图版面积占总面积越多，一般就越吸引人，尤其是那些大图与小图面积对比强烈的页面。在一个页面中，图版面积占总面积越少，图的面积对比越小，则显得越古典与平稳。

例如，在图 8-45～图 8-47 所示的页面中，图版面积就是越来越大。现代网页设计的一个趋势是越来越多地使用大图，如图 8-48 所示。

图 8-48　越来越多的网站喜欢使用大图

8.5.5　跳跃率

在页面中，单个点面积大小的差异，称为跳跃率。如果从文字大小的角度考虑，跳跃率就是正文和最大的文字标题大小之比。

通过控制页面的跳跃率，可以控制网页的风格。一般情况下，跳跃率低的页面适用于高格调、古典风格的网站，跳跃率高的页面适用于活泼或现代感强的网站，如图 8-49 和图 8-50 所示。

图 8-49　跳跃率低的网页

图 8-50　跳跃率高的网页

【要点回顾】

① 人们在认知外部世界时，常常会采用以下组织原则：图形与背景、接近性、连续性、完整和闭合倾向、相似性、对称性和简化律。

② 最基本的 4 个设计原则是紧凑、对齐、重复、对比。

③ 应通过建立清楚的视觉层次、使用习惯用法、划分明确的页面区域和减轻视觉污染来设计适合扫描的网页。

④ 一个网站的导航系统中一般包括网站 ID、栏目、实用工具、“你在这里”指示器、下一级栏目、页面名称、页面导航、小字体页脚导航等。

⑤ 设计页面版式时，应考虑页面比例、网页的分栏、版面率、图版面积和跳跃率等。

练习题

一、客观题

1.（判断题）“整体大于部分之和”是格式塔理论的一个基本观点。(　　)

2.（判断题）全局导航中通常必须包含站点 ID。(　　)

3.（判断题）在设计页面时合理地使用留白，是对“对齐”原则的应用。(　　)

4.（单选题）以下有关设计原则的说法，错误的是（　　）。

A. 紧凑原则是指逻辑意义上相关联的元素，在视觉上也应该关联

B. 对齐原则是指页面上每一个项目都应当与其他各项目建立视觉上的联系

C. 采用重复原则能确保网站风格的一致性

D. 使用对比原则时，注意应确保对比不要太强烈

5.（单选题）设计适合扫描的网页时，最好不要（　　）。

A. 建立清楚的视觉层次　　B. 网页的标题用比较小的文字显示

C. 采用对比强烈的背景和正文　　D. 采用大家习惯的做法

6.（单选题）以下有关站点导航设计的说法，错误的是（　　）。

A．站点ID通常同时也是返回主页的超链接　　B．面包屑是一种辅助导航功能

C．实用工具在每个网站上都有类似的内容　　D．页面名称对于绝大多数页面都是必要的

7.（填空题）具有对称边界的区域会被认知为完整的图形，这属于认知原则中的______性。

8.（填空题）“接近性”认知原则应用在设计时体现的原则是____________。

9.（填空题）为扫描而设计网页需要遵循以下原则：在每个页面上建立清楚的视觉层次，________，把页面划分成明确定义的区域，最大程度减轻视觉污染。

10.（填空题）页面中文字的面积与版面总面积之比叫作__________。

二、问答题

1. 简要说明人们认知时采用的各种策略。

2. 简要说明4个基本的设计原则。

3. 什么是网页导航惯例？常见的网页导航元素有哪些？

三、综合实践

1. 上网浏览，分析至少两个你认为设计优秀的网页。撰写一个简短的报告，在报告中回答以下问题。

（1）你找到的网页的URL是什么？

（2）这些网页的设计如何体现了紧凑、对齐、重复、对比原则？

（3）这些网页是否适合扫描？说明原因。

（4）这些网页的导航系统是如何设置的？是否方便？说明原因。

（5）这些网页的版式设计有什么特点？

2. 分成3人一组，选择以下地点之一进行实地考察：超市、医院、书店、大学校园、旅游景区，回答以下问题。

（1）该地点的导航系统包括哪些元素？

（2）举例说明该地点的导航系统是否好用。

（3）该地点的导航系统可以从哪些方面改进？

第9章 用Dreamweaver制作网页

09

Dreamweaver 是一种“所见即所得”的网站设计与开发工具，能帮助熟练掌握 HTML 和 CSS 的开发者提高效率。学习完本章内容之后，读者将能使用 Dreamweaver 快速创建站点、编辑网页、应用 CSS 和辅助代码编写，并实现响应式设计。

【知识目标】

1. 了解 Dreamweaver 的基本界面元素。
2. 理解 Dreamweaver 中站点的概念。
3. 掌握在 Dreamweaver 中使用 CSS 的方法。
4. 理解响应式设计的概念。

【技能目标】

1. 熟练掌握 Dreamweaver 的站点创建和管理操作。
2. 熟练掌握使用 Dreamweaver 编辑网页的过程。
3. 熟练掌握在 Dreamweaver 中应用 CSS 的流程。
4. 熟练掌握响应式网页设计。
5. 掌握在 Dreamweaver 中进行快速代码编写、应用 Bootstrap 和应用 jQuery 的方法。
6. 学会应用 Dreamweaver，结合 Bootstrap，进行响应式网站开发。

【素养目标】

1. 通过学习 Dreamweaver，理解“所见即所得”类设计工具的内在逻辑。
2. 体会“工程实践和职业实践中，最关键的因素是人”这个理念，并认识到人能通过使用先进的工具提升实践的效率。
3. 通过学习响应式网站开发，理解软、硬件发展的互相促进，体会软、硬件平台的兼容性和交互影响，理解现实应用的复杂性和“以人为本”。

9.1 Dreamweaver 的界面

Dreamweaver 是一种常见的“所见即所得”的网页编辑与网站管理软件，能够辅助设计师方便地进行网站开发。本节介绍 Dreamweaver 的工作界面和如何设置其工作窗口。

熟悉 Dreamweaver 的工作界面，是深入学习使用该软件进行网页制作的基础。启动 Dreamweaver CC 2019 并打开一个页面，它的工作界面如图 9-1 所示。

A. 应用程序栏 B. 文档工具栏 C. “文档”窗口 D. 工作区切换器 E. 工作面板
F. “代码”视图 G. 状态栏 H. 标签选择器 I. “实时”视图 J. 通用工具栏

图 9-1 Dreamweaver CC 2019 工作界面

Dreamweaver
基本功能

1. 应用程序栏

应用程序栏位于工作界面顶部，包含一个工作区切换器、一个菜单栏以及应用程序控件。菜单栏提供了程序功能的命令，用户可以通过菜单栏中的命令完成特定操作。

2. 文档工具栏

文档工具栏包含的选项可用于选择“文档”窗口的不同视图（例如“设计”视图、“实时”视图和“代码”视图）。

3. 通用工具栏

通用工具栏位于工作界面左侧，并且包含特定视图的按钮。

4. “文档”窗口

“文档”窗口用来显示、创建和编辑当前文档。在这里用户可以通过菜单命令、“属性”检查器以及面板等工具来制作网页。文档显示结果与在浏览器中的显示结果基本相同。

5. 状态栏

状态栏包括标签选择器、输出面板切换按钮、语言选择栏、窗口大小设置栏、“预览”按钮等工具。标签选择器显示环绕当前选定内容的标签的层次结构，单击该层次结构中的任何标签可以选择该标签及其全部内容。单击窗口大小设置栏，可以选择针对特定分辨率进行网页设计。单击“预览”按钮，可以选择在特定浏览器中预览当前正在编辑的网页。

6. 工作面板

Dreamweaver 工作面板提供了重要功能的快捷访问方式。例如，使用“插入”面板可以快速插入网页对象，使用“文件”面板可以方便地进行站点文件的管理，使用“CSS 设计器”面板可以方便快捷地进行 CSS 样式的创建和管理等工作。

面板组是组合在一个标题下面的相关面板的集合。若要展开或折叠一个面板组，可双击组名称。若要将面板从当前停靠位置移开，可拖曳该面板的标题。

如果需要使用的面板没有显示在工作区中，可以选择“窗口”菜单中的相应命令将其显示。如果想隐藏所有的面板（包括插入栏和“属性”检查器），以获得更大的工作区域，可以按【F4】快捷键（对应于“窗口”→“隐藏面板”命令）。

7. 工作区

对于有不同使用习惯的用户，Dreamweaver 提供了不同的工作区布局，可以在右上角的“工作区切换器”中选择，如图 9-2 所示。

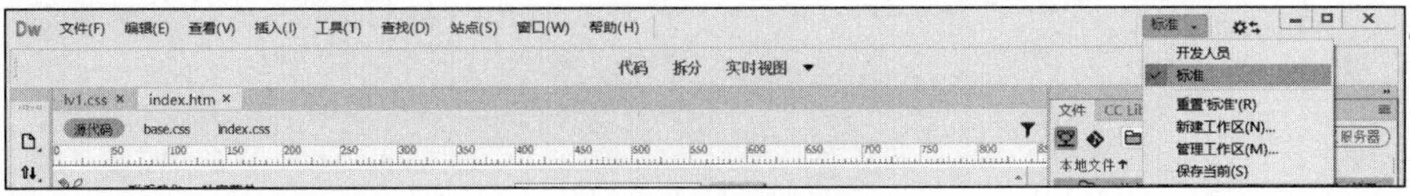

图 9-2　选择不同的工作区

9.2 使用本地站点

作为一个全功能的网站开发工具，Dreamweaver 提供了非常方便的站点管理功能。本节介绍如何创建本地站点和管理本地站点。

9.2.1　创建本地站点

一个站点就是一系列文件的组合，而这些文件通常位于一个特定的文件夹中，称为站点文件夹。通过在 Dreamweaver 中建立站点，可以方便有效地管理站点中的各种资源。因此，使用 Dreamweaver 制作网站的首要操作就是建立站点。

可以使用 Windows 资源管理器或 Dreamweaver 的“文件”面板在计算机中创建站点文件夹，然后在 Dreamweaver 中对其进行指定。

在 Dreamweaver 中定义本地站点的步骤如下。

（1）在 Dreamweaver 中选择“站点”→“新建站点”命令，此时打开“站点设置对象”对话框，如图 9-3 所示。

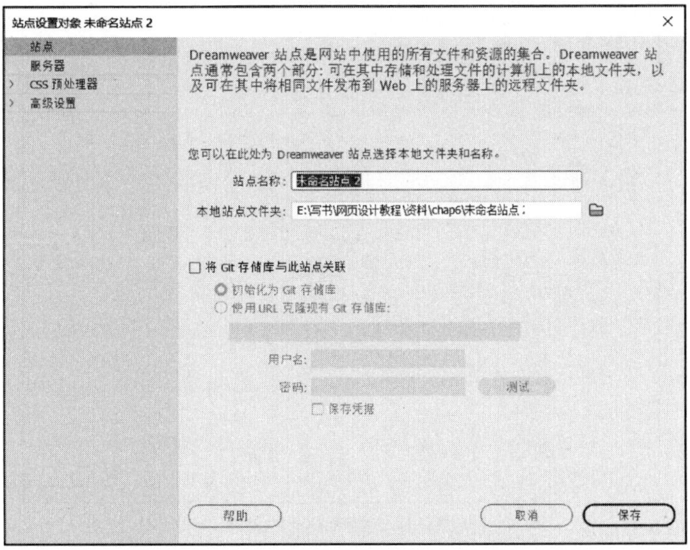

图 9-3　“站点设置对象”对话框

（2）在“站点名称”框中输入站点名称。此站点名称是 Dreamweaver 用来识别不同站点的，可以是任意字符。

（3）单击“本地站点文件夹”右边的“浏览文件夹”按钮，打开“选择根文件夹”对话框，定位到将要作为站点文件夹的位置，如图9-4所示。单击“选择文件夹”按钮。

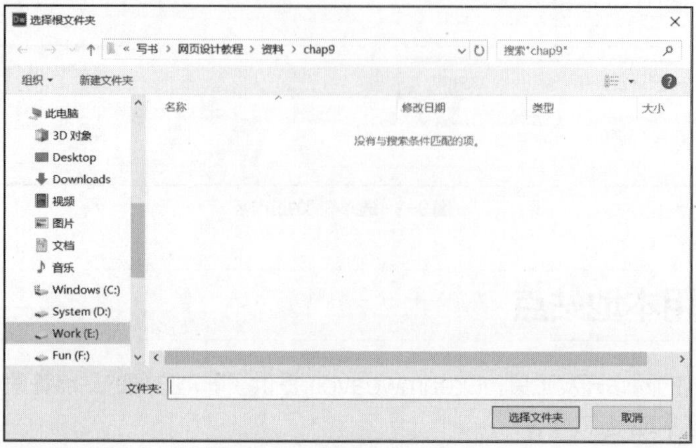

图9-4 “选择根文件夹”对话框

> **说明** 执行此步骤之前应在Windows资源管理器或Dreamweaver“文件”面板中建立相应的文件夹，也可在图9-4所示的文件夹中创建站点的根文件夹（定位到特定文件夹，单击鼠标右键，选择“新建”→“文件夹”命令）。

（4）单击“站点设置对象”对话框左边的“高级设置”，打开图9-5所示的对话框。对于“默认图像文件夹”选项，可以设置用于保存站点中所用图像文件的文件夹，以方便以后对图像文件的操作。单击该选项右边的按钮，此时自动定位到刚才选中的站点文件夹，在其中建立一个名为“images”的文件夹作为默认图像文件夹。

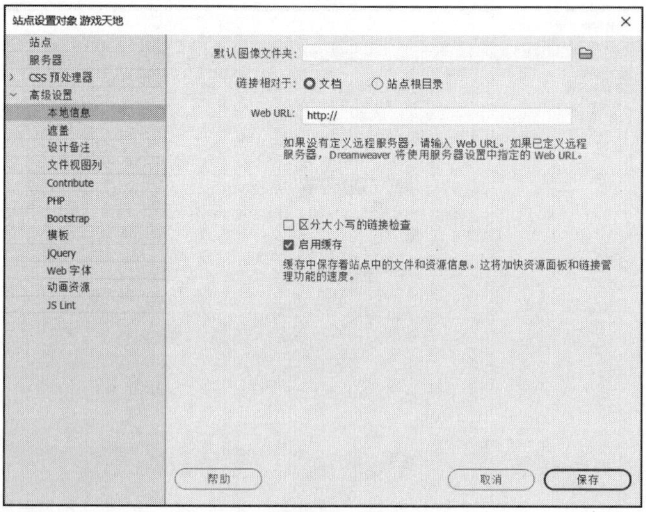

图9-5 设置默认图像文件夹

> **说明** 执行此步骤时如果站点文件夹中已经有了“images”文件夹，那么直接选择该文件夹即可。

（5）单击“保存”按钮，此时“文件”面板如图 9-6 所示。

这样就建立了一个 Dreamweaver 站点，它将作为以后所有工作的起点。需要特别强调的是，在建立了 Dreamweaver 站点之后，最好所有的文件操作（如创建网页、删除网页、更改网页文件名等）都在 Dreamweaver 中进行（而不是使用 Windows 的“资源管理器”或“我的电脑”），以便 Dreamweaver 能有效对站点进行管理。

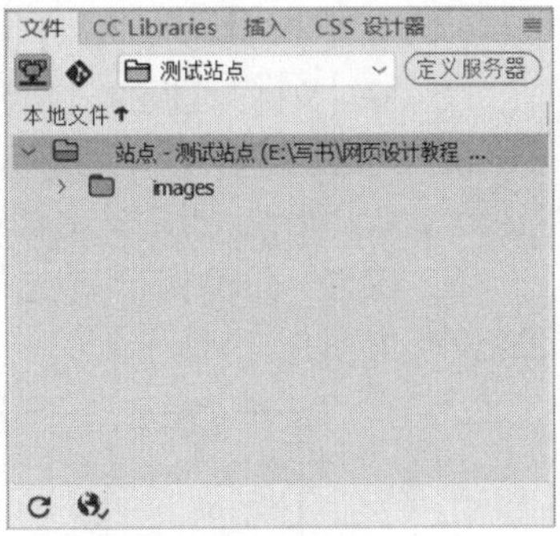

图 9-6　新建站点的本地文件夹

9.2.2　站点文件操作

如前所述，在建立了 Dreamweaver 站点之后，所有的文件操作（如创建网页、删除网页、更改网页文件名等）一般都应在 Dreamweaver 中进行。

建立站点文件结构的步骤如下（以创建一个介绍“网页制作技术”的网站为例）。

（1）在“文件”面板站点根文件夹上单击鼠标右键，选择“新建文件”命令，如图 9-7 所示。

（2）在站点根目录下会出现一个“untitled.html”文件，且为选中状态。直接将其文件名更改为“index.html”即可，如图 9-8 所示。一般情况下，“index.htm”或“index.html”是网站的首页。

可以看出，Dreamweaver 默认的网页扩展名（后缀）为.html。如果要将默认扩展名改为.htm，可选择“编辑”→“首选项”命令，然后在“新建文档”选项卡中进行相应更改，如图 9-9 所示。

（3）在“文件”面板中的站点根文件夹上单击鼠标右键，选择“新建文件夹”命令，新建一个“html”文件夹，作为保存网页文件的目录。

图 9-7　使用快捷菜单新建文件

图 9-8　创建网站首页

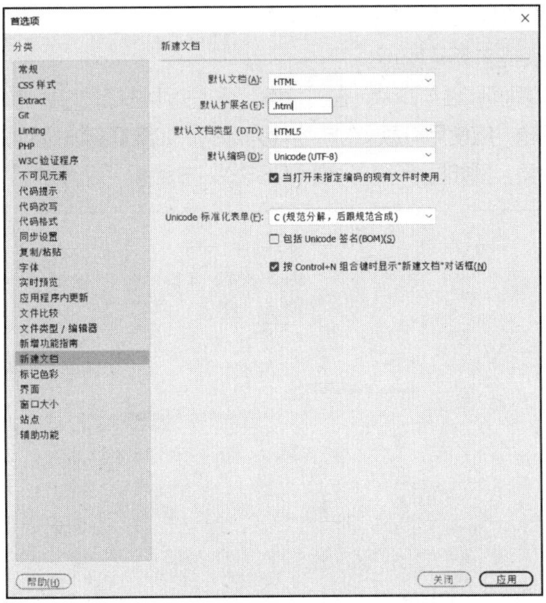

图 9-9　“首选项”对话框——“新建文档”选项卡

（4）重复步骤（3），在根目录下建立“css”和“js”文件夹，分别用来存放 CSS 文件和 JS 文件。

（5）在“文件”面板的“html”目录上单击鼠标右键，选择“新建文件”命令，建立“html5.html”文件。

（6）重复步骤（5），在“html”目录下创建“css3.html”“javascript.html”“jQuery.html”和“Bootstrap.html”。此时的站点文件结构如图 9-10 所示。

在“文件”面板中还可以方便地使用右键菜单进行其他一些文件操作，例如剪切、复制、删除、重命名等，如图 9-11 所示。

图 9-10　站点文件结构

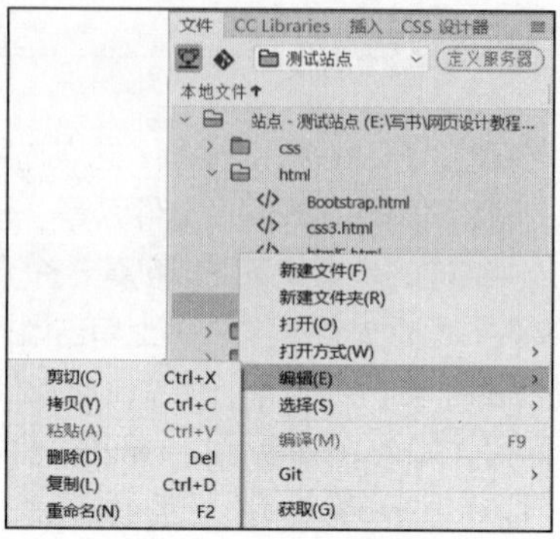

图 9-11　文件编辑操作

9.3　编辑网页

建立本地站点并创建网页文件后，就可以编辑这些网页了。本节首先介绍在 Dreamweaver 中制作网页的一般过程，然后介绍如何使用文本、超链接、图像、音频与视频、表格和表单等。

9.3.1　制作网页的一般过程

在 Dreamweaver 中制作网页的一般过程如下。

（1）使用 9.2.1 节中介绍的方法，创建本地站点。

（2）打开站点中的网页或者新建网页。

（3）选择“文件”→“页面属性”命令，在“分类”列表框中选择“标题/编码”选项，如图 9-12 所示。在“标题”框中输入网页标题，应使用有意义的内容作为标题。如果需要设置网页的其他属性，可以选择“页面属性”对话框中的其他分类，例如显示了“外观（CSS）”选项的“页面属性”对话框如图 9-13 所示。

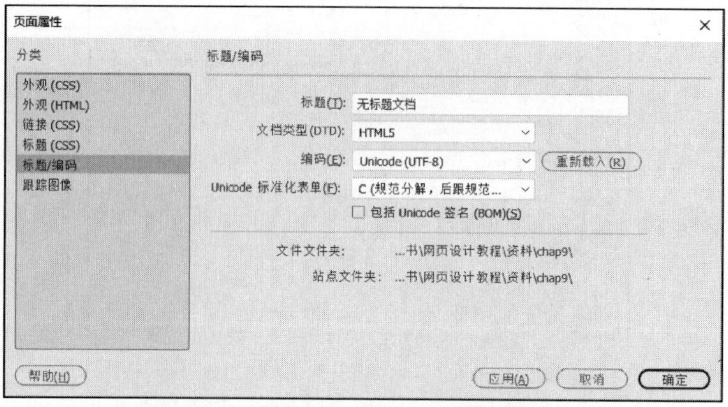

图 9-12　“页面属性”对话框——“标题/编码”选项

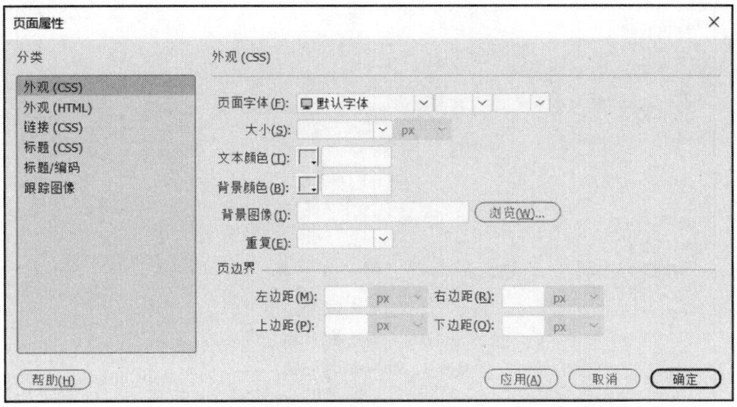

图 9-13 “页面属性”对话框——“外观（CSS）”选项

（4）按【Ctrl+S】组合键，将网页保存（如果是新建的网页，注意应将网页保存在本地站点中）。

（5）确保在文档工具栏选中“设计视图”，在“文档”窗口中输入文字。输入文字时，如果需要开始新的一段，按【Enter】键即可（相当于使用<p>标记符）。也可以通过“插入”面板中的选项插入各种对象（注意可以拖动滚动条看到更多选项），如图 9-14 所示。

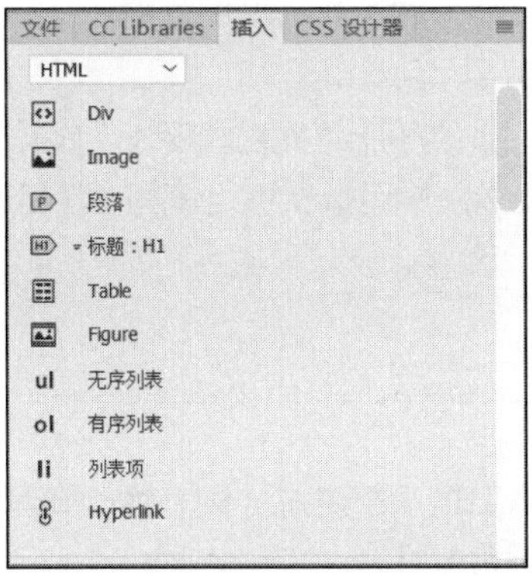

图 9-14 “插入”面板

（6）在“文档”窗口中，如果需要对添加的内容进行修饰，应首先选取它，然后在“属性”检查器（选择“窗口”→“属性”命令或按【Ctrl+F3】组合键）中进行相应的设置。例如，图 9-15 显示了如何设置水平线的属性。

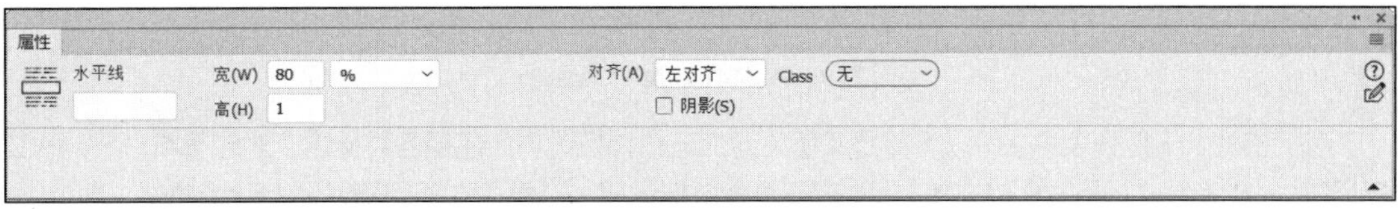

图 9-15 在“属性”检查器中设置水平线属性

（7）在编辑网页的过程中，如果需要在浏览器窗口中查看网页效果，应先按【Ctrl+S】组合键保存对网页的修改（如果“文档”窗口标签中的文件名后有一个星号（*），则表示当前文档中包含尚未保存的内容），然后按【F12】键，在默认浏览器中预览。

单击状态栏中的“预览”按钮（在窗口右下角），选择“编辑列表”，打开“首选项”→“实时预览”对话框，可以在其中将 Chrome 设置为主浏览器（按【F12】键预览），将 Firefox 设置为次浏览器（按【Ctrl+F12】组合键预览），如图 9-16 所示。

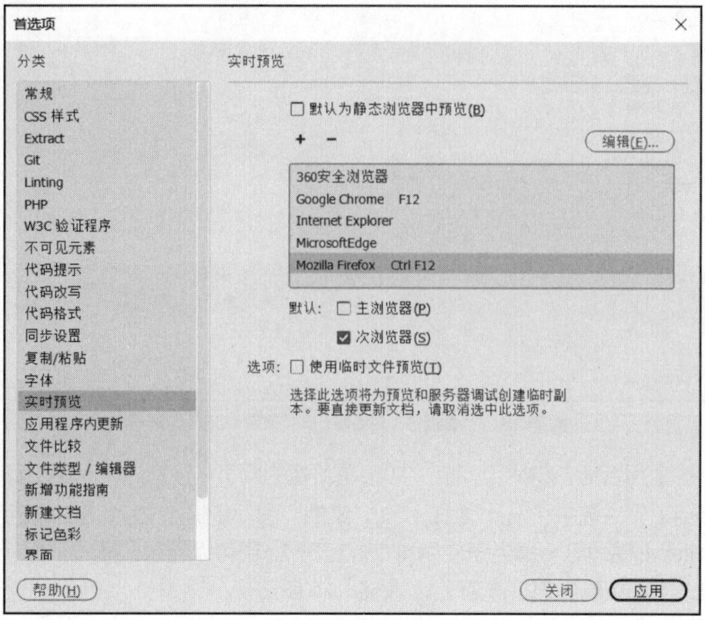

图9-16　设置预览浏览器

说明　**如果习惯于直接写代码，那么打开网页后直接在“代码”视图或“拆分”视图中编辑代码即可。在Dreamweaver中可以快速地编写HTML、CSS和JS代码，具体请参见9.5.1节。**

9.3.2　使用文本

在 Dreamweaver 中设置字符格式、段落格式、列表格式和超链接都非常方便，通常选中相应文本或段落，然后在“属性”检查器中设置即可。

选中一段段落文本后，“属性”检查器如图9-17所示。

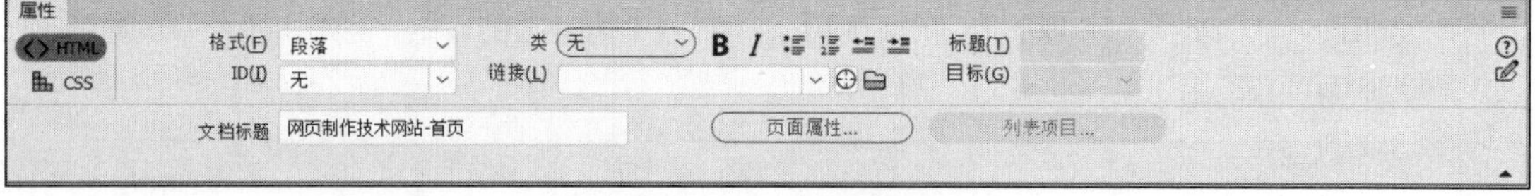

图9-17　文本的“属性”检查器

在“格式”下拉列表中，可以设置是段落（对应于<p>标记符）还是各种标题（对应于<h1>~<h6>标记符），或者是“预格式化的文本”（对应于<pre>标记符）；“类”选项用于设置class属性，“ID”选项用于设置id属性；**B**按钮用于设置粗体（对应于<strong>标记符），*I*按钮用于设置斜体（对应于em标记符），按钮用于设置无序列表（对应于<ul>和<li>标记符），按钮用设置有序列表（对应于<ol>和<li>标记符），按钮用于减少块缩减（相当于减少<blockquote>标记符的层次），按钮用于增加块缩进（相当于增加<blockquote>标记符的层次）；“链接”“标题”“目标”这几个选项用于设置超链接，详见9.3.3节；“文档标题”即<title>标记符的内容；单击“页面属性”按钮可以打开“页面属性”对话框；选中按钮或按钮后，“列表项目”按钮变为可用，单击它可以设置列表属性，例如，图9-18显示了如何设置有序列表的列表属性。

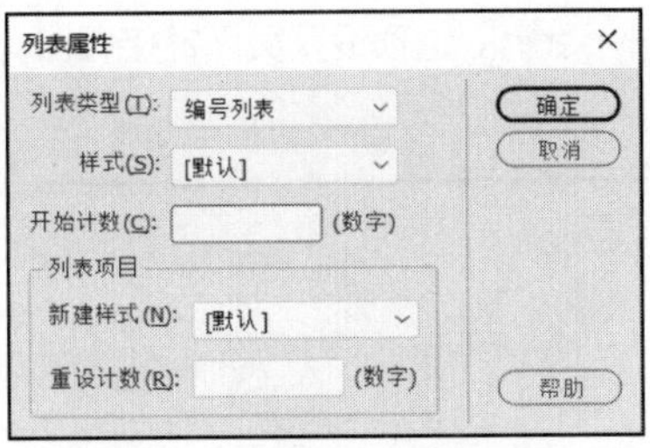

图 9-18 设置有序列表的列表属性

在文本的“属性”检查器左上角选择“CSS”，则“属性”检查器变为图 9-19 所示，可以在其中以 CSS 的方式设置格式，相关内容详见 9.4 节。

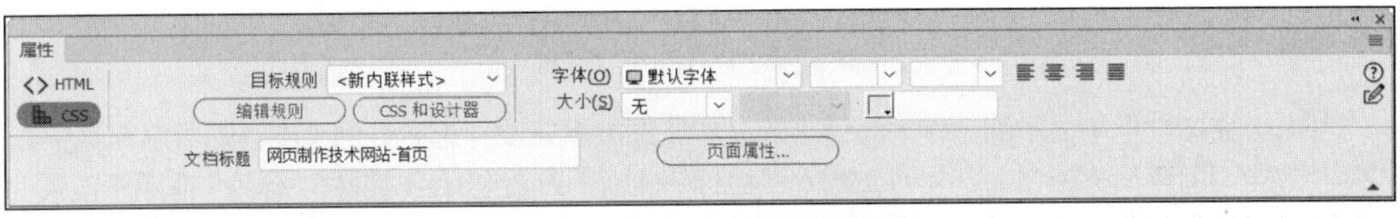

图 9-19 使用 CSS 方式设置文本属性

9.3.3 使用超链接

1. 创建页面链接

页面链接就是指向其他网页文件的超链接，浏览者单击相应超链接时将跳转到对应的网页。如果超链接的目标文件位于同一站点，通常采用相对 URL；如果超链接的目标文件位于其他位置（例如 Internet 上的其他网站），则需要指定绝对 URL。

创建页面超链接的步骤如下。

（1）选中要创建超链接的文本或图片。

（2）在“属性”检查器的“链接”框中输入目标文件的 URL（相对 URL 或绝对 URL），或者单击旁边的“浏览文件”按钮，在站点中选择一个文件作为超链接的目标文件，或者拖曳“指向文件”按钮，当箭头指向“文件”面板中的超链接目标文件时释放鼠标，这时“链接”框中即显示出相应的 URL。

（3）在“标题”框中输入超链接的 title 属性值，它一般会以工具提示（tooltip）的形式在浏览器中显示（即当鼠标指针悬停在超链接时显示的文本）；在“目标”框中选择超链接的 target 属性，例如，如果需要在新窗口或标签中打开超链接的目标文件，应选择“_blank”选项。

注意　大多数情况下，不建议使用超链接的 target 属性，因为它可能会导致用户理解的混乱。

设置页面链接时的“属性”检查器如图 9-20 所示。

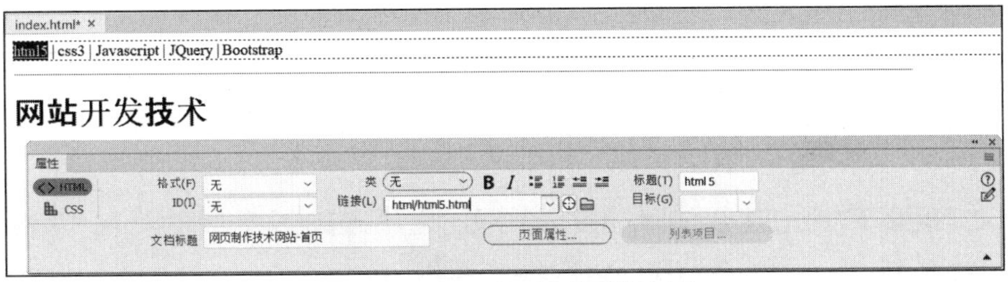

图 9-20 设置页面链接时的“属性”检查器

也可以使用“插入”面板中的“Hyperlink”选项设置页面链接，此时会打开图 9-21 所示的“Hyperlink”对话框。

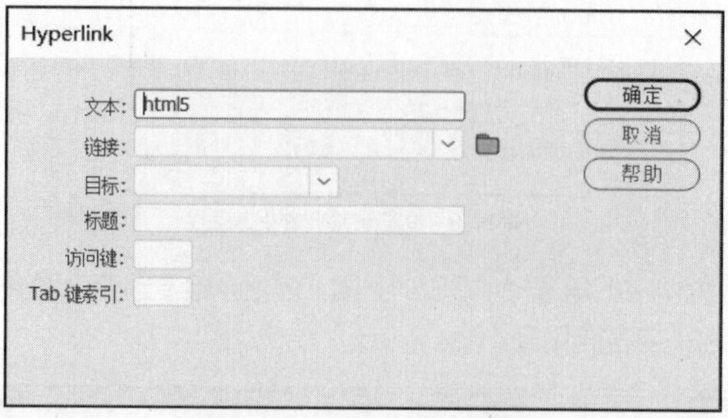

图 9-21 “Hyperlink”对话框

其中，“文本”框中显示的是作为超链接的文本，如果事先没有选中任何文本，则可以在其中输入文本；“链接”框用于设置超链接的目标文件；“目标”框用于设置 target 属性；“标题”框用于设置 title 属性；“访问键”框用于设置 accesskey 属性，即访问超链接的快捷键；“Tab 键索引”框用于设置 tabindex 属性，即访问超链接的 Tab 键控制次序。

说明 **实际上，title、accesskey 和 tabindex 是 HTML 全局属性，也就是能应用于所有 HTML 元素（虽然对于很多元素不一定会有用）。**

2. 创建锚点链接

锚点链接就是在页面的特定区域先指定一个锚点，然后创建一个指向锚点的超链接，单击该超链接时，浏览器自动跳转到锚点所在的区域。

创建锚点链接的步骤如下。

（1）在“文档”窗口中选择要作为锚点的文本或者段落。

（2）在“属性”检查器的“ID”框中输入锚点的名称，此时查看“代码”视图，会看到相应的标记符添加了 id 属性。

（3）选中要作为超链接源的文本或图像。

（4）在“属性”检查器中的“链接”框中首先输入一个“#”号，再输入锚点名称（它们之间不要有空格），锚点链接即创建完成。例如，若要链接到当前文档中名为“top”的锚点，应输入“#top”。若要链接到同一文件夹内叫作“tob.html”文档中的名为“top”的锚点，应输入“tob.html#top”。

3. 创建电子邮件链接

创建电子邮件链接的步骤如下。

（1）将光标定位到需要插入电子邮件链接的位置。

（2）选择“插入”面板中的“电子邮件链接”选项。

（3）打开“电子邮件链接”对话框，在“文本”框中输入用于超链接的文本，在“电子邮件”框中输入电子邮件地址，如图 9-22 所示。

（4）单击“确定”按钮。

说明 **也可用以下方法创建电子邮件链接：选中要创建超链接的文本或图片，在“属性”检查器的“链接”框中输入“mailto:电子邮件地址”。**

4. 更新超链接

如果在网站中更改了某些文件的文件名，或者移动了它们的位置，这时候需要更新与它们有链接关系的网页，以便使网页中的超链接能够正确工作。在 Dreamweaver 中，这个更新过程是自动完成的。例如，如果更改了某个文件的文件名，确定之后会弹出图 9-23 所示的对话框，提示更新超链接，单击“更新”按钮即可。

图 9-22 “电子邮件链接”对话框

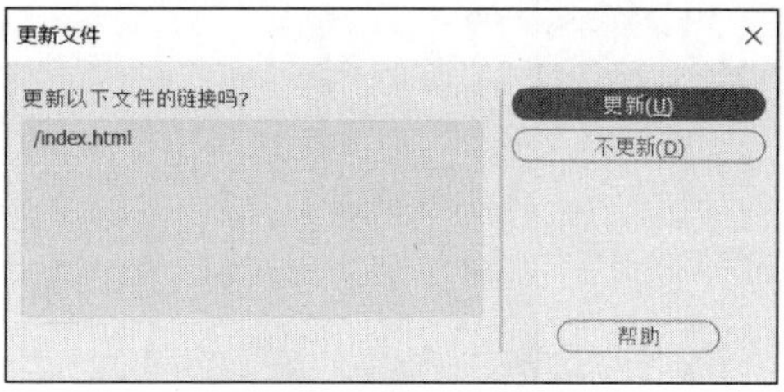

图 9-23 “更新文件”对话框

5. 检查超链接

确保网站中的所有超链接都能够正确工作是网站测试时最基本、最重要的一环。要检查整个网站中的超链接，可以在“文件”面板中的任意处单击右键，然后选择“检查链接”→“整个本地站点”命令，在打开的链接检查器中查看站点中超链接的情况，如图 9-24 所示。在该检查器中，单击上方的列表框，可以查看“断掉的链接”“外部链接”和“孤立文件”，最下方的状态栏里，显示了对整个检查状况的汇总。

图 9-24 链接检查器

> **说明** 这样不但能检查超链接的情况，也能检查其他使用链接方式引用文件的情况（例如，如果插入的图像不存在，在链接检查器中也将显示为“断掉的链接”）。

9.3.4 使用图像

1. 插入图像

在 Dreamweaver 中插入图像的步骤如下。

（1）将光标置于要插入图像的位置，选择“插入”面板中的“Image”选项或选择“插入”→“图像”命令（【Ctrl+Alt+I】组合键）。

（2）此时将打开“选择图像源文件”对话框，如图 9-25 所示，选取存放在站点中的图像文件，单击“确定”按钮即可将图片插入指定位置。

图 9-25 “选择图像源文件”对话框

说明 如果所选择的图像文件不是站点中的文件，则 Dreamweaver 会将图像文件自动保存到站点的图像目录（一般为“images”文件夹）中。

（3）使用“属性”检查器设置图像的属性，如图 9-26 所示。

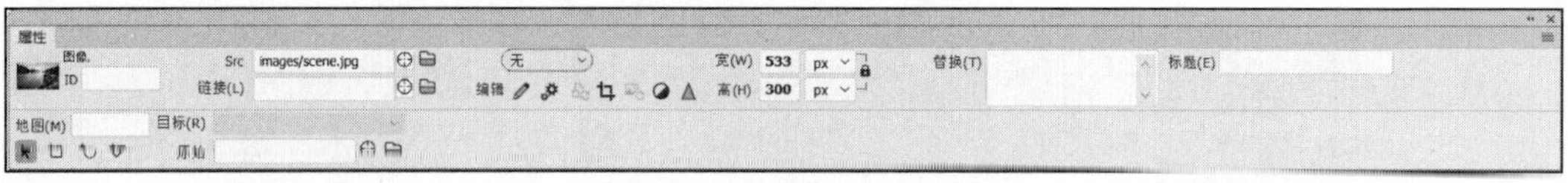

图 9-26 图像的“属性”检查器

以下是各选项的含义。

- “ID”：图像的 id 属性。
- “Src”：图像的 src 属性。
- “链接”：将图像作为超链接的源，指定超链接的目标文件。
- 无：样式表选项。
- “宽”和“高”：指定插入网页中的图像在浏览器窗口中显示的尺寸大小，直接输入数值即可。
- “替换”：指定图像替换文字（对应于 alt 属性），当访问者的浏览器不显示网页中的图像时，则在图像区域显示相应文字。
- “标题”：图像的 title 属性（即鼠标指针悬停在图像上时显示的文本）。
- “地图”等选项：用于指定图像映射。
- 各种编辑按钮：用于对图像进行编辑处理。

2. 插入鼠标指针经过图像

鼠标指针经过图像是一种鼠标指针悬停在它上面时切换为另一幅图像的效果，一般用于实现按钮效果或者翻转图。插入鼠标指针经过图像的步骤如下。

（1）将光标置于要插入鼠标指针经过图像的位置，选择“插入”面板中的“鼠标经过图像”选项或选择“插入”→“HTML”→“鼠标经过图像”命令。

（2）打开“插入鼠标经过图像”对话框，如图 9-27 所示，选取“原始图像”和“鼠标经过图像”（这两个图像应该分辨率相同），设置“替换文本”，必要时指定超链接的目标文件，最后单击“确定”按钮。

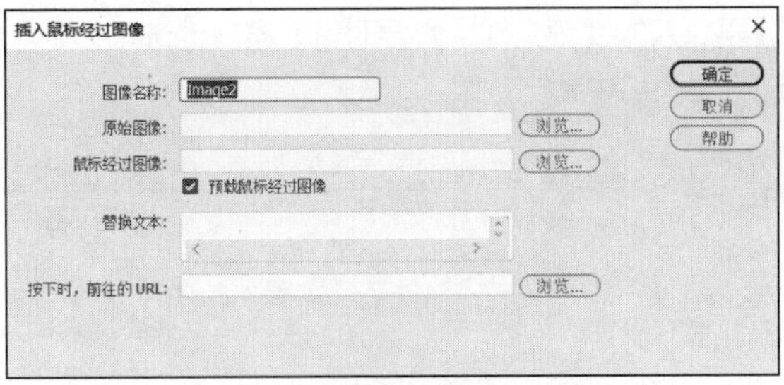

图 9-27 “插入鼠标经过图像”对话框

查看“代码”视图，在 body 部分会看到类似以下的代码：

```
  <p><a href="#" onMouseOut="MM_swapImgRestore()"
onMouseOver="MM_swapImage('Image2','','images/buttonpressed.png',1)"><img
src="images/button.png" alt="" width="345" height="342" id="Image2"></a></p>
```

而在 head 部分，会看到自动生成的 JS 代码。

9.3.5 使用音频与视频

1. 插入音频

在网页中插入音频文件的步骤如下。

（1）在“文档”窗口中将插入点定位到要插入音频的地方，选择“插入”面板中的“HTML5 Audio”选项或者选择“插入”→“HTML”→“HTML5 Audio”命令。

（2）在“文档”窗口中会插入一个音频图标，双击该图标，打开“属性”检查器，如图 9-28 所示。

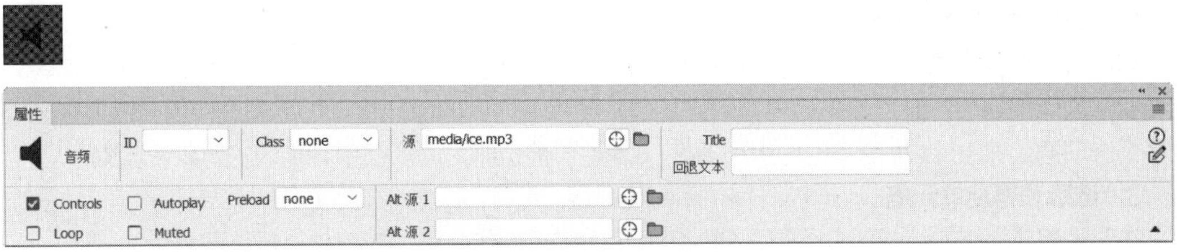

图 9-28 设置插入音频属性

（3）在“源”框中设置要插入的音频文件；必要时可设置其他选项。

（4）按【F12】键在浏览器窗口中预览效果。

2. 插入视频

在网页中插入视频文件的步骤如下。

（1）在“文档”窗口中将插入点定位到要插入视频的地方，选择“插入”面板中的“HTML5 Video”选项，（或者选择“插入”→“HTML”→“HTML5 Video”命令（组合键【Ctrl+Alt+Shift+V】)。

（2）在“文档”窗口中会插入一个视频图标，双击该图标，打开“属性”检查器，如图 9-29 所示。

图 9-29 设置插入视频的属性

（3）在“源”框中设置要插入的视频文件；必要时可设置其他选项。

（4）按【F12】键在浏览器窗口中预览效果。

9.3.6 使用表格

1. 插入表格

在网页中插入表格的步骤如下。

（1）将光标定位到要插入表格的位置，选择“插入”面板中的“Table”选项▦或选择“插入”→“Table”命令，打开“Table”对话框，如图 9-30 所示。

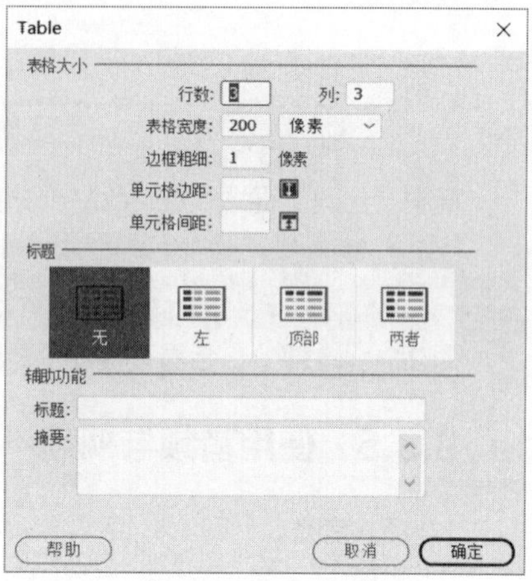

图 9-30 “Table”对话框

（2）在该对话框中，“行数”框用于指定表格的行数；“列”框用于指定表格的列数；“表格宽度”框用于指定表格的宽度，指定宽度时可在右边列表中选择表格宽度的单位，可以是“像素”或“百分比”（即占浏览器窗口宽度的百分比）；“边框粗细”框用于指定表格边框的粗细；“单元格边距”框用于指定单元格与内容之间的填充距（对应于<table>标记符的 cellpadding 属性）；“单元格间距”框用于指定表格内的单元格之间的距离（对应于<table>标记符的 cellspacing 属性）；“标题”下的 4 个图标表示是否使用<th>标记符代替<td>标记符，以及在什么位置代替；“辅助功能”下的“标题”对应<caption>标记符，“摘要”对应<table>标记符的 summary 属性。

（3）设置好相应的数值后单击“确定”按钮，即可在指定位置插入表格。

2. 在单元格中添加内容

用户可以在表格的单元格中添加任意网页内容，例如图像、文字、动画，甚至另外一个表格等。要在单元格内添加网页对象，首先应将插入点定位到要添加内容的单元格，然后通过使用“插入”面板中的各个选项插入对象，之后还可以使用对象的“属性”检查器为添加在单元格内的对象设置属性。

3. 选取表格及单元格

在对表格或表格的组成部分（行、列、单元格）进行操作之前，应首先执行选取操作。

单击表格任意边框可以将其选中，也可以在状态栏的标签选择器上选择相应的<table>标记符。

选择单独单元格的方法：首先将光标定位到该单元格，然后在标签选择器中选择加深显示的<td>标记符。

选择不连续单元格的方法：首先按住【Ctrl】键，再单击若干个单独的单元格，即可将不连续的单元格选中，若再次单击鼠标则取消选定单元格操作。

选择连续单元格的方法：首先将光标定位到行或列中的起始单元格，按住【Shift】键，再单击行或列中的另一个单元格，则包含在这两个单元格之间的所有单元格均被选定。也可以将光标定位到某个单元格中，按住鼠标不放向右下方拖曳，以选中多个连续的单元格。

选择表格行的方法：将光标移到表格中该行的左侧，在表格边框中的鼠标指针变为黑色向右箭头形状➡时，单击鼠标即可选择表格行；也可以将光标移动到要选择表格行的某个单元格中，然后单击标签选择器中离<td>标记符最近的<tr>标记符。

选择表格列的方法：将光标移到表格中该列的上方，在表格边框中的鼠标指针变为黑色向下箭头形状⬇时，单击鼠标即可选择该列。与选择表格行不同的是，不能利用标签选择器选取表格列。

4. 添加、删除行或列

添加行或列的方法：在需要添加行或列的区域单击鼠标右键，在弹出的快捷菜单中选择“表格”菜单中的“插入行”或“插入列”命令；也可以选择“插入行或列”命令，然后在“插入行或列”对话框中进行相应设置，如图 9-31 所示。

若要删除表格行或列，在“文档”窗口中选择表格行或列后，直接按【Delete】键即可删除表格的行或列，此方法也同样适用于删除整个表格。

5. 合并与拆分单元格

合并单元格是指将多个单元格合并成一个，在表格中只能合并连续的单元格。合并单元格的方法：在表格中选取要合并的单元格，然后在其“属性”检查器中单击“合并所选单元格，使用跨度”按钮；也可以利用快捷菜单中的“表格”→“合并单元格”命令将被选中的单元格合并。

拆分单元格是指将一个单元格拆分为多个单元格。拆分单元格的方法：选中要拆分的单元格，然后在“属性”检查器中单击“拆分单元格为行或列”按钮，也可以利用快捷菜单中的“表格”→“拆分单元格”命令，拆分时会显示“拆分单元格”对话框，如图 9-32 所示，可在其中设置拆分选项。

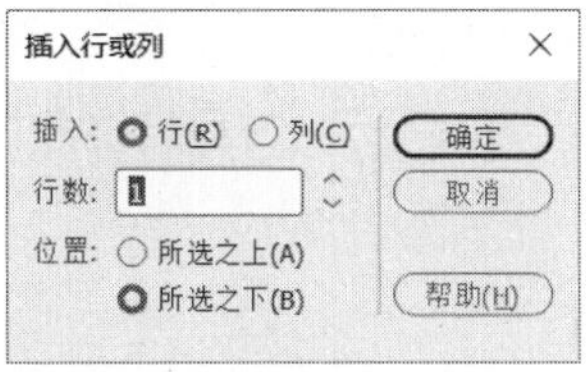

图 9-31 “插入行或列”对话框

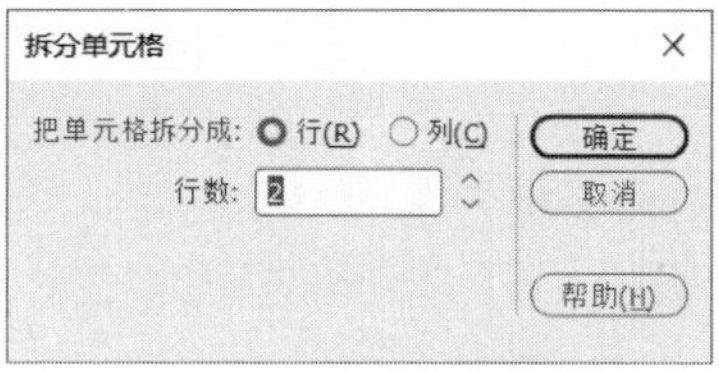

图 9-32 “拆分单元格”对话框

6. 设置表格属性

在“文档”窗口中选取表格后，即可在其“属性”检查器中设置表格的属性，如图 9-33 所示。

图 9-33 表格的“属性”检查器

各选项的含义如下。

- “表格”：表格的 id 属性。
- “行”与“列”：设置表格行数与列数。
- “宽”：设置表格宽度。
- “CellPad”与“CellSpace”：设置单元格内容与单元格之间的填充距与边距（对应于<table>标记符的 cellpadding 属性和 cellspacing 属性）。
- “Align”：设置表格在浏览器中的对齐方式，包括“默认”“左对齐”“居中对齐”“右对齐”。
- “Border”：设置表格边框粗细，表格不设置边框时，此值为 0。
- “Class”：设置表格所属的 CSS 类。
- ：单击该按钮，可以清除表格列内多余宽度。
- ：单击该按钮，可以将表格宽度单位转换为像素值。
- ：单击该按钮，可以将表格宽度单位转换为百分比。
- ：单击该按钮，可以清除表格行内多余高度。

7. 设置单元格属性

选取单元格（也可以是行或列）后，即可在其“属性”检查器中设置相应的属性，如图 9-34 所示。

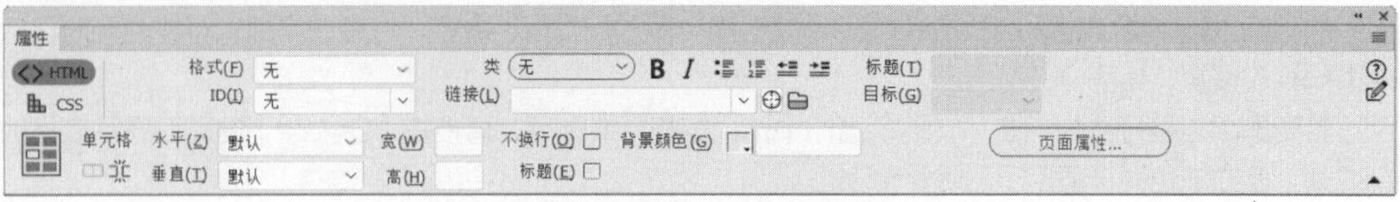

图 9-34 单元格的"属性"检查器

单元格"属性"检查器上半部分显示了常用的文本属性，可以使用它们设置单元格内文字的格式（分为 HTML 方式和 CSS 方式两种）。

下半部分为单元格属性，其中的选项及相应含义如下。

- "水平"：设置单元格内容的水平对齐方式，选项有"默认""左对齐""居中对齐""右对齐"。
- "垂直"：设置单元格内容的垂直对齐方式，选项有"默认""顶端"（内容与单元格顶部对齐）"居中"（内容与单元格中部对齐）"底部"（内容与单元格底部对齐）"基线"（内容与单元格基线对齐）。
- "宽"与"高"：设置单元格的宽度与高度。
- "不换行"：选择该选项可以取消文字自动换行功能。
- "标题"：如果将单元格设置为标题单元格，则其中文字以粗体显示，并且自动居中对齐（即使用<th>标记符替换<td>标记符）。
- "背景颜色"：设置单元格的背景颜色。

9.3.7 使用表单

1. 插入表单

在网页中插入表单的步骤如下。

（1）将光标定位到要插入表单的区域，单击"插入"面板"表单"类别中的"表单"按钮。

（2）在"文档"窗口中会出现虚线包围的一个黑色区域，表示表单的作用范围，如图 9-35 所示。

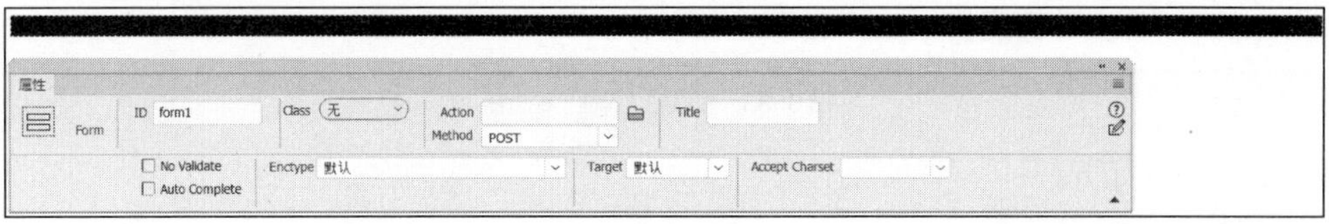

图 9-35 插入表单

（3）在表单的"属性"检查器中设置表单的各项属性，常用属性的含义如下。

- "ID"：表单的 id 属性。
- "Class"：表单的 class 属性。
- "Action"：具体指定处理表单数据的服务器端应用程序。
- "Method"：选择处理表单数据有 3 种方法，即 GET、POST 和默认，一般选择 POST 方法即可。

（4）将光标定位到表单框内，然后单击"插入"面板"表单"类别中的表单控件按钮，插入需要的表单控件。例如要插入文本框，则单击"文本"按钮，文本框即被插入表单框内。

（5）也可以在表单作用范围内插入其他网页元素（但不能是另一个表单），例如文本、图像、表格等，并对这些元素进行修饰。

（6）插入表单控件后设置其属性即可完成插入表单操作。

2. 使用文本框

将光标定位到表单框内，单击"插入"面板"表单"选项卡中的"文本"按钮，即可插入文本框（有时也叫文本域）。在"代码"视图查看，会看到在网页中插入了一个 type 属性为 text 的<input>标记符，并指定了标签效果（即<label>标记符）和标签文本（默认为“Textfield:”，可以自行更改）。

单击“插入”面板“表单”选项卡中的“密码”按钮，即可插入密码框。与文本框类似，在代码视图中会插入相应的 input 标记符和标签。

单击“插入”面板“表单”选项卡中的“文本区域”按钮，即可插入多行文本框，它对应的是 textarea 标记符和相应的标签。

说明 **除了以上 3 种常规的文本输入框以外，还可以插入“电子邮件”框、“电话号码”框等文本类型的输入框，以及一些和日期时间等相关的控件。但有些浏览器不支持这些 HTML5 中新增的表单控件（“电子邮件”框除外），因此使用时应慎重。**

插入表单控件后，可以在“属性”检查器中设置其属性。例如，文本框的“属性”检查器如图 9-36 所示（常用属性的含义参见 5.4 节）。

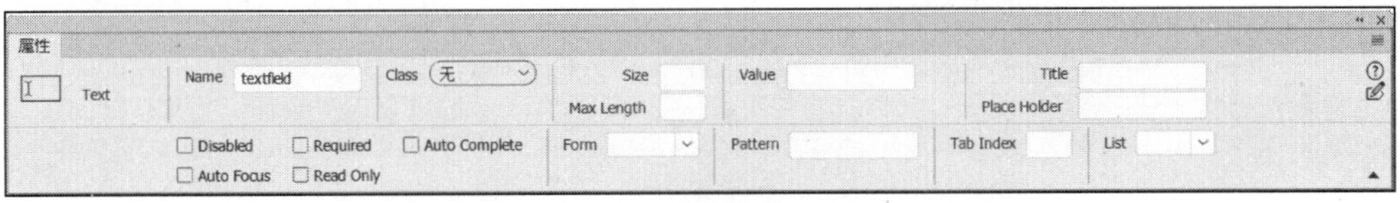

图 9-36　文本框的“属性”检查器

3. 使用复选框

单击“插入”面板“表单”选项卡中的“复选框”按钮，可以在表单框内插入复选框，其“属性”检查器如图 9-37 所示。

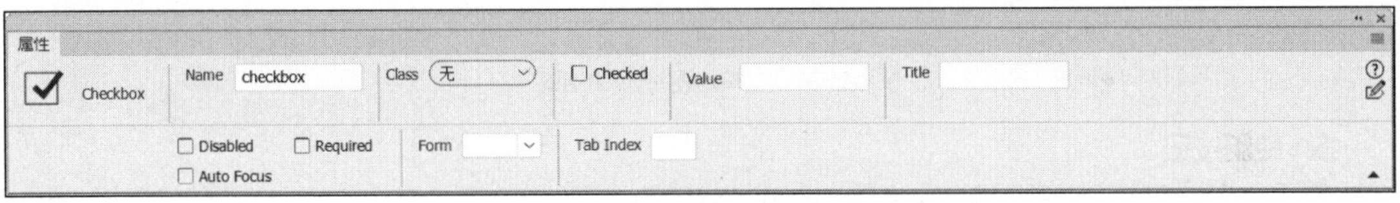

图 9-37　复选框的“属性”检查器

该“属性”检查器中只有一个常用属性“Checked”，表示复选框的默认选中状态。

单击“插入”面板“表单”选项卡中的“复选框组”按钮，打开“复选框组”对话框，如图 9-38 所示，可以一次性插入多个复选框（默认是 2 个，可以单击＋ －按钮增减复选框的个数）。

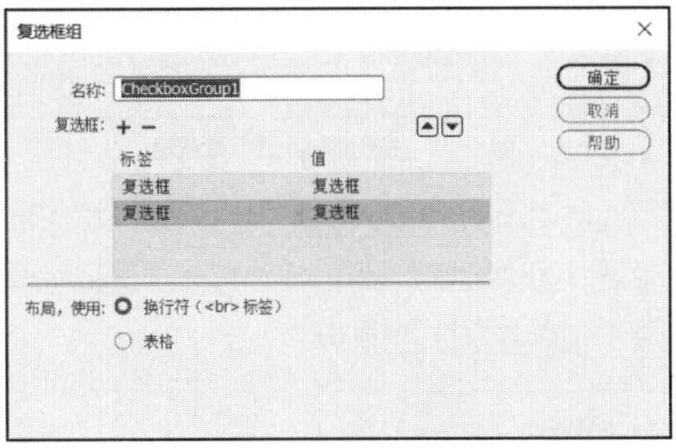

图 9-38　“复选框组”对话框

4. 使用单选按钮

单击插入栏中的“单选按钮”按钮，可以在表单框内插入单选按钮，其“属性”检查器如图 9-39 所示。单选按钮的属性与复选框类似，主要的属性是“Checked”，表示默认是否选中。

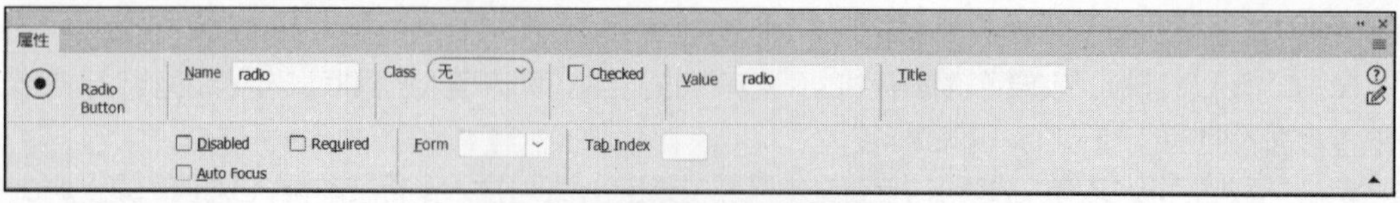

图 9-39 单选按钮的“属性”检查器

需要特别注意的是，单选按钮必须具有相同的 name 属性才能获得“单选”效果，因此在单独插入单选按钮的情况下，应人工设置它们的 name 属性相同，使它们在同一组。

单击“插入”面板“表单”选项卡中的“单选按钮组”按钮，打开“单选按钮组”对话框，如图 9-40 所示，可以一次性插入多个单选按钮（默认是 2 个，可以单击＋ －按钮增减单选按钮的个数）。考虑到单选按钮的分组特性，用单选按钮组的方法显然要比单独插入单选按钮更方便一些。

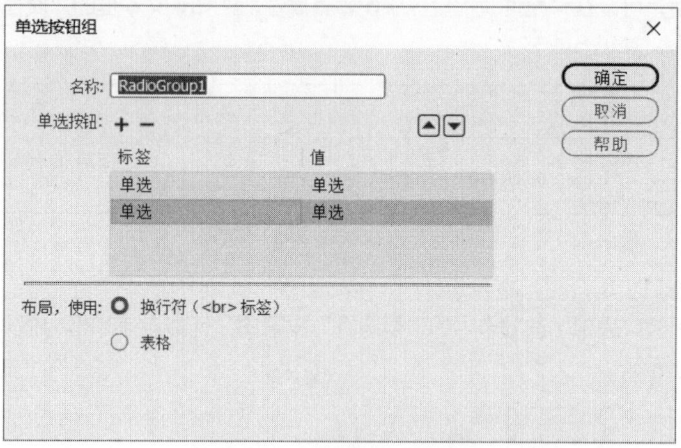

图 9-40 “单选按钮组”对话框

5. 使用按钮

单击“插入”面板“表单”选项卡中的“按钮”按钮，可以插入一个普通按钮（对应的代码是<input type="button">），在其“属性”检查器中可以设置 Value 属性（即按钮上的文本，默认为“提交”）和其他属性，如图 9-41 所示。

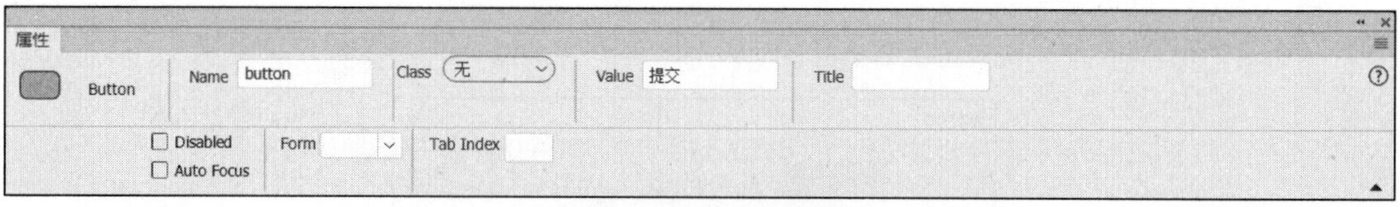

图 9-41 按钮的“属性”检查器

单击“插入”面板“表单”选项卡中的“提交按钮”按钮，可以插入一个提交按钮（对应的代码是<input type="submit">）；单击“图像按钮”按钮，打开“选择图像源文件”对话框，可以选择一个图像作为按钮（对应的代码是<input type="image">）。

9.4 使用 CSS 样式

CSS 样式是网站开发时最常用的技术之一，它由一系列格式设置规则构成，用于控制网页内容的外观。本节介绍如何在 Dreamweaver 中使用 CSS 样式，以便更有效地设置网页内容的格式和进行网页布局。有关 CSS 样式的技术细节，请参见本书第 3 章和第 6 章。

9.4.1 链接或创建样式表

1. 链接现有的 CSS 文件

如果事先已经在站点中建立了 CSS 文件（可以是空白的），那么可以执行以下步骤将其链接到网页文件。

（1）打开“CSS 设计器”面板，确保其处于“全部”模式。

（2）单击“源”部分的✚按钮或者 +添加新的CSS源 按钮，在弹出的菜单中选择“附加现有的 CSS 文件”，如图 9-42 所示。

（3）打开“使用现有的 CSS 文件”对话框，如图 9-43 所示。单击“浏览”按钮，打开“选择样式表文件”对话框，定位到站点中的 CSS 文件，如图 9-44 所示。

图 9-42 选择“附加现有的 CSS 文件”

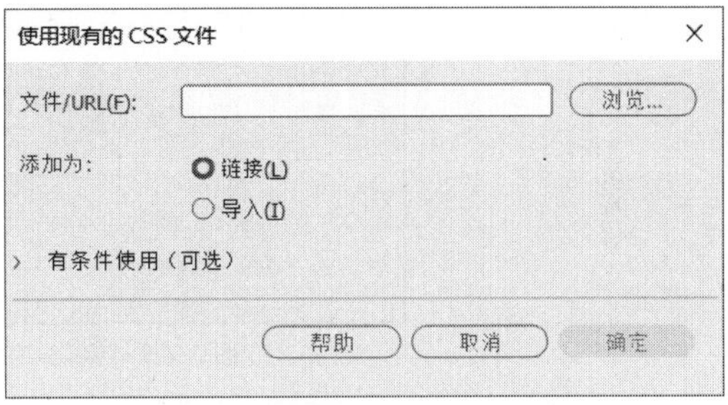

图 9-43 “使用现有的 CSS 文件”对话框

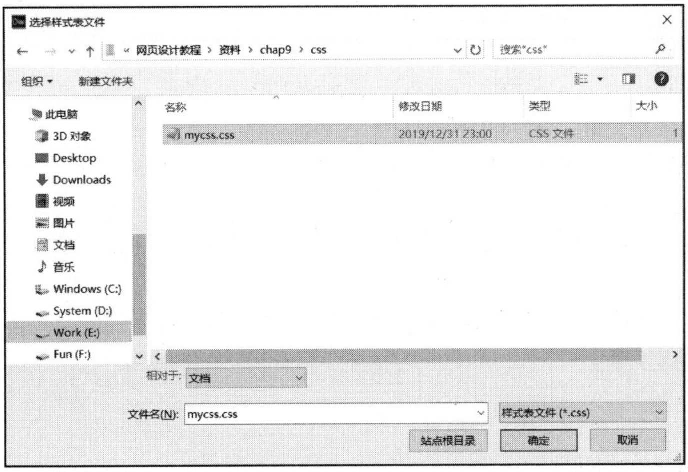

图 9-44 “选择样式表文件”对话框

（4）单击“确定”按钮，回到“使用现有的 CSS 文件”对话框，这时在“文件/URL(F):”框中显示出 CSS 文件的 URL。保持选中“链接”单选按钮，单击“确定”按钮。

这时，在“CSS 设计器”面板的“所有源”下面会出现链接的外部样式表文件；“文档”窗口中会自动打开该 CSS 文件，在文件标签下与源文件并列，显示为 源代码 mycss.css ，单击 CSS 文件的图标则可以在“代码”视图中进行编辑；查看网页源代码，会看到 CSS 文件以 link 的方式链接到了网页。

2. 创建新的 CSS 文件

如果事先没有 CSS 文件，那么可以新建，步骤如下。

（1）打开“CSS 设计器”面板，确保其处于“全部”模式。

（2）单击“源”部分的✚按钮或者 +添加新的CSS源 按钮，在弹出的菜单中选择“创建新的 CSS 文件”。

（3）打开“创建新的CSS文件”对话框，参见图9-43（除了对话框的标题栏不同，其他内容一样）。单击“浏览”按钮，打开“将样式表文件另存为”对话框，定位到站点中要保存CSS文件的位置，并为样式表文件命名，如图9-45所示。

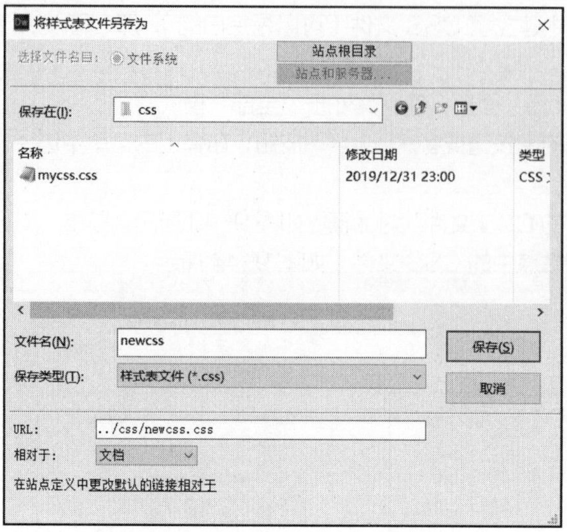

图9-45 “将样式表文件另存为”对话框

（4）单击“保存”按钮，回到“创建新的 CSS 文件”对话框，单击“确定”按钮。这时，新建的CSS文件就被链接到网页，与链接已有文件的效果一模一样。

3. 定义页内样式

如果还需要使用页内样式（即用<style>标记符创建单页使用的样式表），那么应使用以下步骤。

（1）打开“CSS 设计器”面板，确保其处于“全部”模式。

（2）确保已经链接了所有的外部样式表，单击“源”部分的+按钮，在弹出的菜单中选择“在页面中定义”命令，参见图9-42。

这时，在“源”下方会出现<style>，在源代码中会出现<style>标记符，它位于<link>标记符之后。

注意 **因为页内样式表的优先级通常都高于外部样式表，所以要确保先链接了外部样式表，再定义页内样式表。**

9.4.2 定义样式规则

链接了外部样式表或者定义了页内样式后，可以直接在“代码”视图编辑样式，也可以使用 CSS 设计器设计，步骤如下。

（1）选中某个“源”。

（2）在“选择器”部分，单击加号按钮+，在弹出的文本框中输入要增加的选择器，如图 9-46所示。

（3）在“属性”部分出现 添加属性 : 添加值 ，可以在其中直接输入 CSS 属性和对应的值，如图 9-47所示（拖曳面板的左边框，可以让“CSS 设计器”面板内容显示为两列）。

（4）根据需要添加属性和值，如图 9-48 所示。鼠标指针悬停到某个属性上时，会出现两个图标，单击禁用图标可以暂时禁用此属性，单击删除属性图标可以删除此属性。

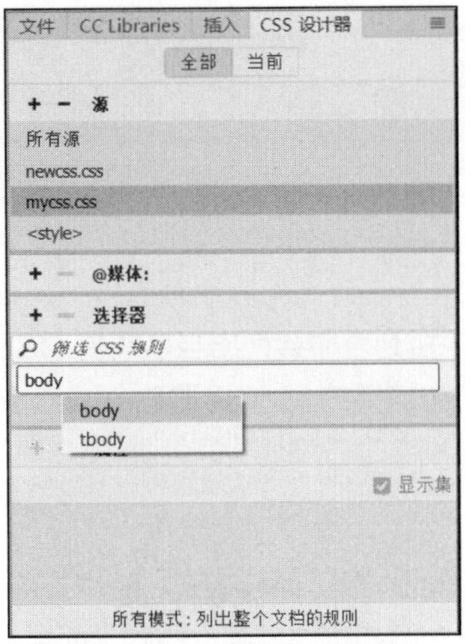

图 9-46　增加 CSS 选择器

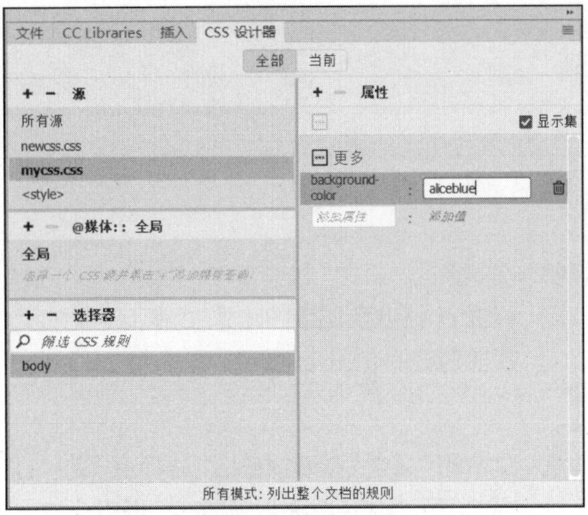

图 9-47　设置 CSS 属性

如果对 CSS 属性不熟悉，可以取消选中“显示集”复选框，这时“CSS 设计器”面板的“属性”部分会出现完整的 CSS 属性列表，并且分为“布局”“文本”“边框”“背景”和“更多”5 类，如图 9-49 所示。鼠标指针悬停到某属性上时，会有对应的提示（这其实也是个学习 CSS 属性的好方法）。在具体某属性右边的值栏，直接输入该属性的取值，即设置了该属性。

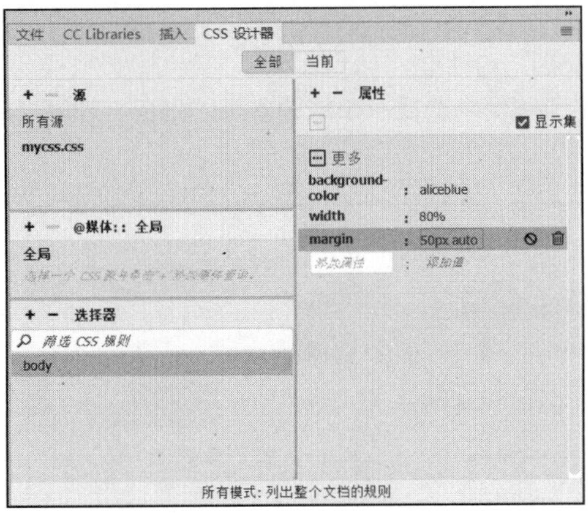

图 9-48　添加多个属性

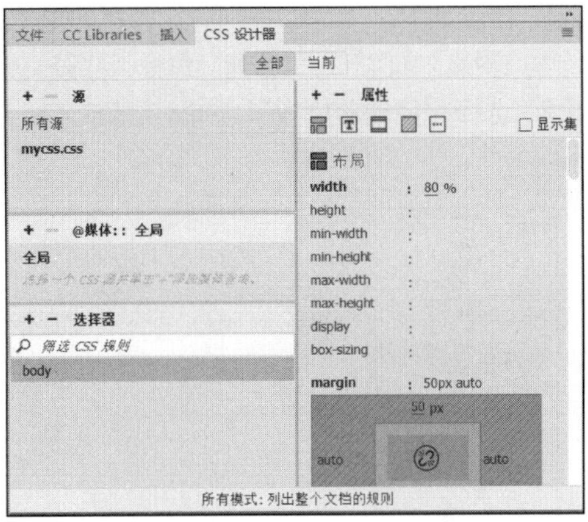

图 9-49　利用“属性”列表添加属性

（5）重复步骤（2）～（4），建立多个 CSS 规则。

9.4.3　应用样式规则

根据 CSS 样式的基本原理可知，对于一些选择器，如标记符选择器、只包含标记符的后代选择器、相邻兄弟选择器等，网页会自动应用样式而无须用户指定。而对于使用类选择器、ID 选择器、复杂的后代选择器（即包含类、ID 选择器的后代选择器）等选择器，则必须为相应的内容指定 id 和 class，步骤如下。

（1）选取要应用样式的文本、段落或其他对象。最好是使用“文档”窗口状态栏中的标记符选择器，或者使用“DOM”面板。

（2）在“属性”检查器中设置相应的“Nav ID”“Class”，如图 9-50 所示。

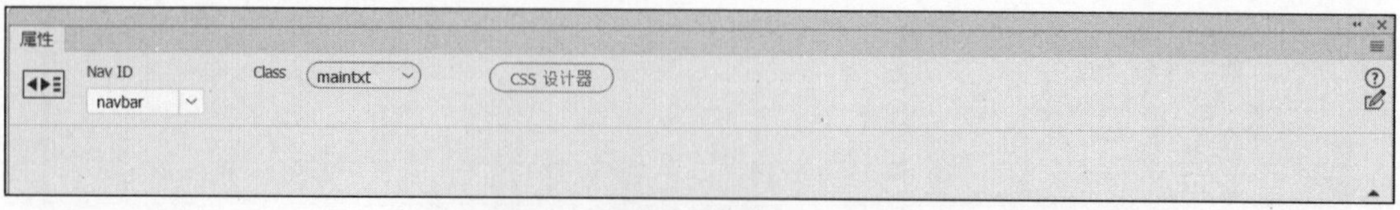

图 9-50　设置“Nav ID”和“Class”

说明　在对象的“属性”检查器中，“Nav ID”和“Class”下拉列表中会列出当前所有 CSS 样式表（包括链接的外部样式表和定义的页内样式表）中包括的 id 选择器和 class 选择器对应的 id 和 class。

注意　文本的“属性”检查器包括“HTML”和“CSS”（参见图 9-19）两种模式，在“CSS”模式下可以用 CSS 设置格式，但用这种方法不符合“内容与格式分离”原则，而且从工作流程的角度来看并不方便，因此不建议使用。

9.4.4　使用 CSS 设计页面布局

在 Dreamweaver 中可以自行设计页面布局，也可以参照 Dreamweaver 提供的模板设计 CSS 页面布局，步骤如下。

（1）选择“文件”→“新建”命令，打开“新建文档”对话框。

（2）选择“启动器模板”，选择“基本布局”，在示例页中选择一个想要参照的模板，如图 9-51 所示。

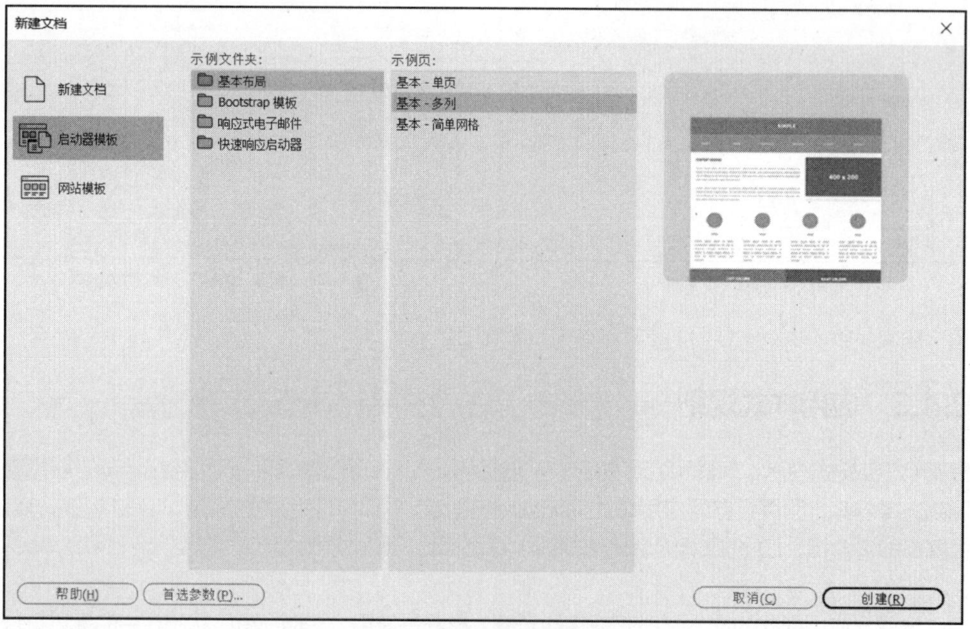

图 9-51　选择用作参照的网页模板

（3）单击“创建”按钮，将创建一个具有一定布局结构的网页，同时包含一个对应的 CSS 文件，如图 9-52 所示。可以以这个网页和对应的 CSS 文件为基础，对其进行修改。

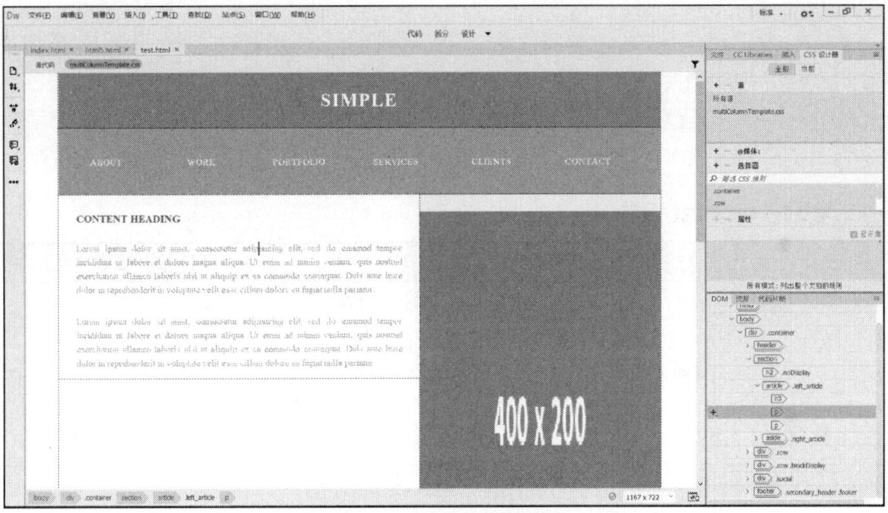

图 9-52　具有一定布局的网页

说明　也可以在网上下载网页模板（一般都包括相关的 CSS 文件），将其在 Dreamweaver 中打开，然后分析和学习其做法，用于自己的网站设计。

9.5　高级功能

本节介绍一些 Dreamweaver 的高级功能，包括快速代码编写、响应式网站设计、使用 Bootstrap、使用 jQuery 等。

Dreamweaver
高级功能

9.5.1　快速代码编写

除了代码颜色、代码提示与完成、代码折叠与展开等显而易见的辅助代码编写功能，Dreamweaver 还提供了多种帮助代码编写者提高效率的方法，包括使用 emmet 快捷输入、多光标输入、使用代码片段、代码快速编辑、自动检查代码错误等。

1. 使用 emmet 快捷输入

emmet 是网站开发者常用的一种插件，提供了一种非常简练的语法规则，能够快速输入 HTML 代码和 CSS 代码，从而大幅提高前端开发的效率。Dreamweaver 中很好地集成了 emmet，用户能够在“代码”视图中快速输入代码。

说明　VS Code 等代码编辑工具也集成了 emmet，可以直接使用；对于 SublimeText 等工具，则可以通过安装插件的方式使用 emmet。

在 Dreamweaver 的“代码”视图中输入 emmet 简写方式后按【Tab】键，则可以自动输入相应代码。例如，在 HTML“代码”视图输入“ul>li*3”后按【Tab】键，则可以生成以下代码：

```
<ul>
    <li></li>
    <li></li>
```

```
        <li></li>
    </ul>
```

在 CSS“代码”视图输入“m10-a”后按【Tab】键，则可以生成以下代码：

```
margin: 10px auto;
```

表 9-1 列出了常见的 emmet 语法（注意所有输入的字符之间不要有空格，{}内的除外）。

表 9-1 常见的 emmet 语法

语法	实例	对应的代码
子元素 >	nav>ul>li	<nav> <ul> <li></li> </ul> </nav>
多个重复元素 *	ul>li*2	<ul> <li></li> <li></li> </ul>
兄弟元素 +	div+p+bq	<div></div> <p></p> <blockquote></blockquote>
上移一层 ^	div+div>p>span+em^bq	<div></div> <div> <p><span></span><em></em></p> <blockquote></blockquote> </div>
项目编号 $	ul>li.item$*3	<ul> <li class="item1"></li> <li class="item2"></li> <li class="item3"></li> </ul>
分组 ()	div>(header>ul>li*2>a)+footer>p	<div> <header> <ul> <li><a href=""></a></li> <li><a href=""></a></li> </ul> </header> <footer> <p></p> </footer> </div>

续表

语法	实例	对应的代码
文本 {}	p>{Click }+a{here}+{ to continue}	<p>Click <a href="">here</a> to continue </p>
id 和 class 属性	#header .title form#search.wide p.class1.class2.class3	<div id="header"></div> <div class="title"></div> <form id="search" class="wide"></form> <p class="class1 class2 class3"></p>
HTML 标记符与属性	a link script:src input:c	<a href=""></a> <link rel="stylesheet" href="" /> <script src=""></script> <input type="checkbox" name="" id="" />
CSS 属性与取值	bg bg:n m:a fw:b fz:2e	background:#000; background:none; margin:auto; font-weight:bold; font-size:2em;
多个 CSS 属性值分隔-	p10-8-8	padding: 10px 8px 8px;

说明 **在输入 CSS 属性和取值时遵循模糊查找的逻辑，即系统会根据用户输入的缩写智能判断其含义，例如，输入“ov:h”“ov-h”“ovh”或“oh”后按【Tab】键，都会生成“overflow: hidden;”。多数情况下，用户猜测的 CSS 属性和取值的缩写往往是正确的（或者可以正确解释）。如果读者需要 emmet 的完整文档，请上 emmet 官网查看。**

2. 多光标操作

在 Dreamweaver 中可以使用多个光标，以便同时编辑多处，常见用法包括按住【Alt】键在相同列上添加多个光标、按住【Ctrl】键在不同位置添加多个光标。

例如，如果在“代码”视图输入“ul>li#id$*3”并按【Tab】键，可以输入以下代码：

```
<ul>
    <li id="id1"></li>
    <li id="id2"></li>
    <li id="id3"></li>
</ul>
```

这时光标位于第 1 组<li></li>之间。按住【Alt】键向下移动光标，可以在 3 行中都添加光标，输入的内容会同时在 3 行中出现，如图 9-53 所示。

按住【Alt】键拖曳光标，可以选中一个矩形区域，如图 9-54 所示，用户可以对其中的内容进行编辑操作（比如重新输入文本或者删除文本）。

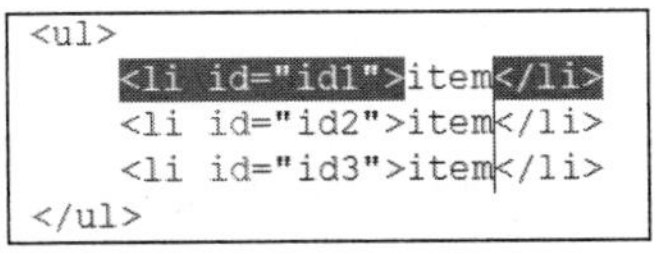
<ul>
<li id="id1">item</li>
<li id="id2">item</li>
<li id="id3">item</li>
</ul>

图 9-53　在同一列同时输入内容

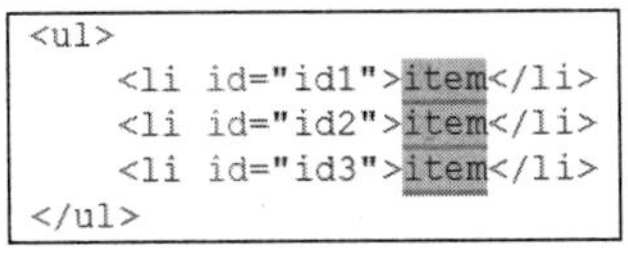
<ul>
<li id="id1">item</li>
<li id="id2">item</li>
<li id="id3">item</li>
</ul>

图 9-54　选中一个矩形区域

如果想要同时处理的代码不在同一列上，那么可以按住【Ctrl】键在不同位置添加多个光标并输入，如图9-55所示。

```
<a href="">link</a> <a href="">link</a> <a href="">link</a>
```

图9-55　在多个位置添加光标

同样，按住【Ctrl】键并执行选择操作，可以选中多个内容，如图9-56所示。

```
<a href="">link</a> <a href="">link</a> <a href="">link</a>
```

图9-56　选中多个内容

3. 使用代码片段

代码片段是指预先写好的一段代码，可以作为一个整体以较为快捷的方式直接插入代码中。Dreamweaver用“代码片段”面板管理代码片段，在其中可以使用预定义的代码片段，也可以创建和管理自己的代码片段。“代码片段”面板如图9-57所示。

使用预定义代码片段的步骤如下。

（1）在“代码”视图中，将光标定位到需要插入代码片段的位置。

（2）在“代码片段”面板中，打开相应的类别，找到要插入的代码片段（此处使用Add a Favicon代码片段，以便插入favicon图标），如图9-58所示。

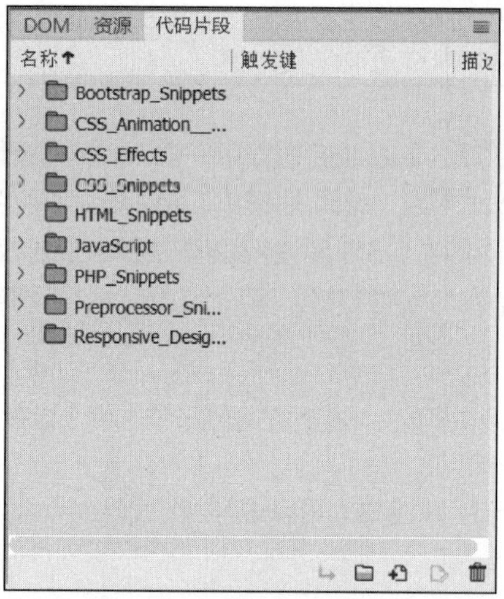

图9-57　“代码片段”面板

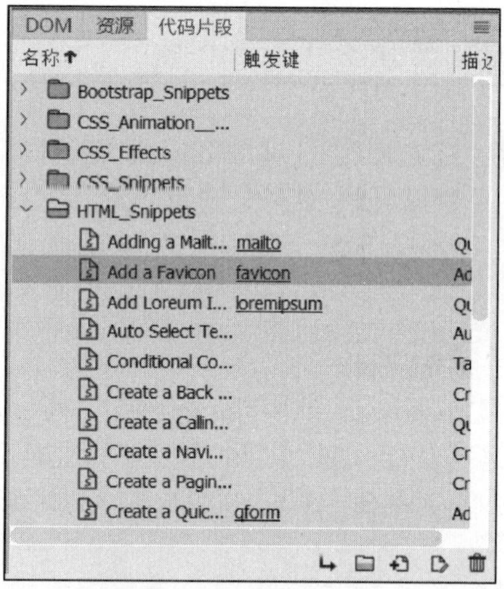

图9-58　找到需要的代码片段

说明　favicon图标是显示在标题左边的小图标（收藏时也会出现在收藏的网页标题左边），一般是.ico格式的图片，常用于体现网站特色和宣传品牌形象。

（3）双击该代码片段，即可插入，如图9-59所示。

```
<!doctype html>
<html><head>
<meta charset="utf-8">
<link href="/YOUR_PATH/favicon.ico" rel="icon" type="image/x-icon" />
```

图9-59　插入代码片段

说明 如果已经熟悉代码片段的触发键，可以像 emmet 输入一样，直接输入触发键后按【Tab】键。例如，输入“favicon”后按【Tab】键即可输入刚才插入的代码片段；输入“qtable”后按【Tab】键，可以输入一个快速表格的代码片段。

（4）必要时编辑该代码片段，使其符合自己网站的需要（例如图 9-59 中的代码，需要修改 href 属性的取值）。

如果自己编写了一些常用的代码片段，也可以将其放在“代码片段”面板中，作为可以重复使用的资源，步骤如下。

（1）在“代码片段”面板的空白处单击鼠标右键，选择“新建文件夹”命令，创建一个用来存放自建代码片段的文件夹。

（2）在该文件夹上单击鼠标右键，选择“新建代码片段”命令，打开“代码片段”对话框，如图 9-60 所示。

（3）在“名称”“描述”“触发键”和“插入代码”框中输入相应内容（触发键可以是中文），然后单击“确定”按钮。这时自建的代码片段就会出现在“代码片段”面板中，如图 9-61 所示，可以像预定义的代码片段一样使用它。

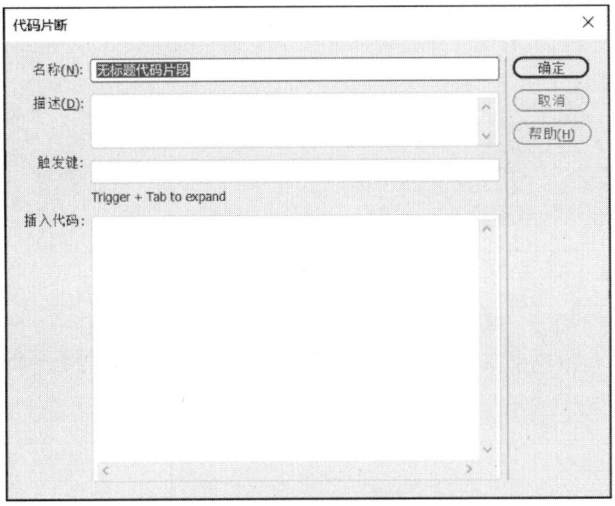

图 9-60 “代码片段”对话框

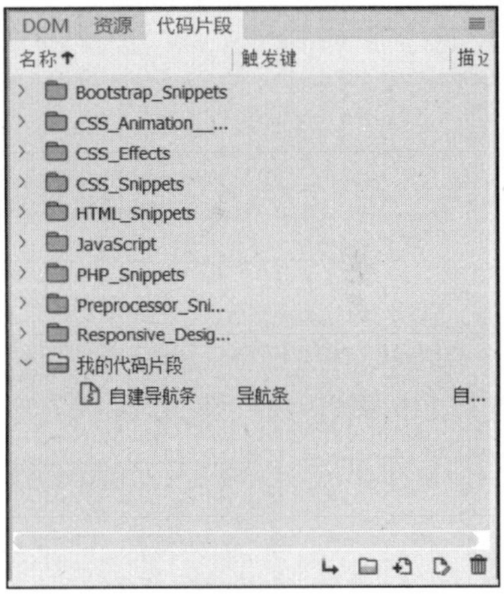

图 9-61 自建的代码片段

说明 在“代码片段”面板使用快捷菜单，或者使用该面板下部的功能按钮，可以对代码片段进行管理（如“删除”“编辑”“重命名”等）。

4. 代码快速编辑

Dreamweaver 中的“快速编辑”模式可放置上下文特定的内联代码和工具，以便快速获取所需的代码片段。按【Ctrl+E】组合键可以进入“快速编辑”模式。

例如，在“代码”视图中定位到某段代码，按【Ctrl+E】组合键进入“快速编辑”模式，这时会直接显示与当前代码关联的 CSS 样式信息，可以直接编辑该信息而无须切换到对应文件或位置，如图 9-62 所示。

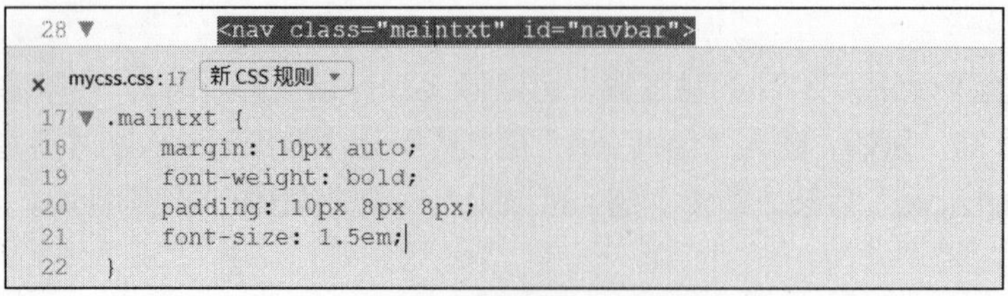
28 <nav class="maintxt" id="navbar">
mycss.css:17 新CSS规则
17 .maintxt {
18 margin: 10px auto;
19 font-weight: bold;
20 padding: 10px 8px 8px;
21 font-size: 1.5em;
22 }

图 9-62 快速编辑 CSS 代码

5. 代码检查

无论是新手还是经验丰富的程序员，编写的代码中都难免会出现错误。当网页代码不符合预期时，将不得不调试代码，以查找出语法或逻辑错误。Dreamweaver 提供的 Linting 代码检查功能让代码调试变得简单。

HTML 代码和 CSS 代码的检查功能会自动生效，JS 代码的检查功能可以在“站点设置”对话框中设置（选择“站点”→“管理站点”命令，在“管理站点”对话框中双击需要设置 JS 代码检查的站点，在“站点设置对象”对话框中选择“高级”→“JS Lint”，选择某一配置文件后，相应的 JS 文件会包含在站点中，之后就可以进行 JS 代码调试）。

一般在保存文件后会执行代码检查功能，这时候有错误代码的行号会变红，将鼠标指针移到行号上会显示可能的错误，如图 9-63 所示。

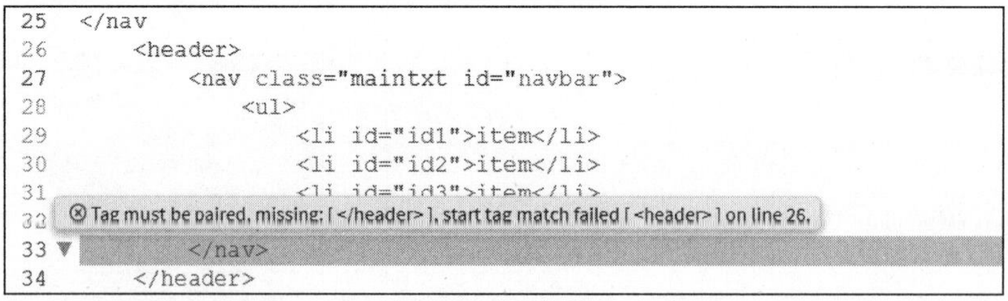

图 9-63 提示代码错误

单击状态栏中的⊗图标，会打开“输出”面板，其中列出了所有可能的代码错误，如图 9-64 所示（实际上该段代码只有两处错误：第 25 行的 nav 结束符少了>，第 27 行的 class 属性双引号没有结束）。

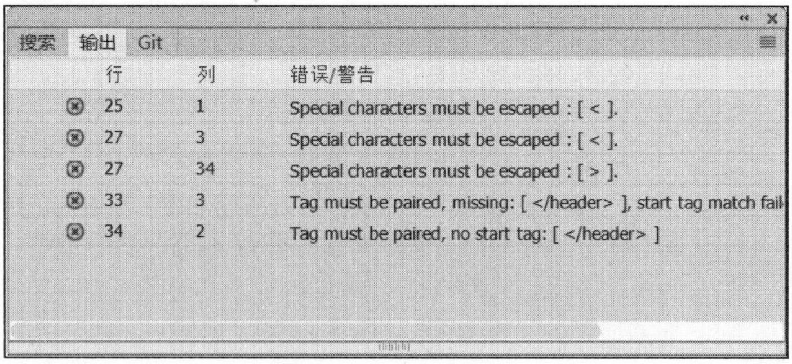
搜索 输出 Git
行 列 错误/警告
25 1 Special characters must be escaped : [<].
27 3 Special characters must be escaped : [<].
27 34 Special characters must be escaped : [>].
33 3 Tag must be paired, missing: [</header>], start tag match fail
34 2 Tag must be paired, no start tag: [</header>]

图 9-64 “输出”面板

9.5.2 响应式网页设计

1. 什么是响应式设计

在 7.3.2 节我们已经初步介绍了响应式设计的含义（参见图 7-17），本节对其进行进一步的说明。所谓响应式设计，就是所设计的网站或应用，能够根据用户行为和设备环境（系统平台、屏幕尺寸、屏幕定向等）进行相应的响应和调整。不论用户使用何种显示设备，系统都应能自动切换分辨率、图片尺寸以及相关脚本功能。随着移动设备的广泛使用，响应式设计已经是网页设计的基本要求。

实际上，图 9-52 所示的页面就是一个响应式页面，它在不同分辨率下的显示效果如图 9-65 所示（分别对应大屏幕、中等大小屏幕和小屏幕）。

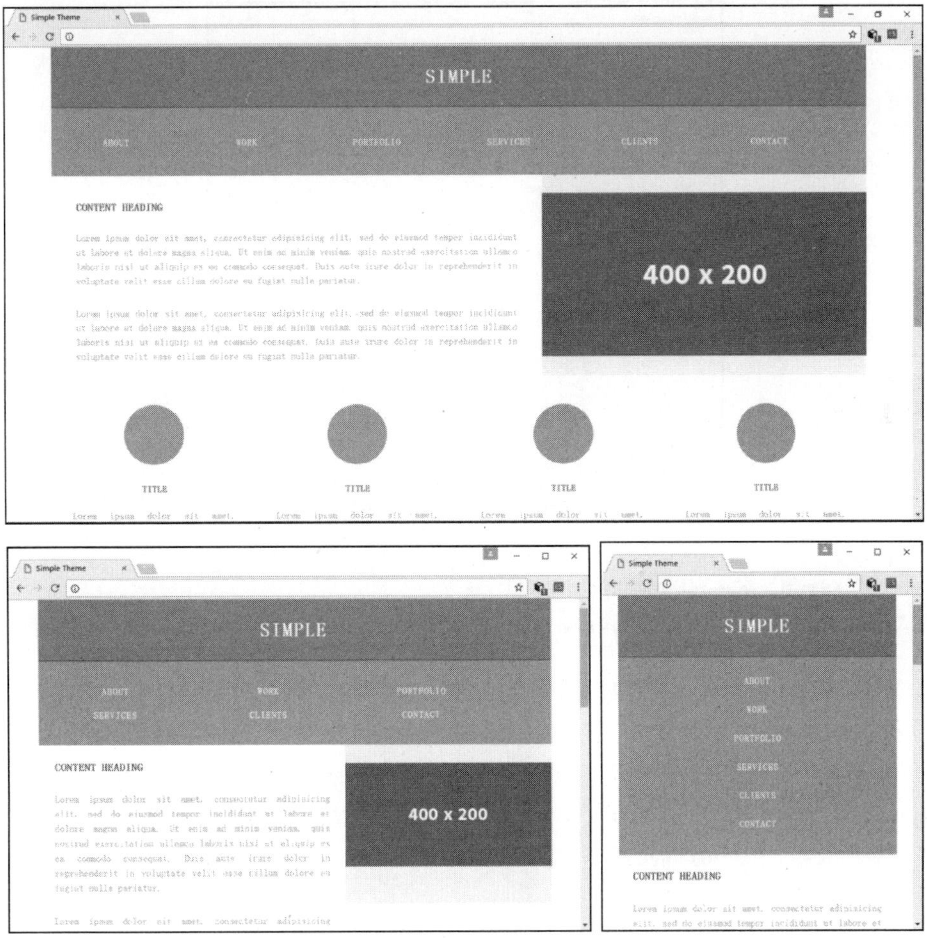

图 9-65　响应式网页

2. 制作响应式网页

一般我们可以通过使用媒体查询的方法制作响应式网页，步骤如下（以把第 6 章做的中华美食网站的首页做成响应式页面为例）。

（1）在 Dreamweaver 中建立网站（将中华美食网站的文件夹复制到一个新位置，并将其指定为站点文件夹）。

（2）打开“index.htm”文件，在“代码”视图的 head 部分加入以下代码：

```
<meta name="viewport" content="width=device-width, initial-scale=1.0">
```

在主导航条后输入以下代码（参见图 9-66）：

```
<div id="responsive_bread">您的位置：首页</div>
```

（3）打开“CSS 设计器”面板，在“源”部分单击“base.css”，在“@媒体”部分单击“添加媒体查询”按钮 **+**，打开“定义媒体查询”对话框。在“条件”中的下拉列表里选择“max-width”，数值设置为“1000px”（表示屏幕宽度小于 1000px 时应用此媒体查询），如图 9-67 所示。

```
<ul id="nav">
    <li><a href="#">鲁菜</a></li><li><a href="html/川菜.htm">川菜</a></li><li><a href="#">粤菜</a></li>
    <li><a href="#">苏菜</a></li><li><a href="#">浙菜</a></li><li><a href="#">湘菜</a></li><li><a
    href="#">闽菜</a></li><li><a href="#">徽菜</a></li>
</ul>
<div id="responsive_bread">您的位置：首页</div>
```

图 9-66　在网页中增加新内容

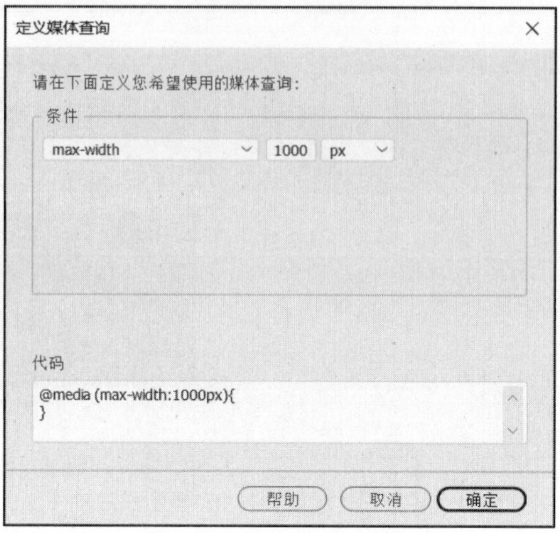

图 9-67　“定义媒体查询”对话框

说明　**“媒体查询”的一般语法如下：**

```
@media mediatype and (media feature) {
    CSS-Code;  }
```

其中，mediatype 可以是 all（所有媒体，默认值）、print（打印）、screen（屏幕）和 speech（屏幕阅读器）等，如果没有特殊要求，一般不写或者写 screen；media feature 是媒体属性，取值包括 width、min-width、max-width、height、min-height、max-height、resolution、orientation 等，最常用的是 max-width（最大宽度）和 min-width（最小宽度）。

（4）单击“确定”按钮，这时在“base.css”中就增加了一条媒体查询，如图 9-68 所示。

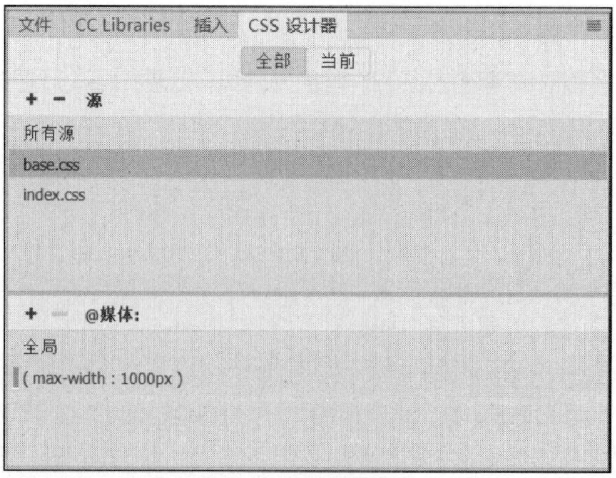

图 9-68　增加媒体查询

说明 可以设置多个媒体查询，以便针对更多的显示场景。例如，按照以下顺序定义媒体查询（注意顺序不能错，否则样式覆盖会出问题），可以适合从宽屏到手机屏幕的多种应用场景：

```
@media screen and (min-width:1200px)
@media screen and (min-width:992px)
@media screen and (min-width:768px)
@media screen and (min-width:480px)
```

（5）在“base.css”中会出现以下代码：

```
@media (max-width:1000px){
}
```

在{ }内加入以下代码：

```
#topnav,#footer{   /*在较小的屏幕中，不显示顶部的固定导航栏和底部的 footer*/
    display:none;
}
body {
    background-color: #E8A94C;
}
#responsive_bread{  /*在响应式页面中增加一个面包屑*/
    display:block;
    padding:8px;
    background:#E9CF83;
    font:12px 黑体;
}
#main{
    width:100%;
    position:relative;
    top:0px;
    height:auto;
}
#banner img{  /*设置响应式图片显示*/
    width:100%;
    height:auto;
}
#nav li{  /*屏幕较小时导航栏显示为每行显示 4 个按钮*/
    display:inline-block;
    width:25%;
    text-align:center;
}
```

（6）在前面的 CSS 代码中插入如下规则（参见图 9-69）：

```
#responsive_bread{  /*大屏幕显示时不显示这个面包屑*/
    display:none;
}
```

```
#topnav #topform{
    position:absolute;
    top:5px;
    left:400px;
}
#responsive_bread{
    display:none;
}
#main{
    width:1000px;
    background:#E8A94C;
```

图 9-69　增加 CSS 规则

（7）切换回“index.htm”，使用CSS设计器在index.css中也建立一条媒体查询，将相应代码编写如下：

```
@media (max-width:1000px){
  div #images{  /*宽度改为响应式*/
      width:100%;
  }
  div.img {  /*仍然是左浮动图片*/
      margin:3px;
      float:left;
      text-align:center;
  }
 div.img a img {  /*自动根据屏幕宽度调整一行显示几幅图片*/
     display:inline-block;
     margin:3px;
     width:200px;
     height:200px;
 }
 div.img a:hover img {  /*取消transform效果*/
     transform:none;
 }
 div.desc {
     text-align:center;
     font:12px 黑体;
     width:200px;
     margin:10px 5px 10px 5px;
 }
 #main{
    height:auto;
 }
}
```

（8）保存所有文件，按【F12】键在浏览器中预览，效果如图9-70所示。

图9-70 完成的响应式页面

图 9-70　完成的响应式页面（续）

3. 链接响应式样式表

除了在样式表文件中定义媒体查询之外，还可以用链接的方式使用媒体查询。例如，对于刚才的例子，可以使用以下步骤。

（1）在 Dreamweaver 中建立网站（同前）。

（2）打开“index.htm”文件，在“代码”视图主导航条后输入以下代码（同前）：

```
<div id="responsive_bread">您的位置：首页</div>
```

（3）打开“CSS 设计器”面板，单击“源”部分的 + 按钮，选择“创建新的 CSS 文件”。在“创建新的 CSS 文件”对话框中，单击“浏览”按钮。在“将样式表文件另存为”对话框中，在网站的 CSS 目录中新建一个 CSS 文件，如图 9-71 所示。

（4）单击“保存”按钮，回到“创建新的 CSS 文件”对话框。单击“有条件使用（可选）”左边的 › 将此部分展开，在下方定义媒体查询，展开后如图 9-72 所示。

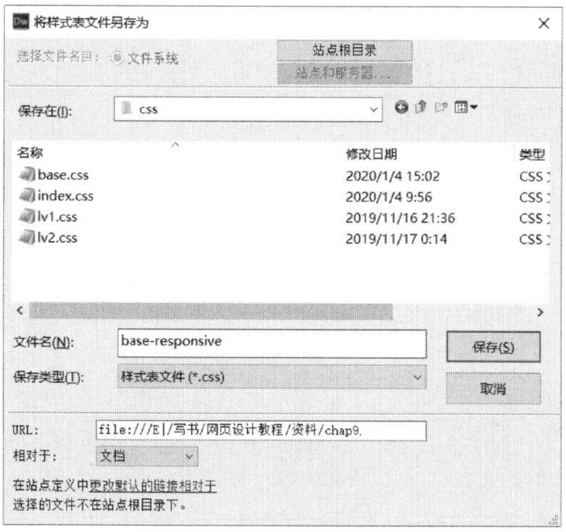

图 9-71　新建 CSS 文件

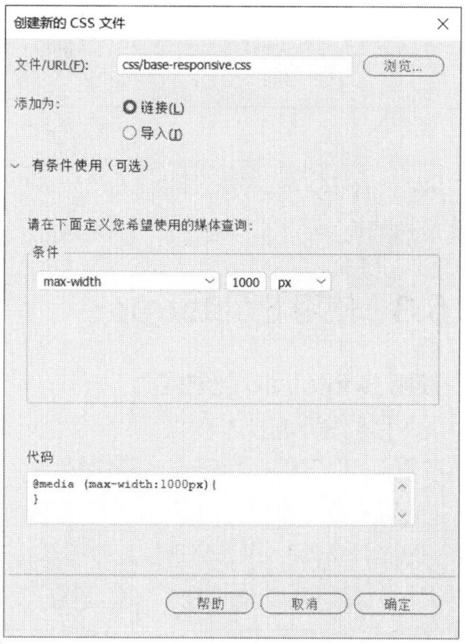

图 9-72　创建使用了媒体查询的样式表

（5）单击“确定”按钮，在“CSS 设计器”面板中出现一个包含了媒体查询条件的样式表，同时 HTML 源代码中增加了一个<link>标记符，如图 9-73 所示。

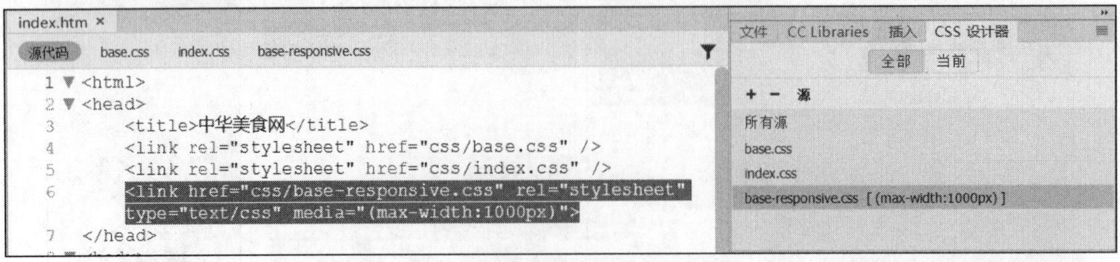

图 9-73　增加一个媒体查询样式表

（6）打开“base-responsive.css”文件，在其中加入以下代码[参见之前方法中的步骤（5）]：

```
#topnav,#footer{    //在较小屏幕中，不显示顶部的固定导航栏和底部的 footer
    display:none;
    }
    ……（省略，具体见前）
```

（7）在“base.css”的代码中，插入一条规则，代码如下：

```
#responsive_bread{  //大屏幕显示时不显示这个面包屑
    display:none;
}
```

（8）用类似方法建立一个具有媒体查询条件的 index-responsive.css 文件，此时的“index.htm”源文件和“CSS 设计器”面板如图 9-74 所示。

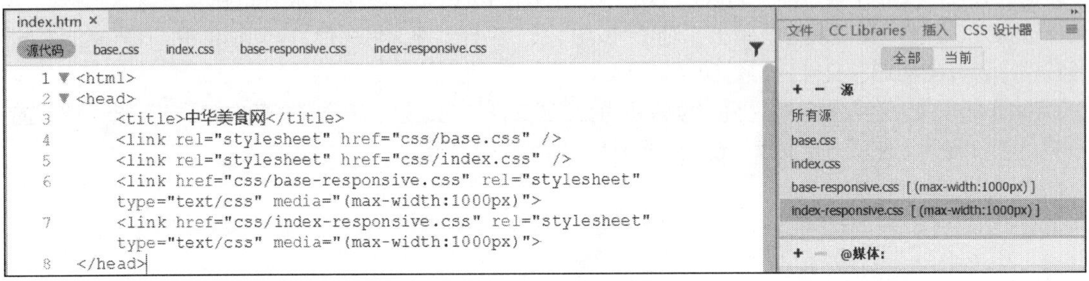

图 9-74　增加另一个媒体查询样式表

（9）在“index-responsive.css”中插入相应的代码 [参见之前方法中的步骤（7）]。

（10）保存所有文件，按【F12】键在浏览器中预览，效果参见图 9-70。

9.5.3　使用 Bootstrap

1．使用 Bootstrap 创建网页

除了使用媒体查询技术创建响应式网页以外，还可以使用 Bootstrap 创建响应式网页，步骤如下（为简化起见，以下在一个新建站点中操作）。

（1）新建一个站点。

（2）选择“文件”→“新建”命令（或按【Ctrl+N】组合键），打开“新建文档”对话框，选择“启动器模板”→“Bootstrap 模板”，如图 9-75 所示。

（3）在“示例页”中选择一种合适的网页样式，单击“创建”按钮。

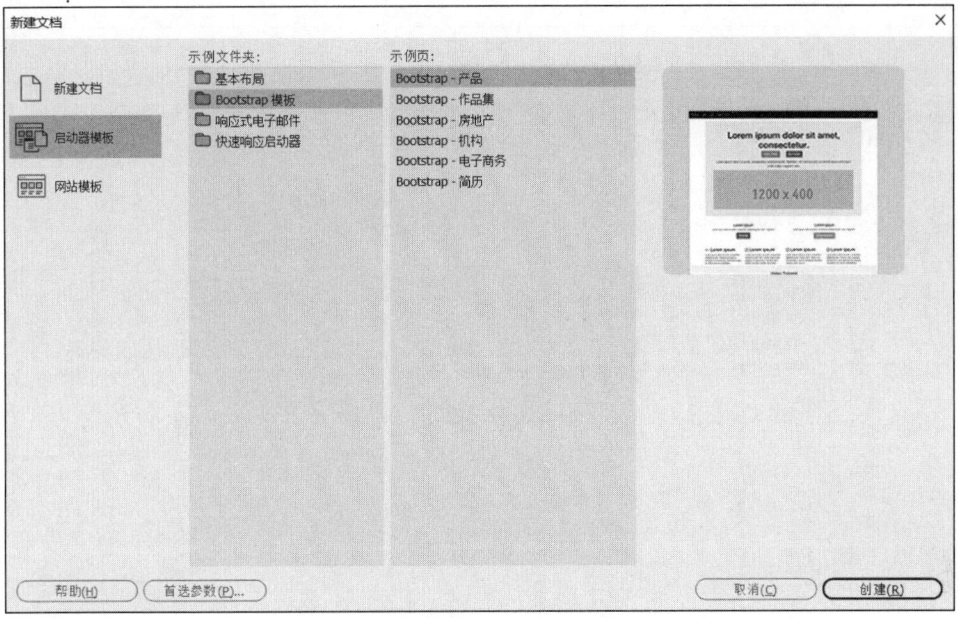

图 9-75　选择“Bootstrap 模板”

（4）保存该网页，Dreamweaver 会自动生成一些与 Bootstrap 相关的目录和文件，如图 9-76 所示。可以修改该网页，使其适合自己的网站，也可以删除该网页。

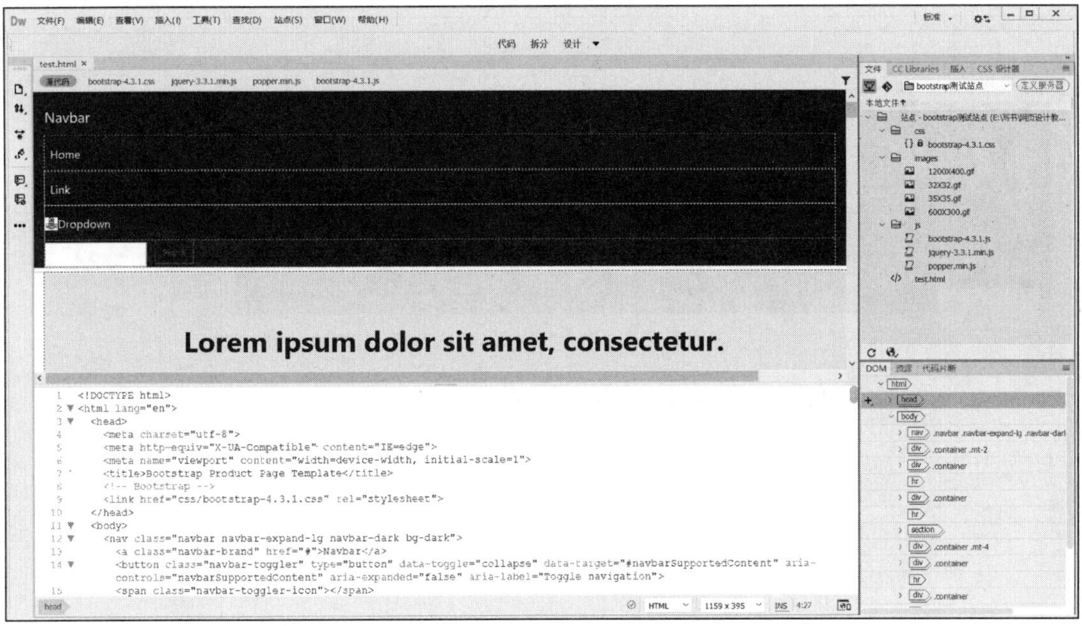

图 9-76　使用模板新建的 Bootstrap 页面

（5）按【Ctrl+N】组合键，打开“新建文档”对话框，选择“新建文档”，在“文档类型”中选择“</>HTML”，在“框架”中选择“BOOTSTRAP”，如图 9-77 所示。由于网站中已经有了 Bootstrap 文件，因此默认选中“使用现有文件”单选按钮，无须修改。

（6）单击“创建”按钮，则将创建一个具有预构建布局的 Bootstrap 页面，如图 9-78 所示。可以修改该页面，使其符合自己站点的需要。

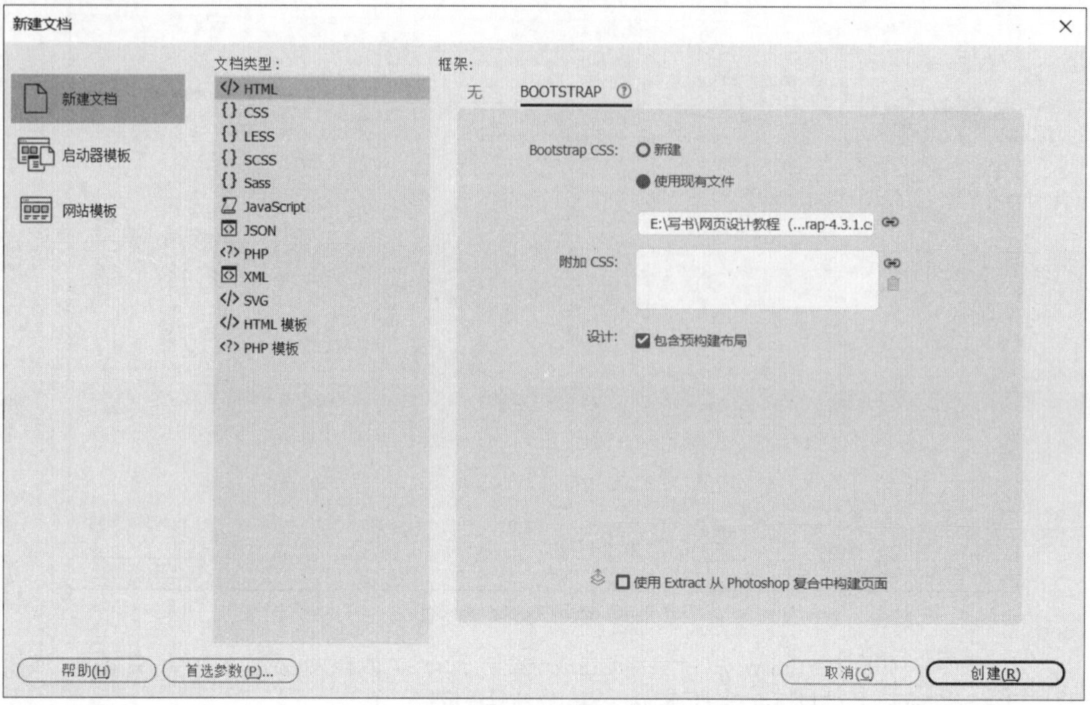

图 9-77　新建 Bootstrap 页面

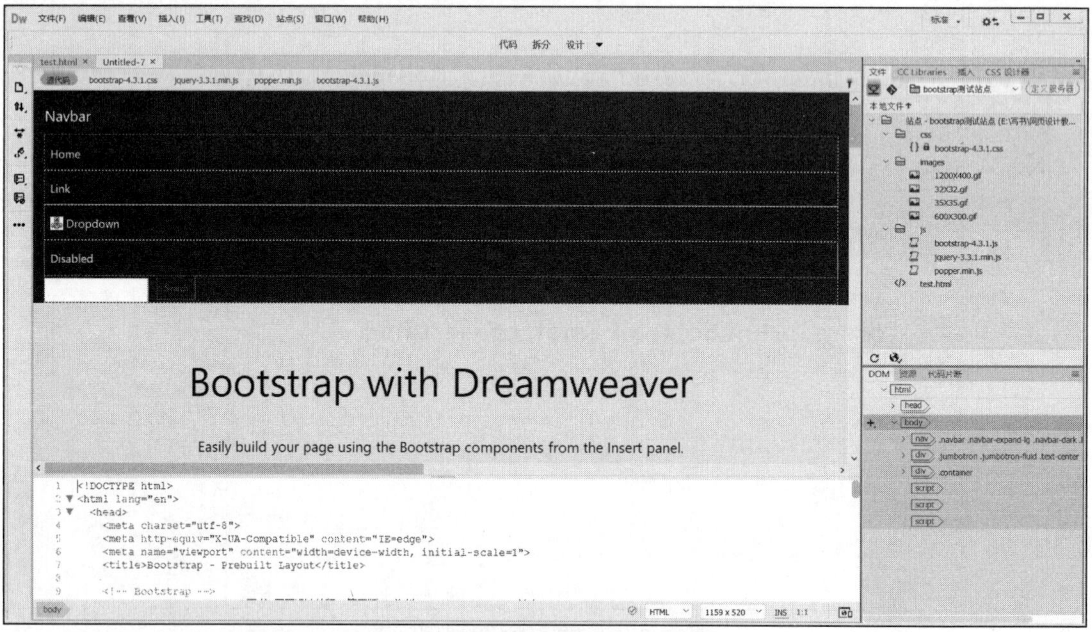

图 9-78　具有预构建布局的 Bootstrap 页面

如果不愿意使用包含预构建布局的网页，那么在图 9-77 所示页面中取消选择“包含预构建布局”复选框即可，这时将创建一个空白 Bootstrap 页面，如图 9-79 所示。

（7）在“代码”视图编辑刚才创建的网页，可以借助“插入”面板中的“Bootstrap 组件”工具和“代码片段”面板中的“Bootstrap_Snippets”（注意使用版本兼容的代码片段）来完成。

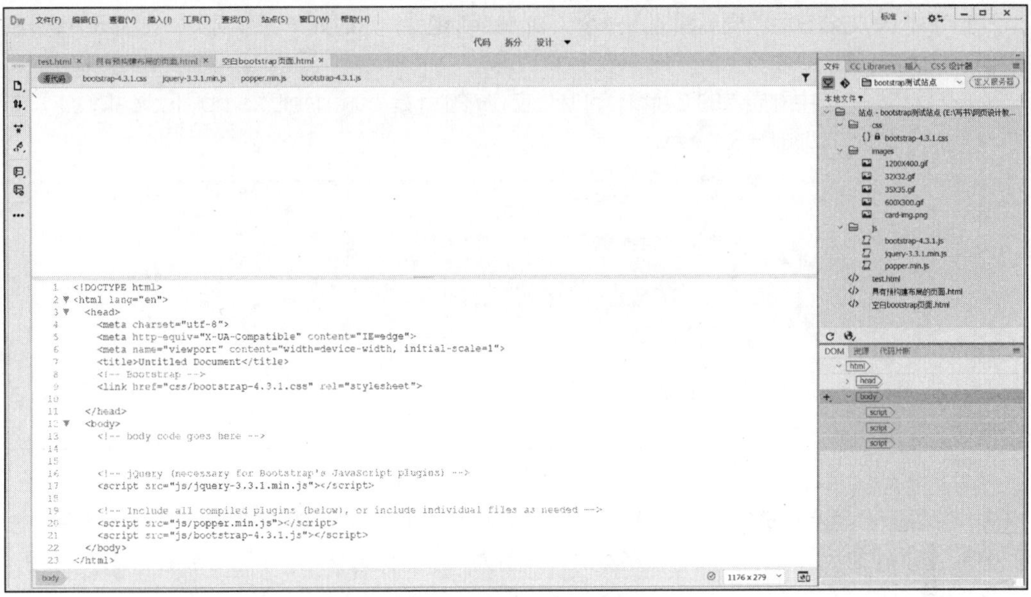

图 9-79 空白 Bootstrap 页面

2. 使用 Bootstrap 组件

Dreamweaver 提供的 Bootstrap 组件可以帮助不太熟悉 Bootstrap 代码编写的设计者使用 Bootstrap，步骤如下（以制作一个简单的网页为例）。

（1）新建一个空白的 Bootstrap 页面，切换到“实时”视图。

（2）在“插入”面板选择“Bootstrap 组件”。

（3）在“代码”视图中定位到<body>标记符后的“body code goes here”处（参见图 9-79），单击“Container”组件，插入一个容器。

（4）在“实时”视图选中新建的容器，在“插入”面板选择“Navbar:Inverted Navbar”（反色显示的导航条），在“实时”视图中出现图 9-80 所示的提示，选择“嵌套”（因为希望导航条是嵌套到容器中的）。

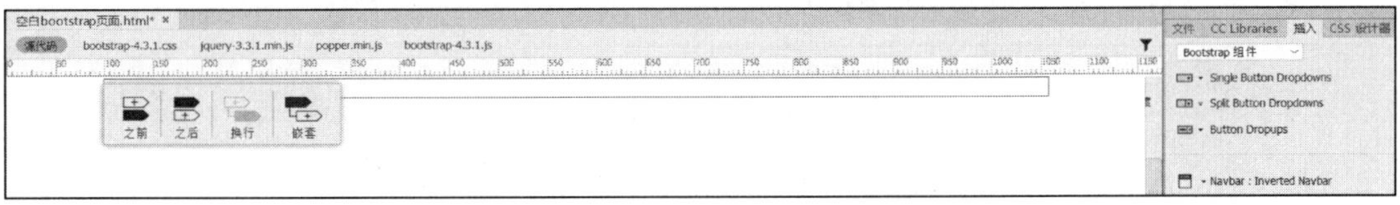

图 9-80 实时提示如何插入 Bootstrap 组件

（5）在“实时”视图选中刚插入的导航条（如果不确定，可以选中状态栏中的<nav>标记符），在“插入”面板选择“Breadcrumbs”（面包屑），会再次出现实时提示，这次选择“之后”（因为希望面包屑位于导航条之后），此时的效果如图 9-81 所示。

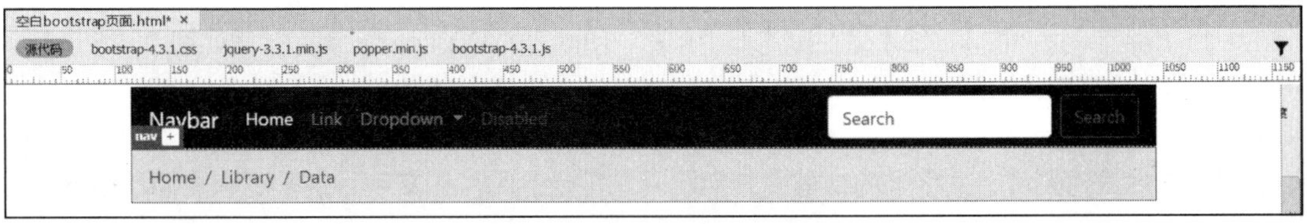

图 9-81 插入了导航条和面包屑的页面

（6）用同样的方法在面包屑后面插入一个 Carousel 组件，这时如果保存网页，会提示复制相关文件，单击“确定”按钮即可。

（7）在状态栏中选中刚插入的 Carousel（对应 div 的 id 是 carouselExampleIndicators1），或者借助“DOM”面板，如图 9-82 所示。

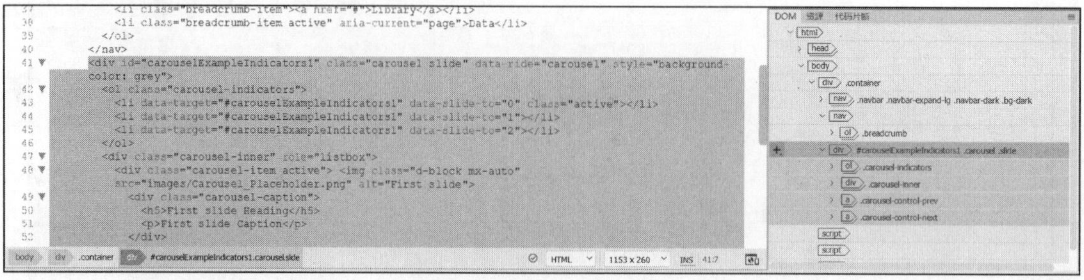

图 9-82　选中 Carousel 对象

（8）在“插入”面板中选择“Grid Row with Column”（带有列的网格行），在“插入包含多列的行”对话框中，选择“之后”，将“需要添加的列数”设置为“2”，如图 9-83 所示，单击“确定”按钮。

（9）在添加的两列中输入一些随机内容（可以输入“lorem”后按【Tab】键）。

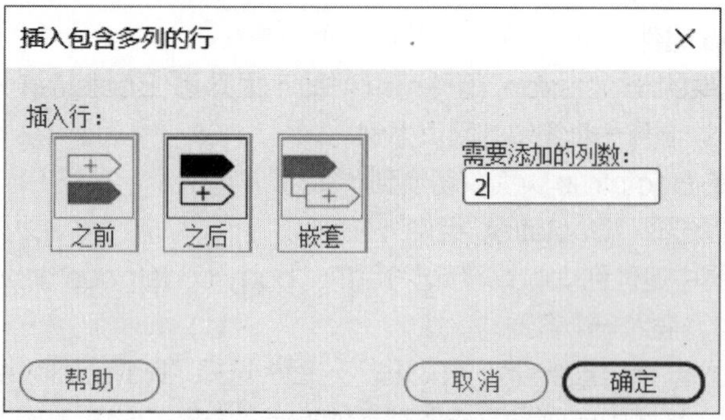

图 9-83　“插入包含多列的行”对话框

（10）在“代码”视图中定位到刚添加的两列之后，输入 footer 信息，如图 9-84 所示。

```
<div class="row">
  <div class="col-lg-6">Lorem ipsum dolor sit amet, consectetur adipisicing elit. Temporibus natus
  quae eius alias obcaecati voluptas, dolores! Molestiae dolor omnis est voluptate recusandae
  laborum, temporibus vitae quo dignissimos et delectus, quasi!</div>
  <div class="col-lg-6">Lorem ipsum dolor sit amet, consectetur adipisicing elit. In ex, cumque
  temporibus necessitatibus dolor voluptatem. Eius id, eligendi dolorum repudiandae atque hic commodi
  excepturi modi amet dolor quidem veniam maxime!</div>
</div>
<footer>
  <hr>
    copyright 2020
</footer>
</div>
```

图 9-84　输入 footer 信息

（11）保存网页，按【F12】键在浏览器中预览，所创建的 Bootstrap 页面效果如图 9-85 所示，可见它也是一个响应式的页面。

> **说明**　之后应将图片、文字等内容替换为自己网站需要的图片和文字，并根据需要修改设计。

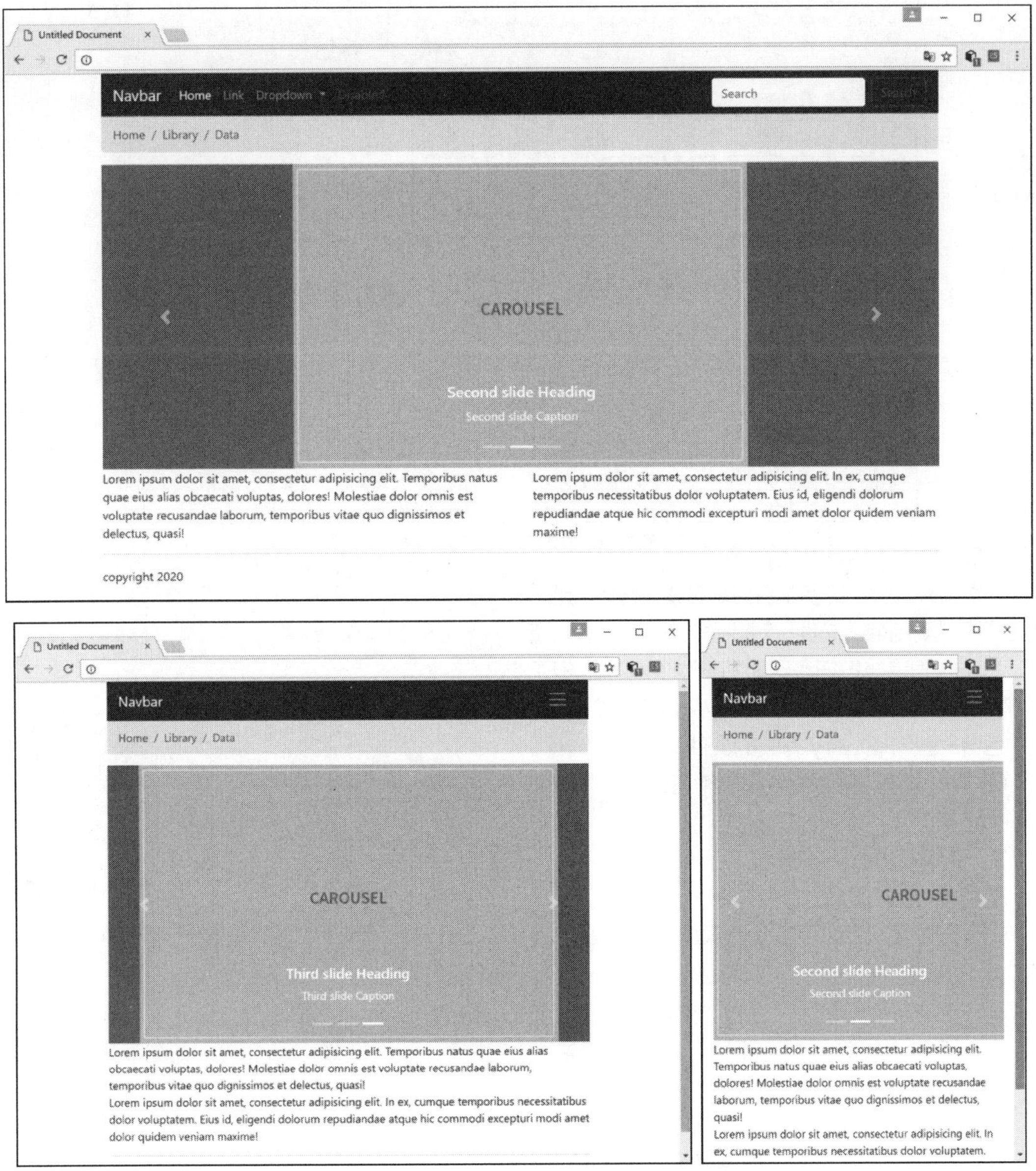

图 9-85　使用 Bootstrap 组件创建的响应式页面

9.5.4　使用 jQuery

Dreamweaver 中也集成了 jQuery，可以在网页设计时方便地使用。

1. 使用 jQuery widget

使用 jQuery widget（构件）的步骤如下。

（1）确保将光标放在网页中要插入 widget 的位置。

（2）在“插入”面板选择“jQuery UI”类别。

（3）选择要插入的 widget（此处选择“Tabs”），这时插入点处就插入了相应的构件，如图 9-86 所示。

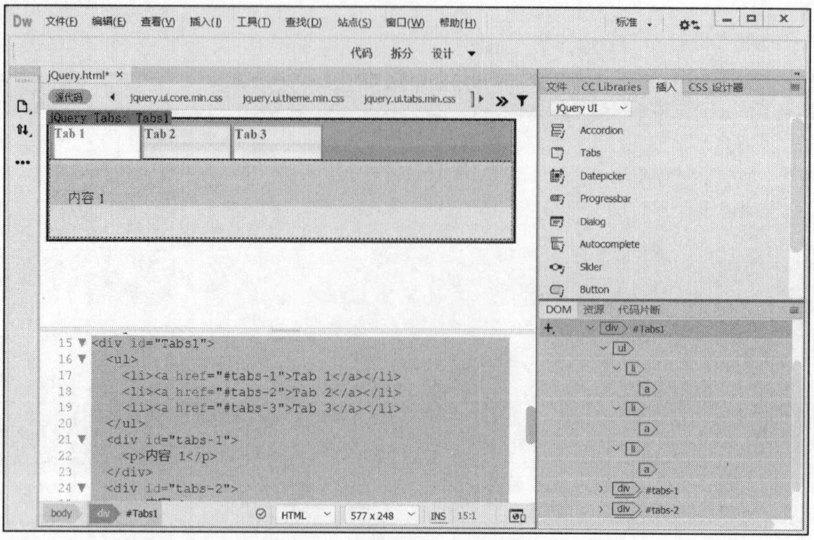

图9-86 在网页中插入Tabs构件

（4）保存文件，提示是否更新链接，选择“是”，然后打开“复制相关文件”对话框，如图9-87所示，单击“确定”按钮。这时打开“文件”面板，可以看到其中增加了一个“jQueryAssets”文件夹，其中包含一些与jQuery有关的文件。

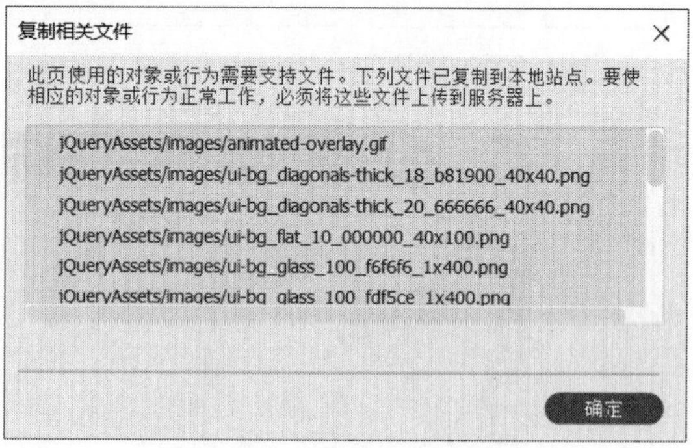

图9-87 “复制相关文件”对话框

（5）根据需要修改构件的内容（如修改“Tab”上的文字等）。

2. 使用jQuery效果

使用jQuery效果的步骤如下。

（1）选中要应用jQuery效果的对象（如一段文本）。

（2）选择“窗口”→“行为”命令，打开“行为”面板。

（3）单击“添加行为”按钮+，选择“效果”中的特效（此处选择“Fade”），如图9-88所示。

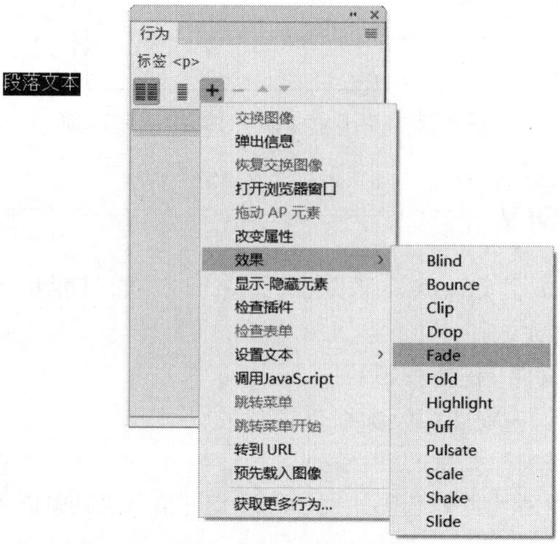

图9-88 选择jQuery效果

（4）弹出“Fade”对话框，如图 9-89 所示。保持默认选项，或者按需要修改选项，然后单击“确定”按钮。这时 Fade 效果就被添加到了“行为”面板，如图 9-90 所示。

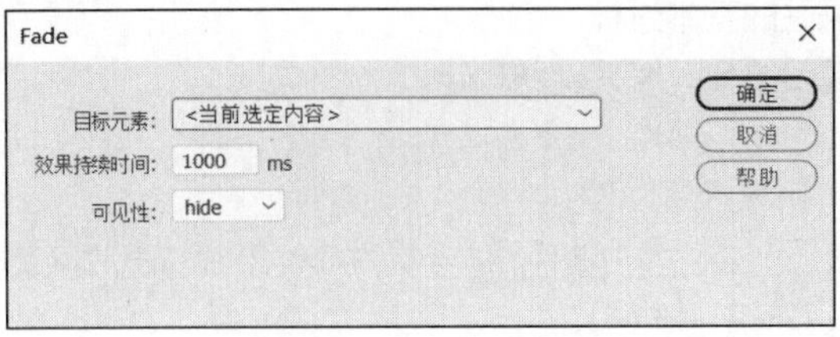

图 9-89 “Fade”对话框

图 9-90 添加了“Fade”效果

（5）单击左边的触发事件，可以修改触发事件（例如更改为 onDblClick）；双击右边的效果名称，可以打开“Fade”对话框进行修改。

（6）保存网页，提示复制相关文件，单击“确定”按钮。按【F12】键在浏览器中预览，可以看到为对象添加的 jQuery 效果。

【要点回顾】

① Dreamweaver 的基本界面元素包括应用程序栏、工具栏、“文档”窗口、状态栏、工作面板等。

② Dreamweaver 具有强大的站点管理功能，能够很好地维护本地站点并能方便地管理远程站点。

③ 在 Dreamweaver 中可以方便地插入文本、图像、表格、表单等各种网页元素，并快速进行各种属性设置。

④ 在 Dreamweaver 中可以方便地使用 CSS 样式。

⑤ Dreamweaver 提供了快速代码编写功能，使用媒体查询能够实现响应式网页设计，同时提供了对 Bootstrap 和 jQuery 的支持。

练习题

一、客观题

1.（判断题）Dreamweaver 的“实时”视图与“设计”视图功能一样。（　　）

2.（判断题）在 Dreamweaver 中编辑网页之前应该建立本地站点。（　　）

3.（判断题）使用 Dreamweaver 时，如果更改了站点中某文件的文件名，那么所有与该文件相关的超链接在提示之后都可以自动更新。（　　）

4.（判断题）在 Dreamweaver 中，“鼠标经过图像”效果使用了 JavaScript。（　　）

5.（单选题）在链接检查器中，可以查看的选项包括（　　）。

A．“断掉的链接”“外部链接”和“孤立文件”　B．“断掉的链接”和“外部链接”
C．“断掉的链接”和“孤立文件”　D．“断掉的链接”

6.（单选题）使用 emmet 快捷输入时，表示多个重复元素的符号是（　　）。

A．$　B．*　C．+　D．>

7.（单选题）使用媒体查询时，媒体类型的取值之一不能是（　　）。

A．all　B．print　C．screen　D．reader

8.（填空题）在 Dreamweaver 中操作 CSS，常用的界面元素是________。

9.（填空题）使用媒体查询时，最常用的媒体属性是 min-width 和____________。

10.（填空题）在进行响应式设计时，应考虑的设备环境因素包括____________、屏幕尺寸和屏幕定向等。

二、问答题

1. 简要叙述在 Dreamweaver 中开发网站的基本过程。
2. 简要说明至少两个 Dreamweaver 提供的代码编写辅助功能。
3. 简要叙述设计响应式网页的基本过程。

三、综合实践

1. 请将之前制作的多个站点用 Dreamweaver 进行管理，体会其方便性（试着更改网页文件名和图像文件名，看 Dreamweaver 是如何自动更新超链接的）。
2. 将中华美食网站中的所有网页都改为响应式页面，注意应考虑尽量复用 CSS 代码。
3. 综合应用前面学过的所有内容，使用 Dreamweaver 新建一个响应式网站。

第10章 综合项目实践

10

网站开发是一种涉及复杂流程和多人合作的项目，需要采用规范化的操作过程，才能达到预期的设计与开发目标。学习完本章内容之后，读者将能通过项目实践，掌握网站开发的标准流程并深化对各种技术和原理的理解。

【知识目标】

1. 了解包含规划、设计、开发、发布和维护的网站开发流程。
2. 了解网站规划时需要考虑的因素。
3. 了解网站设计时需要考虑的因素。
4. 了解网站开发与测试时需要考虑的因素。
5. 了解网站开发团队的构成。
6. 了解网站策划书的主要内容。

【技能目标】

1. 熟练掌握网站开发流程，能够运用它进行网站项目开发。
2. 组织或加入一个网站开发团队，明确自身职责，建立团队沟通和运作机制。
3. 撰写网站策划书。
4. 熟练掌握网站测试方法，对网站进行合理评价。
5. 学会综合应用所学知识，既能够以独立开发人的角色开发一个完整的网站，也能够加入一个网站开发团队，完成复杂网站的开发。

【素养目标】

1. 通过对网站开发流程的学习，理解工程实践和职业实践中“标准操作规程（SOP）”的概念，提升职业技能和素养。
2. 通过理解网站开发团队中不同角色的不同作用，体会项目实践中分工与合作的重要意义，并意识到“社会性”是人最基本的属性，人类文化是在复杂的协作过程中得到发展的。
3. 通过“游戏天地”网站综合实例的学习，体会项目实践的复杂性和可操作性，并认识到“实践是检验真理的唯一标准”。

10.1 网站开发的项目管理

10.1.1 网站开发流程

网站的开发通常都遵循一个基本的流程：规划阶段、设计阶段、开发阶段、发布阶段与维护阶段，如图 10-1 所示。

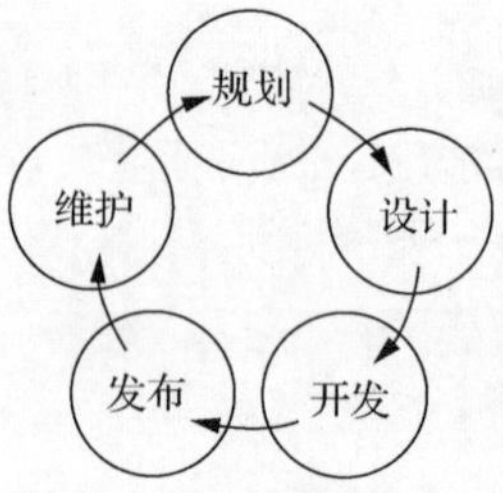

图 10-1 网站开发流程

网站开发的项目管理

1. 网站规划

规划站点是网站开发的第 1 步。“好的开始是成功的一半”，良好的网站规划是进一步开发的基础。

网站规划时要考虑以下问题：建立网站的目的是什么？尽管开发网站的目标不尽相同，但是作为网站开发者，我们必须十分明确这个目标。因为站点目标越明确，就越容易发现问题，以后的工作就越具体。这个过程实际上也是整理思路的过程，它将作为进一步工作的指导。

站点目标确立后，要编辑成文档并打印出来，作为以后所有工作的参考。碰到问题时，首先要问：这个问题的解决有助于站点目标的实现吗？只有在答案是肯定的情况下，才有必要花时间去解决相应的问题。

因为一个网站想在同一时间内让所有访问者都感到满意是不可能的，所以我们必须根据站点目标确定出可能对网站感兴趣的目标用户，然后从目标用户的角度出发，考虑他们对站点的需求，从而将制作的站点最大程度地与目标用户的愿望统一。这样就能接近或者达到建立站点的目标，从而获得最大的成功。

接下来需要确定站点的整体风格，也就是确定网站内容的大致表现形式，包括网页所采用的布局结构、颜色、字体、图像效果、标志图案等方面。不管采用什么样的风格，只要能够找到文字与图像和其他媒体信息的平衡点，给访问者想得到的信息或感受，最终吸引住访问者，网站就能成功。需要特别强调的是，随着 Web 可用性技术的发展，简约的风格已经成为当今网站设计的主流。KISS（Keep It Simple and Stupid，保持简单易懂）原则已经成为绝大多数网站设计者共同遵守的原则。只要有可能，就要尽量避免复杂的页面效果。

确定了网站的风格后就需要考虑影响目标用户访问网站的网络技术因素，这些因素将决定网页最终的呈现及使用效果。

（1）带宽

网络带宽是指通信线路上一定时间内的信息流量，一般用来表示网络的信息传输速度。带宽所决定的连接速度将影响到网页的设计。因为对于网站访问者来说，下载速度是他们最重要的评价因素之一。由于影响网页显示速度的最主要因素就是图像和其他多媒体信息的数量和大小，因此在使用这些信息时要非常注意，应经常通过回答“是否有助于达到站点目标”这个问题来确定采用某种媒体形式是否必要。

（2）浏览器

由于不同的浏览器对于各种技术的支持程度和支持细节有所不同（如对某些 CSS3 属性的支持，或者是对插件的支持等），因此需要考虑目标用户使用的浏览器类别。目前使用比较广泛的浏览器有 Chrome、Safari、Internet Explorer/Edge 和 Firefox 等，在设计时应至少兼容这些主流的浏览器。

（3）分辨率

显示设备的屏幕分辨率是网页设计者应该特别关注的因素，因为同一个网页在不同分辨率下的显示效果可能大不相同。尤其在今天大量用户采用移动设备（如手机、iPad 等）访问网页的情况下，目标用户的屏幕分辨率可能有巨大的差异。因此，响应式设计是目前对大多数网站的一个基本要求。

最后，需要规划网站的信息架构，也就是内容以何种方式组织起来。例如，历史类网站可以按照历史时间进行内容组织，旅游类网站可以按照地理位置进行组织，而商务类网站可以根据商品类别进行组织。实际上，由于网站主题千差万别，内容组织的形式也有很多种类，因此关键的原则就是要符合普通人的思维习惯。较好的做法是在 Internet 上查看与自己网站类似的网站，看其他人是如何对内容进行分类的，然后设计一种适当的信息架构。

2. 网站设计

经过网站规划，网页设计者对所面临的形势有了一个整体的了解，接下来就进入工作流程中的第 2 步——网站设计。网站设计主要包括导航设计、页面版式设计和主页设计。

网站中的导航系统，实质上就是一组使用了超链接技术的网页对象（包括文字、按钮、小图片等），它们将网站中的内容有机地连接在一起，是浏览者获取网页信息的基本界面。

导航设计的基本原则是使浏览者能以最直观自然的方式访问到他们需要的信息。这就意味着应该根据页面内容的逻辑关系制作网站的导航系统，而不是随意地将网站中所有的信息都用超链接连接起来。平时上网浏览时多注意他人的网站是如何设计导航系统的，可以了解到一些通用的设计惯例。有关导航设计的细节，请参见 8.4 节。

页面版式设计就是构思如何安排网页中的元素（包括文本、图像、动画等），或者说用什么形式表现网页的内容。在设计页面布局前，首先应确定页面中要放置什么内容，包括导航条、文本、图像或其他多媒体信息的详细数目，然后在纸上或是图像处理软件（如 Photoshop）中绘制出页面的布局效果，最后由程序员决定采取何种技术方案实现相应的设计。

在设计页面版式时应注意以下要点（另请参见 8.2 节、8.3 节和 8.5 节）。

- 设计页面应以网站目标为准绳，最大程度地体现网站的功能，形成独特的、统一的风格。
- 保持一致性。这包括一致性的颜色方案、字体方案、布局方案等。例如，如果选择了一种颜色作为网站的主色调，那么最好在页面中保持这种风格，另外页面中的图像或其他多媒体信息的颜色也应该与之匹配。
- 注意可读性。获取信息是绝大多数访问者浏览的目的，所以不论是信息式的网页还是画廊式的网页，都应该注意页面的可读性。例如，白底黑字显然比黑底白字的可读性好，而在黑色背景下的紫色超链接可能就不会被访问者发现。
- 简单明了，易于接受。设计页面时始终应当为目标用户着想，网页中的任何信息都应该是为浏览者服务的，要确保网页中的信息能够被用户接受。总之，设计页面布局时，简单即是美，和谐即是美。

主页是网站的门户，是网站的“脸面”，是网站中的最重要的一个页面。主页最主要的作用是传达网站的关键蓝图信息，也就是回答以下几个基本问题：这是个什么网站？这个网站中有什么？我能在这个网站做什么？为什么我要使用这个网站，而不是别的网站？

在设计主页时需要注意，主页往往包括以下部分（应根据具体情况进行取舍）：网站标志和网站使命、网站的层次结构（即导航系统）、搜索功能、吸引注意力的东西（例如主题图片）、实时的内容（例如“新闻”“最近更新”等）、商业信息（例如广告）、快捷方式（提供快速访问某些页面或功能的超链接）、注册登录功能等。

3. 网站开发

网站开发的第 3 步就是具体实施设计结果，即根据设计阶段制作出的网页效果图，使用 HTML、CSS 和 JavaScript 代码的方式，结合各种前端开发技术，将站点中的网页按照设计方案制作出来。这时应注意采用规范的开发方法，例如最好先制作出模板网页，在得到认可后形成一个系统的技术方案，再全面铺开具体的开发工作。

需要注意的是，在此阶段中有一个经常被忽视的环节，就是测试网页。因为影响浏览者访问网页的因素有很多，网页设计者永远也无法准确把握网页在不同的平台、连接速度、访问方法、显示分辨率等情况下的显示结果。唯一的解决方案是不断地测试。

如果有可能，应该在影响页面显示的各种环境下进行测试，然后对网页进行修改，以确保网页最终显示结果与设计结果相同。另外需要明确的一点是，测试是个周期性的工作，是贯穿于整个网站开发过程的。通常情况下，越早发现问题，解决问题的代价就越小，因此要养成经常测试的习惯。

4. 网站发布

网站制作到一定规模后就可以考虑将它发布，以便人们能够通过 Internet 访问。发布站点时，用户首先需要向 ISP 申请网页空间，得到有关远程站点的基本信息（包括用户名、主机地址、用户密码等），然后使用 FTP 软件或者 Dreamweaver 进行网站上传。

5. 网站维护

将站点上传并不意味着大功告成，因为只有不断更新站点中的信息，才能吸引新的访问者和留住现有的访问者。随着网站的发布，我们应根据访问者的建议，不断修改或更新网站中的信息，并从浏览者的角度出发进一步将网站完善。这时网站开发工作又返回到了流程中的第 1 步，这样周而复始，就构成了网站的维护过程。

10.1.2 网站开发团队

在网站开发项目开始之前，必须首先组建一个优秀的团队。任何一个正规的网站开发项目都需要一个网站设计团队共同协作完成。团队由承担不同角色的人组成，团队规模因网站项目大小而异。网站设计与开发需要很多角色，一般涉及项目管理、系统分析、规划设计、文字编辑、网页设计、平面设计、动画设计、音乐设计、视频设计、程序开发、网站测试、后期培训和网站维护等方面。对于一个小一些的网站，网站开发团队的人员角色有以下几种：项目经理、系统分析员、程序员、设计师、网站编辑、测试人员。

1. 项目经理

项目经理的工作包括主持项目计划的制订，实时监督项目的进行情况，主持每周的例会，与客户和公司高层进行沟通，解决团队人员的其他工作相关问题等。一个优秀的项目经理必须有良好的沟通技巧，使得整个团队有着良好的心态。如果项目执行出现偏差，或没有按计划、按要求完成项目，项目经理要承担相应的责任。

2. 系统分析员

系统分析员必须通晓网站开发的各种技术，对项目能用到的所有技术了然于胸，并对团队的开发人员的能力有很好的评估；能够制订项目计划；能够帮助需求设计人员完成设计；能够解答来自程序员、美工的各种技术问题，并实时查看程序员和网页设计人员的代码。如果因为技术上的原因导致项目失败，系统分析员则要承担一定的责任。

3. 程序员

程序员负责编写网页的代码和脚本，是真正将设计付诸实施的关键角色。程序员应该有良好的编写 HTML 代码、CSS 代码、JavaScript 代码的能力，并掌握 Bootstrap、jQuery 等常见前端开发技术。

4. 设计师

设计师就是网站的“美工”（也称“UI/UX 设计”），必须有良好的美术素养，能够根据需求进行网页效果图的创作（一般使用 Photoshop 等软件），能够对网站中的图像资源进行管理和优化，同时能对动画、音频、视频等媒体进行编辑加工。

5. 网站编辑

网站编辑的职责是对网站中的文字内容进行编辑和整合，使其符合网页的展示特征（扫描，而非阅读）。这是一个在传统网站开发团队中容易被忽略的角色，但其重要性并不亚于其他角色，因为“内容”是网站中最重要的元素。

6. 测试人员

测试人员要对网站的测试技巧有完整的了解，对网站进行实时的测试，并把测试结果反映给项目经理、系统分析员和相关开发人员。

说明 在网站开发团队中，一个角色可以由多人共同承担，一个人也可以承担多个角色。在一个典型的 4 人小团队中，一般可以进行如下分工：项目经理/系统分析员/测试人员、程序员/系统分析员、设计师/测试人员、网站编辑/测试人员。

10.1.3 网站策划书

网站策划书是创建企业和组织网站时撰写的一种典型文档，它是网站开发的主要依据，因此要尽可能涵盖网站规划与设计中的各个方面。撰写时要科学、认真、实事求是，并且必须多次与客户沟通和修订。一个典型的网站策划书主要包括以下方面的内容。

1. 前期调研分析

（1）了解目前网上相关行业的市场状况，对本企业和组织的市场特点进行分析，看是否适合在互联网上开展业务，可以利用网站提升哪些竞争力。

（2）市场主要竞争者分析，了解竞争对手上网情况及其网站规划、功能、作用等。

（3）对网站可能的客户群进行分析，从可能的访问者中分析出潜在的用户，并利用网站的各种功能模块为他们提供特色服务。

（4）对网站制作者自身条件、开发网站的能力（包括费用、技术、人力等）的分析。

2. 建站的目的及功能定位

（1）首先要确定为什么要建立网站，是为了宣传产品、开展电子商务，还是为了建立行业性的网站、增强影响力，或者是为了建立企业的信息化展示平台。

（2）根据需要和计划确定网站的功能，如产品宣传型、网上营销型、客户服务型、电子商务型、信息平台型等。

（3）根据网站功能，确定网站应达到的目的。

3. 网站技术解决方案

（1）确定是采用自建服务器，还是租用虚拟主机等。

（2）选择合适的操作系统，并分析投入成本、功能、稳定性和安全性等。

（3）确定是采用现成的企业上网方案、电子商务解决方案，还是自己开发。

（4）确定网站安全性措施，如防火墙、防入侵、防病毒方案等。

（5）确定是否需要后端程序支持和数据库支持。如果需要，应具体采取何种后端开发技术和数据库系统。

（6）前端开发技术和工具的选择，例如 Dreamweaver、Bootstrap、jQuery 等。

4. 网站内容规划

（1）根据网站的目的和功能规划网站内容。例如，一般企业网站应包括公司简介、产品介绍、服务内容、价格信息、联系方式、网上订单等基本内容；电子商务类网站要提供会员注册、商品服务信息、信息搜索查询、订单确认、付款方式、个人信息、保密措施、相关帮助等内容。

（2）如果网站栏目较多，需考虑指定专人负责相关内容。

5. 网页设计

（1）网页美术设计要求与企业整体形象一致，要符合 CI（企业形象）规范，网页色彩、图片的应用及版面规划要和网页整体保持一致。

（2）考虑主要目标访问群体的分布地域、年龄阶层、网络速度和阅读习惯等。

（3）制订网页改版计划，如每半年到一年进行一次较大规模的改版等。

6. 网站维护

（1）服务器及相关软、硬件的维护，对可能出现的问题进行评估，设定响应时间。

（2）数据库维护。

（3）定期的内容更新与调整。

（4）制定相关网站维护的规定，将网站维护制度化、规范化。

7. 网站测试

（1）服务器的稳定性、安全性测试。

（2）程序及数据库的功能测试。

（3）网页的兼容性测试，包括在不同设备、浏览器、操作系统和显示分辨率的情况下页面的显示效果。

（4）链接有效性测试、内容正确性测试、下载速度测试，以及其他需要的测试。

8. 网站发布与推广

（1）网站测试完成后、发布前的公关、广告活动。

（2）网站发布细节。

（3）搜索引擎登记、搜索引擎优化等。

（4）网站合作（如友情链接）、电子邮件推广、论坛推广、QQ 群推广、微信群推广等。

9. 网站开发日程表

包括各个规划任务的开始时间、完成时间和负责人以及技术力量等。

10. 费用明细

要详细列出各项事宜所需费用的清单，估算出总的投资额度。

说明 **以上为网站策划书中应该体现的 10 项主要内容，根据不同的需求和建站目的，内容也会随之增加或减少。**

10.2 “游戏天地”网站规划

从本节开始，我们将综合运用全书学到的知识和技能，按照规范的开发流程，规划、设计和制作一个“游戏天地”网站。

“游戏天地”网站规划

10.2.1 网站目标

2023 年 3 月发布的第 51 次《中国互联网络发展状况统计报告》指出，“截至 2022 年 12 月，我国网络游戏用户规模达 5.22 亿，占网民整体的 48.9%”，可见电子游戏已经成为一种主流的文化现象，渗透到社会生活的方方面面。

然而，电子游戏到今天为止依然是一种有争议的事物，“电子海洛因”的说法不绝于耳，家长们往往“谈游色变”，重度玩家经常被贴上“玩物丧志”的负面标签。因此，我们打算开发一个“游戏天地”网站，针对几款影响力较大的国产电子游戏，对它们进行多角度的深入介绍，以期达到客观真实传播游戏文化的目的。

“游戏天地”网站的受众包括两类：游戏玩家和非游戏玩家。对于游戏玩家而言，我们希望达到的目标是通过对游戏定义和本质等的深入探讨，使浏览者理解游戏不仅仅是一种娱乐形式，更是一种人类表达自我的艺术形式，同时也是一种有效的社会稳定工具，并对社会进步具有正向促进作用；通过对具体游戏的介绍与分析，使浏览者深入理解隐藏在游戏娱乐现象背后的文化基因和人性本质，并对游戏设计和开发产生兴趣，从而推动其对计算机、社会科学（如心理学）等学科的理解和学习。对于非游戏玩家，我们希望达到的目标是通过对游戏文化和流行游戏的介绍，使浏览者减少乃至消除对游戏和游戏玩家的误解，从而对游戏逐渐产生兴趣，意识到电子游戏这种新媒体成为主流文化选择的历史必然性，并主动投身到相应的文化洪流中去。

10.2.2 站点风格与技术因素

基于以上对网站目标的描述，“游戏天地”网站的风格确定为“简约活泼、图文并茂”。“简约活泼”是指遵循现代网页设计的“简约风”，避免复杂的信息体系结构和信息呈现方式，减少浏览者的认知复杂度；同时在表现形式上尽量活泼，体现电子游戏本身“灵动”的特点，让浏览者获得积极的浏览和交互体验。“图文并茂”是指迎合“读图时代”人们的认知特点，尽量减少大段的文字陈述，采用“图像优先”的策略，用图像辅以简短文本对游戏背景故事、角色、场景等进行生动描绘，体现出电子游戏这种媒体本身“可视”的特性。

对于带宽、浏览器和分辨率等几个技术因素，规划如下：考虑到宽带网和移动数据网络的全国性普及，网络连接速度基本上不会成为访问的障碍，所以在合理压缩图像分辨率和文件尺寸的基础上，尽量采用色彩丰富、表现力强的图片甚至视频；由于当前网页访问者的软硬件平台差异极大，对操作系统、浏览器和分辨率等因素要考虑全面周到，应兼顾 Windows、iOS、Android、Linux 等主流平台，同时支持 Chrome、Safari、Internet Explorer/Edge 和 Firefox 等主流浏览器，网站要制作成响应式的，以支持从手机屏幕到超大显示屏在内的广泛的显示分辨率。

10.2.3 信息架构

根据对网站目标的分析，本网站包括以下 5 个栏目：游戏研究、仙剑奇侠传、古剑奇谭、王者荣耀和隐形守护者。在选择具体的游戏时，遵循了以下原则：影响力要足够大，足够流行，有庞大的玩家基础；类别要有代表性，既有传统的单机游戏，也有网游手游，同时还有最新的发展；反映的背景文化应积极正面，并以中华文化和人类核心价值为中心。

“游戏研究”是从相对严肃的视角，对电子游戏这种文化形式进行一定的探讨，具体包括 4 个栏目/页面：“电子游戏发展史”“游戏的定义”“大师说游戏”“现代游戏研究”。“现代游戏研究”下进一步分为“游戏设计”“游戏叙事”和“游戏化”等 3 个页面。

“仙剑奇侠传”对我国电子游戏发展史上的经典作品《仙剑奇侠传》系列进行介绍，具体包括 10 个栏目/页面：“仙剑世界观”“仙剑 1”“仙剑 2”“仙剑 3”“仙剑 3 外传”“仙剑 4”“仙剑 5”“仙剑 5 前传”“仙剑 6”“仙剑 7”。针对每个游戏制作“角色介绍”“游戏攻略”等页面。

“古剑奇谭”对《古剑奇谭》这一广负盛名的国产 RPG 系列游戏进行介绍，具体包括 4 个栏目：“古剑 1”“古剑 2”“古剑 3”“古剑 Online”。每个栏目中包括“角色介绍”“游戏攻略”等页面。

“王者荣耀”对《王者荣耀》这手游进行介绍和分析，具体包括 4 个栏目/页面：“新手指南”“英雄介绍”“英雄攻略”“成瘾机制”。“英雄介绍”和“英雄攻略”都按照“射手”“法师”“战士”“坦克”“刺客”“辅助”进行分页介绍。

"隐形守护者"对这一主题为"信仰"和"选择"、体现媒体融合最新发展、2019 年度最佳国产游戏之一的交互叙事游戏进行介绍，包括"背景故事""角色介绍"2 个页面。

整个网站的核心信息架构如图 10-2 所示。

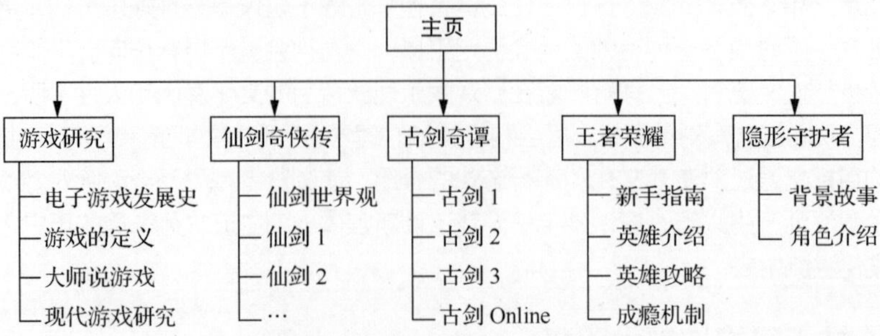

图 10-2 "游戏天地"网站核心信息架构

10.3 "游戏天地"网站设计

本节介绍"游戏天地"网站的设计部分，包括导航设计和页面设计。

10.3.1 导航设计

按照 10.2.3 节的叙述和图 10-2 所示的网站信息架构，本网站的导航设计如下。

1. 主导航

主导航位于页面顶部，最左边是站点标志，单击它可以回到首页；其他 5 个栏目水平放置，鼠标指针悬停时加下画线强调，当前栏目加粗显示，如图 10-3 所示。

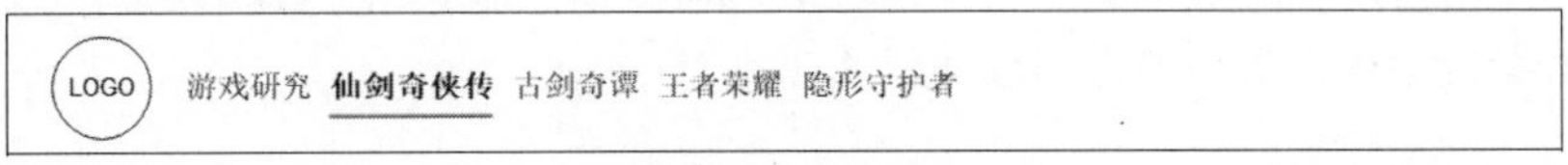

图 10-3 主导航设计

说明 可以使用 Microsoft Visio 或 AxureRP 等软件绘制类似的"线框图"（wireframe），这样做的好处是电子版的效果图容易留存和修改，也易于远程交流。当然，习惯手绘的读者仍然可以使用手工绘制的方法，从而方便快速交流想法。

屏幕宽度低于 768px 时（简称为移动版），栏目文本折叠，显示为按钮符号，单击可以展开，如图 10-4 所示。

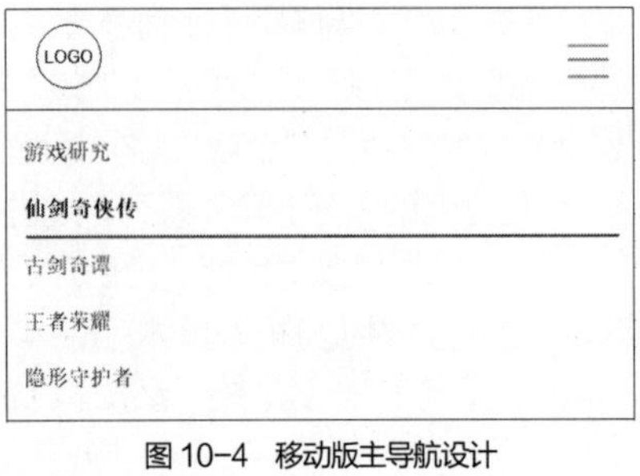

图 10-4 移动版主导航设计

2. 面包屑与二级导航

面包屑在主导航之下，二级页面的面包屑中包含文字“首页 > 栏目名”，“首页”是返回首页的链接，“栏目名”加粗显示，如图 10-5 所示（上图为 PC 版，下图为移动版）。

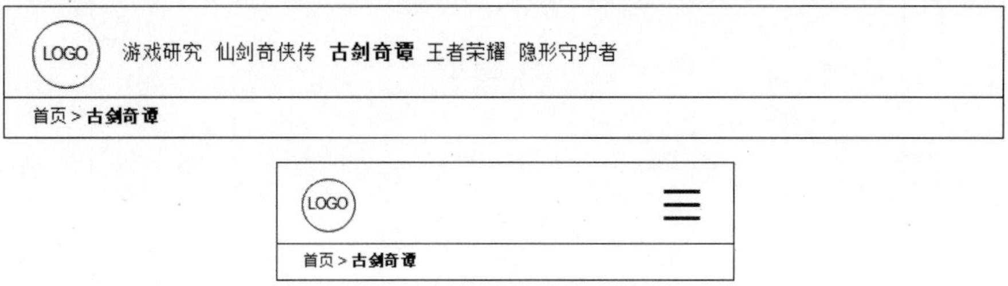

图 10-5　二级页面面包屑设计

二级导航直接集成在面包屑中，以按钮形式显示，中间用“|”分隔，当前页面按钮文本加粗，如图 10-6 所示（上图为 PC 版，下图为移动版）。

图 10-6　三级页面面包屑设计

3. 三级导航

三级导航放在面包屑之下，使用“分页链接”的方式，居中对齐，如图 10-7 所示（上图为 PC 版，下图为移动版）。

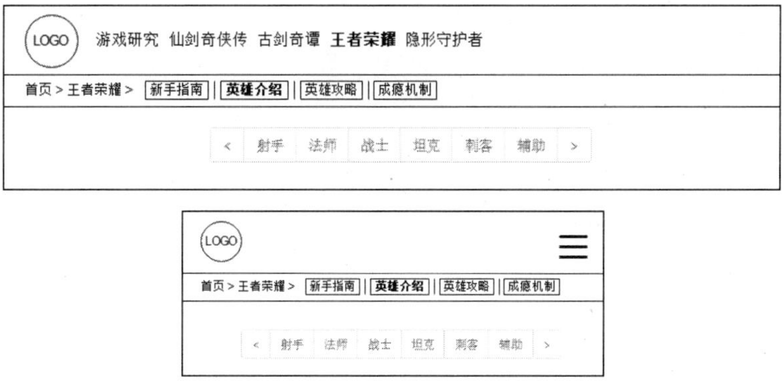

图 10-7　三级导航设计

10.3.2　页面设计

页面设计包括主页设计、二级页面设计和三级页面设计。

1. 主页设计

PC 版主页效果如图 10-8 所示，上面是导航条，内容部分由一个“轮播图”构成，其中对应于 5 个栏目的主题图片，页面底部的 footer 中包括版权信息。

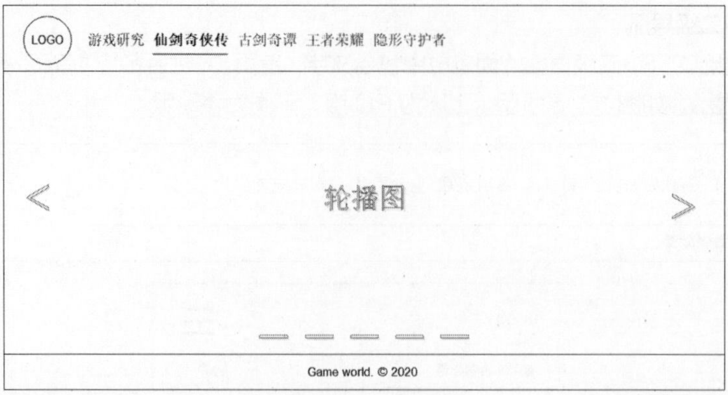

图 10-8 PC 版主页设计

移动版主页效果如图 10-9 所示（左图为按钮未展开状态，右图为按钮展开状态）。

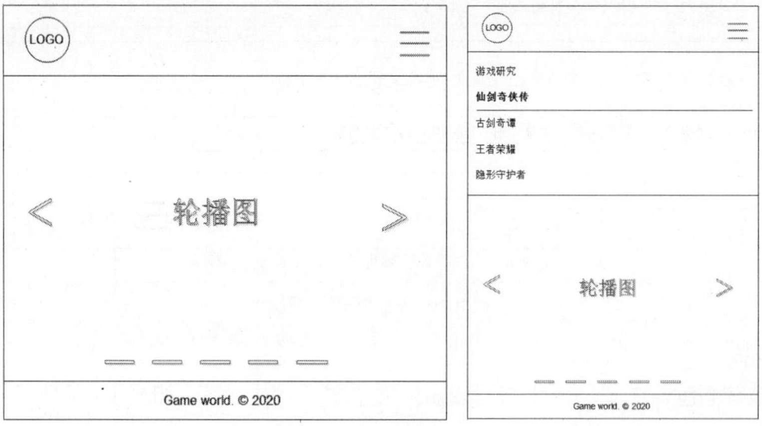

图 10-9 移动版主页设计

2. 二级页面设计

PC 版二级页面效果如图 10-10 所示，上面是导航条和面包屑，内容部分由多个“卡片”构成，对应于子栏目的主题图片和文本内容，页面底部的 footer 中包括版权信息。

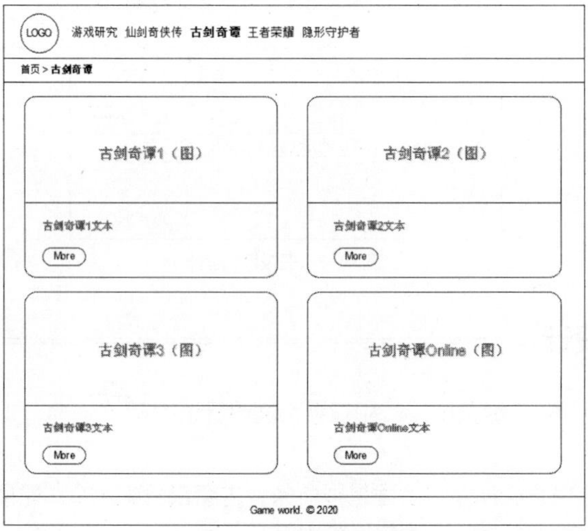

图 10-10 PC 版二级页面设计

说明 所有栏目的页面均可采用以上布局。对于“仙剑奇侠传”,“仙剑世界观”对应的“卡片”可以横向占满，其余 9 个子栏目每行显示 3 个“卡片”。

移动版二级页面设计如图 10-11 所示（实际页面应包含 4 个“卡片”，此处仅显示 2 个“卡片”）。

3. 三级页面设计

PC 版三级页面效果如图 10-12 所示，上面是导航条、面包屑和二级导航，内容部分包括子导航条和分为两栏的页面内容，页面底部的 footer 中包括版权信息。

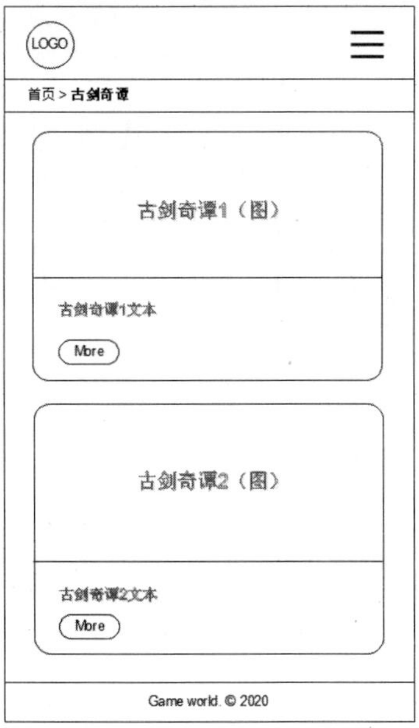

图 10-11 移动版二级页面设计

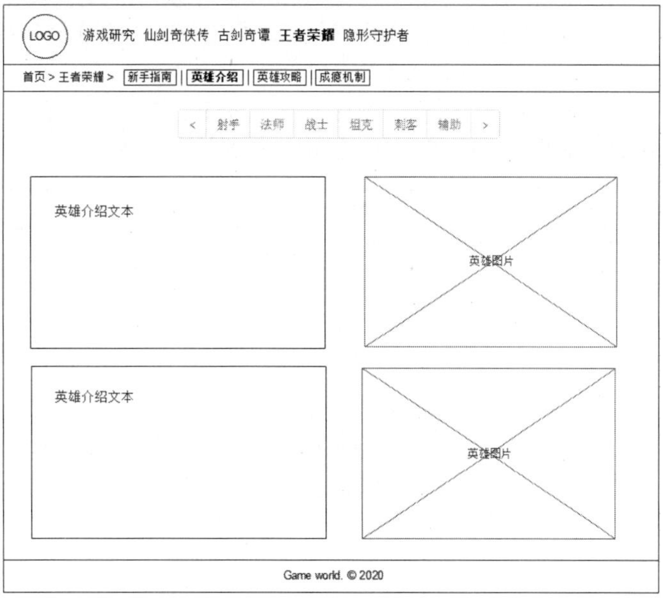

图 10-12 PC 版三级页面设计

移动版三级页面设计如图 10-13 所示。

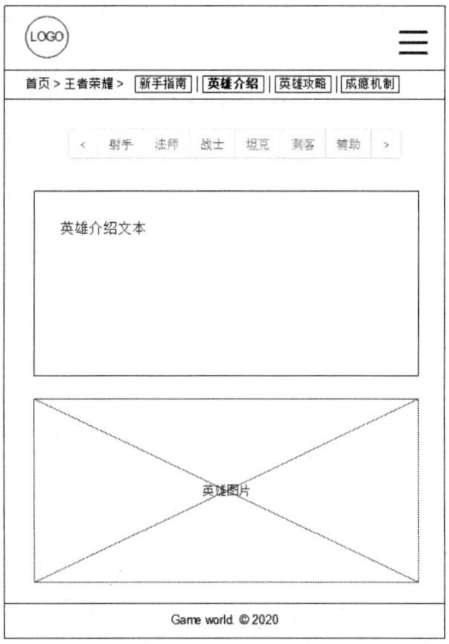

图 10-13 移动版三级页面设计

10.4 “游戏天地”网站实现

本节介绍“游戏天地”网站的具体代码实现：首先说明通用的实现流程，然后介绍如何实现网站的基本结构，最后对几个典型页面的实现细节进行说明。

10.4.1 实现流程

为了方便项目的管理，我们采用 Dreamweaver 作为开发工具，具体的实现流程如下。

（1）在计算机硬盘上创建一个站点文件夹，在其中创建一个 bootstrap 文件夹，将必要的 Bootstrap 文件和 jQuery 文件复制到其中。

（2）在 Dreamweaver 中新建一个站点，指定“站点名称”为“游戏天地”，指定刚创建的站点文件夹为“本地站点文件夹”，如图 10-14 所示。

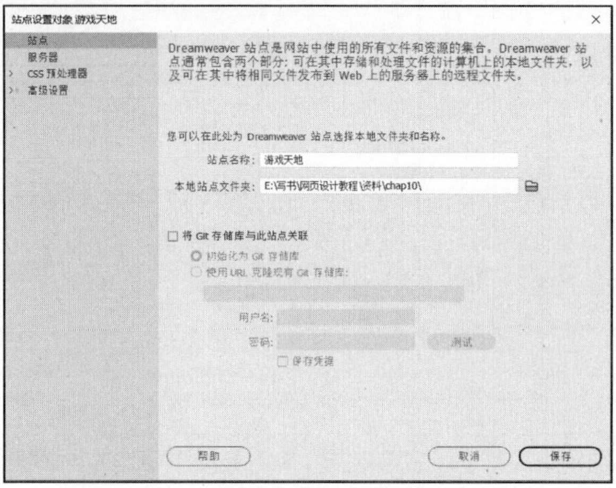

图 10-14　在 Dreamweaver 中建立站点

（3）单击“保存”按钮，打开“文件”面板，在站点根目录下新建“html”“css”“js”文件夹，新建“index.html”文件，如图 10-15 所示。

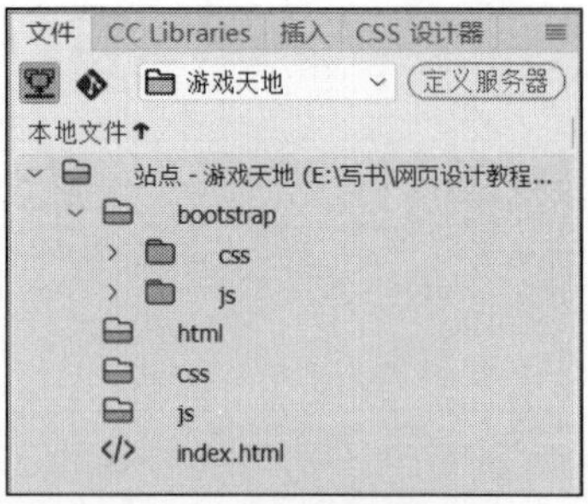

图 10-15　建立站点文件结构

（4）双击“index.html”，在“文档”窗口制作该网页，具体请参见 10.4.2 节和 10.4.3 节。制作过程中，尽量使用 9.5.1 节中介绍的编程方法，确保编程效率和正确性。将 CSS 文件放到“css”文件夹中，将 JS 文件放到“js”文件夹中。从 Internet 上下载图像资源，必要时使用 Photoshop 进行图像处理（参见 4.2 节），将最终要用的图片保存在“images”文件夹中。

（5）在“html”目录中创建页面（例如“古剑奇谭-首页.html”“王者荣耀-英雄介绍.html”等），在工作区中制作这些网页。

（6）页面制作完毕后，使用 9.3.3 节中介绍的“检查超链接”的方法对网页进行超链接测试，以确保所有超链接无误。

10.4.2 网页基本结构的实现

根据 10.3.2 节的设计可以看出，所有网页较为公用的部分包括头部、导航条、面包屑&二级导航、页脚。

> **说明** 可以把这些公共部分的代码做成“代码片段”，以提高编程效率，具体做法请参见 9.5.1 节。

1. 头部的实现

所有页面都使用类似的头部，以引用必要的 Bootstrap 文件和 CSS 文件，如下：

```
<head>
<meta charset="utf-8">
<meta name="viewport" content="width=device-width, initial-scale=1, shrink-to-fit=no">
<title>网页标题</title>
<link rel="stylesheet" href="../bootstrap/css/bootstrap.min.css" >
<script src="../bootstrap/js/jquery-3.4.1.smin.js"></script>
<script src="../bootstrap/js/bootstrap.bundle.min.js"></script>
<script src="../bootstrap/js/bootstrap.min.js"></script>
<link rel="stylesheet" href="../css/main.css">
</head>
```

注意在“index.html”中，所有“../”都要替换为“./”，因为“index.html”与其他 HTML 文件的位置不同。

2. 导航条的实现

主导航的HTML代码如下所示（超链接的目标文件暂时都用“#”，待具体制作后替换为适当的URL）：

```
<nav class="navbar navbar-expand-md bg-dark navbar-dark">
  <a class="navbar-brand" href="#">
    <img class="logo-responsive" src="../images/logo.jpg" alt="logo">
  </a>
  <button class="navbar-toggler" type="button" data-toggle="collapse" data-target="#collapsibleNavbar"> <span class="navbar-toggler-icon"></span> </button>
  <div class="collapse navbar-collapse" id="collapsibleNavbar">
    <ul class="navbar-nav">
      <li class="nav-item"> <a class="nav-link text-light" href="#">游戏研究</a> </li>
      <li class="nav-item active"> <a class="nav-link text-light" href="#">仙剑奇侠传</a> </li>
      <li class="nav-item"> <a class="nav-link text-light" href="#">古剑奇谭</a> </li>
      <li class="nav-item" id="current"> <a class="nav-link text-light" href="#">王者荣耀</a> </li>
      <li class="nav-item"> <a class="nav-link text-light" href="#">隐形守护者</a> </li>
    </ul>
  </div>
</nav>
```

基本的导航条效果由 Bootstrap 实现，在“main.css”中加入以下代码，以增强导航条的效果（注意其中的注释）：

```
nav a:hover{  /*增加悬停加下画线效果*/
     border-bottom:2px #f8f9fa solid;
}
nav #current{  /*当前栏目颜色加亮，字体变粗*/
     color:white;font-weight:bold;
}
nav a,nav a.navbar-brand:hover{  /*增加导航条默认的下画线效果，颜色与背景颜色一样（因此不显
示），以避免盒子大小不一致的问题。nav a.navbar-brand:hover 表示鼠标指针悬停在 logo 时的状态，也不应
显示下画线*/
     border-bottom:2px #343a40 solid;
}
@media  (max-width:768px){  /*Bootstrap 在 max-width:768px 时导航条显示为按钮*/
.logo-responsive{  /*小屏幕显示时 logo 稍微缩小*/
     width:50px; height:auto;
}
nav a{  /*小屏幕显示时，导航条文字缩小*/
     font-size:smaller;
}
}
```

具体实现的导航条效果如图 10-16 所示（当前栏目是“王者荣耀”，鼠标指针悬停在“仙剑奇侠传”上；上图为 PC 版，下图为移动版）。

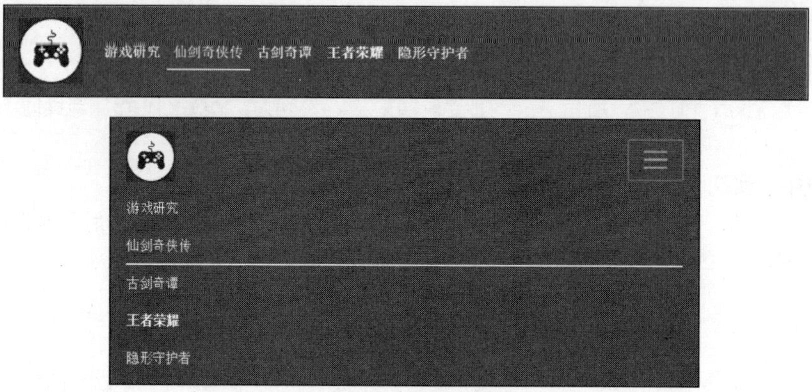

图 10-16　导航条效果

3. 面包屑&二级导航的实现

面包屑&二级导航的 HTML 代码如下（不同页面细节不同，请注意修改）：

```
<div class="container-fluid padding" id="bread">
<a href="../index.html">首页</a> &gt; <a href="#">王者荣耀</a> &gt;
<span id="second-nav"><a href="#"><button>新手指南</button></a> | <button><strong>
英雄介绍</strong></button> | <a href="#"><button>英雄攻略</button></a> | <a href="#">
<button>成瘾机制</button></a></span>
</div>
```

在“main.css”中加入以下 CSS 代码，以控制面包屑&二级导航的显示效果：

```
#bread{  /*面包屑所在块的设置*/
    background-color:lightgray; color:black; font:12px/1.5 宋体;
```

```
    padding:10px; padding-left:16px;
}
#bread a{  /*面包屑中超链接的颜色*/
    color:black;
}
#bread a:hover{  /*面包屑中的超链接悬停效果*/
    color:darkblue;font-weight:bold;
}
#bread #second-nav{  /*二级导航的字体稍微大一些*/
    font-size:14px;
}
#bread #second-nav a{  /*为了实现按钮按下的效果，设置 position:relative*/
    font-size:14px; position:relative;
}
#bread #second-nav a:hover{  /*按钮按下的效果*/
    left:1px;top:1px;
}
```

具体实现的面包屑&二级导航效果如图 10-17 所示（当前页面是“英雄介绍”；鼠标指针悬停在“英雄攻略”上，该按钮比其他按钮略微向右下偏移）。

图 10-17　面包屑&二级导航效果

4. 页脚的实现

页脚的 HTML 代码如下：

```
<footer class="bg-dark text-light text-center">
    Game World. &copy;2020
</footer>
```

在“main.css”中增加如下 CSS 代码：

```
footer{
    height:50px; padding-top:12px;
}
```

将 media query 的第 2 条规则修改如下：

```
nav a,footer{    /*小屏幕显示时，导航条文字和页脚文字缩小*/
    font-size:smaller;
}
```

具体实现的页脚效果如图 10-18 所示。

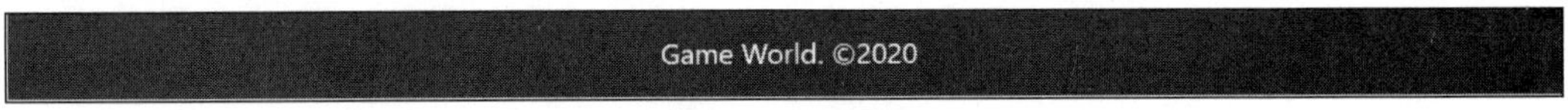

图 10-18　页脚效果

10.4.3　典型页面的实现

本节介绍 3 个具体页面的实现。

1. 主页的实现

主页“index.html”的实现效果如图10-19所示。

图10-19　主页效果

HTML代码如下：

```
    <!doctype html>
    <html>
    <head>
    <meta charset="utf-8">
    <meta name="viewport" content="width=device-width, initial-scale=1, shrink-to-
fit=no">
    <title>游戏天地-首页</title>
    <link rel="stylesheet" href="./bootstrap/css/bootstrap.min.css" >
    <script src="./bootstrap/js/jquery-3.4.1.slim.min.js"></script>
    <script src="./bootstrap/js/bootstrap.bundle.min.js"></script>
    <script src="./bootstrap/js/bootstrap.min.js"></script>
    <link rel="stylesheet" href="./css/main.css">
    <style>
     .carousel-inner img {     /*将轮播图的图片设置为响应式*/
          width: 100%; height: auto; }
    </style>
    </head>
    <body>
    <!-- 主导航 -->
    <nav class="navbar navbar-expand-md bg-dark navbar-dark">
      <a class="navbar-brand" href="#"><img class="logo-responsive" src="images/
logo.jpg"></a>
      <button class="navbar-toggler" type="button" data-toggle="collapse" data-target=
"#collapsibleNavbar"> <span class="navbar-toggler-icon"></span> </button>
      <div class="collapse navbar-collapse" id="collapsibleNavbar">
        <ul class="navbar-nav">
          <li class="nav-item"> <a class="nav-link text-light" href="#">游戏研究</a>
</li>
          <li class="nav-item"> <a class="nav-link text-light" href="#">仙剑奇侠传</a>
</li>
          <li class="nav-item"> <a class="nav-link text-light" href="#">古剑奇谭</a>
</li>
          <li class="nav-item"> <a class="nav-link text-light" href="#">王者荣耀</a>
</li>
```

```
        <li class="nav-item"> <a class="nav-link text-light" href="#">隐形守护者</a>
</li>
        </ul>
      </div>
    </nav>
   <!--轮播图-->
   <div id="slides" class="carousel slide" data-ride="carousel">
     <ul class="carousel-indicators">
       <li data-target="#slides" data-slide-to="0" class="active"></li>
       <li data-target="#slides" data-slide-to="1"></li>
       <li data-target="#slides" data-slide-to="2"></li>
       <li data-target="#slides" data-slide-to="3"></li>
       <li data-target="#slides" data-slide-to="4"></li>
     </ul>
     <div class="carousel-inner">
       <div class="carousel-item active">  <a href="#"><img src="images/游戏研究.jpg"
alt="游戏研究"></a>   </div>
       <div class="carousel-item">  <a href="#"><img alt="仙剑奇侠传" src="images/仙剑
奇侠传.jpg"></a>   </div>
       <div class="carousel-item">  <a href="#"><img alt="古剑奇谭" src="images/古剑奇
谭.jpg"></a>   </div>
       <div class="carousel-item">  <a href="#"><img alt="王者荣耀" src="images/王者荣
耀.jpg"></a>   </div>
       <div class="carousel-item">  <a href="#"><img alt="隐形守护者" src="images/隐形
守护者.jpg"></a>   </div>
     </div>
     <a class="carousel-control-prev" href="#slides" data-slide="prev">
       <span class="carousel-control-prev-icon"></span>
     </a>
     <a class="carousel-control-next" href="#slides" data-slide="next">
       <span class="carousel-control-next-icon"></span>
     </a>
   </div>
   <footer class="bg-dark text-light text-center">
      Game World. &copy;2020
   </footer>
   </body>
   </html>
```

“main.css”文件的内容如下：

```
   /* CSS Document */
   /*主导航*/
   nav a:hover{    /*增加悬停加下画线效果*/
      border-bottom:2px #f8f9fa solid;
   }
   nav #current{  /*当前栏目颜色加亮，字体变粗*/
      color:white;font-weight:bold;
   }
   nav a,nav a.navbar-brand:hover{   /*增加默认的下画线效果，颜色与背景颜色一样（因此不显示），
以避免盒子大小不一致的问题*/
      border-bottom:2px #343a40 solid;
   }
   /*面包屑&二级导航*/
```

```
#bread{  /*面包屑所在块的设置*/
    background-color:lightgray; color:black; font:12px/1.5 宋体;
    padding:10px; padding-left:16px;
}
#bread a{  /*面包屑中超链接的颜色*/
    color:black;
}
#bread a:hover{  /*面包屑中的超链接悬停效果*/
    color:darkblue;font-weight:bold;
}
#bread #second-nav{  /*二级导航的字体稍微大一些*/
    font-size:14px;
}
#bread #second-nav a{  /*为了实现按钮按下的效果，设置 position:relative*/
    font-size:14px; position:relative;
}
#bread #second-nav a:hover{  /*按钮按下的效果*/
    left:1px;top:1px;
}
/*footer*/
footer{
    height:50px; padding-top:12px;
}
/*media query*/
@media (max-width:768px){    /*Bootstrap 在 max-width:768px 时导航条显示为按钮*/
.logo-responsive{    /*小屏幕显示时 logo 稍微缩小*/
    width:50px; height:auto;
}
nav a,footer{    /*小屏幕显示时，导航条文字和页脚文字缩小*/
    font-size:smaller;
}
}
```

2. 二级页面“古剑奇谭-首页”的实现

二级页面“古剑奇谭-首页”的效果如图 10-20 和图 10-21 所示。

图 10-20 “古剑奇谭-首页”效果

图 10-21 "古剑奇谭-首页"移动版效果

HTML 代码如下：

```
<!doctype html>
<html><head>
<meta charset="utf-8">
<meta name="viewport" content="width=device-width, initial-scale=1, shrink-to-fit=no">
<title>游戏天地-古剑奇谭-首页</title>
<link rel="stylesheet" href="../bootstrap/css/bootstrap.min.css" >
<script src="../bootstrap/js/jquery-3.4.1.slim.min.js"></script>
<script src="../bootstrap/js/bootstrap.bundle.min.js"></script>
<script src="../bootstrap/js/bootstrap.min.js"></script>
<link rel="stylesheet" href="../css/main.css">
<link rel="stylesheet" href="../css/pages.css">
<body>
<!-- 主导航 -->
<nav class="navbar navbar-expand-md bg-dark navbar-dark">
  <a class="navbar-brand" href="../index.html"><img class="logo-responsive" src="../images/logo.jpg"></a>
  <button class="navbar-toggler" type="button" data-toggle="collapse" data-target="#collapsibleNavbar"> <span class="navbar-toggler-icon"></span> </button>
  <div class="collapse navbar-collapse" id="collapsibleNavbar">
    <ul class="navbar-nav">
```

```
          <li class="nav-item"> <a class="nav-link text-light" href="#">游戏研究</a>
</li>
          <li class="nav-item"> <a class="nav-link text-light" href="#">仙剑奇侠传</a>
</li>
          <li class="nav-item"  id="current"> <a class="nav-link text-light" href="#">
古剑奇谭</a> </li>
          <li class="nav-item"> <a class="nav-link text-light" href="#">王者荣耀</a>
</li>
          <li class="nav-item"> <a class="nav-link text-light" href="#">隐形守护者</a>
</li>
        </ul>
      </div>
    </nav>
    <!-- 面包屑 -->
    <div class="container-fluid padding" id="bread">
        <a href="../index.html">首页</a> > <strong>古剑奇谭</strong>
    </div>
    <!-- 用card实现的栏目内导航 -->
    <div class="container-fluid">
        <div class="row">
            <div class="col-md-6">
                <div class="card">
                    <img class="card-img-top" src="../images/古剑1.jpg">
                    <div class="card-body">
                        <h1 class="card-title">古剑奇谭：琴心剑魄今何在</h1>
                        <p class="card-text">"七弦琴鸣，梦回太古。灵霄剑吟，书此奇谭。"
</p>
                        <p class="card-text">这是一个关于剑的游戏，其中有爱有恨，有喜
悦也有悲伤，有如诗如画、清丽婉约的儿女情长，也有如山如海、气势磅礴的苍生大义；它代表了中国人关于剑的美
丽梦想、代表了一场中国古代仙侠文化的盛宴、更代表了一个关于剑的东方传奇。</p>
                        <a href="#" class="btn btn-outline-secondary">More</a>
                    </div>
                </div>
            </div>
            <div class="col-md-6">
                <div class="card">
                    <img class="card-img-top" src="../images/古剑2.jpg">
                    <div class="card-body">
                        <h1 class="card-title">古剑奇谭二：永夜初晗凝碧天</h1>
                        <p class="card-text">"月冷千山，永夜将尽。烈血青锋，再书奇谭。"
</p>
                        <p class="card-text">悠悠苍天，此何人哉？爱恨情仇，七情六欲，
因何而生？你的梦想和坚持，你一生的志向，到头来究竟又为了怎样的目的？当繁华落尽，当辉煌散去，在某一个清
冷的早晨，你是否看清了朝阳下自己的面容，真正找到属于自己的道路？</p>
                        <a href="#" class="btn btn-outline-secondary">More</a>
                    </div>
                </div>
            </div>
```

```
            <div class="col-md-6">
                <div class="card">
                    <img class="card-img-top" src="../images/古剑 3.jpg">
                    <div class="card-body">
                        <h1 class="card-title">古剑奇谭三：梦付千秋星垂野</h1>
                        <p class="card-text">一、情人怨遥夜，竟夕起相思<br>二、赤水今
何处，遗珠已渺然<br>三、树深时见鹿，溪午不闻钟</p>
                        <a href="#" class="btn btn-outline-secondary">More</a>
                    </div>
                </div>
            </div>
            <div class="col-md-6">
                <div class="card">
                    <img class="card-img-top" src="../images/古剑 online.jpg">
                    <div class="card-body">
                        <h1 class="card-title">古剑奇谭 Online</h1>
                        <p class="card-text">往日之因，必将引发来日之果，满天繁星默默
见证着这个人间的世事变迁，命运的丝线在星辰宫和地幽宫的命盘上划出千万条炫目的轨迹，预示着一个轰轰烈烈的
时代即将来临——在《古剑奇谭网络版》的广阔世界中，各位玩家也许将扮演那个能够决定人间命运的角色，仗手中
剑，斩世间妖，还人间一个云淡风轻的太平盛世。</p>
                        <a href="#" class="btn btn-outline-secondary">More</a>
                    </div>
                </div>
            </div>
        </div>
    </div>
    <footer class="bg-dark text-light text-center">
        Game World. &copy;2020
    </footer>
    </body>
    </html>
```

“pages.css”中的 CSS 用于对“卡片”进行简单修饰，内容如下：

```
    /* CSS Document */
    .card {
        margin:25px 0px;
    }
    .card h1{
       font-size:24px;
    }
```

说明 **“main.css”中包含所有页面公共的 CSS 代码，用于实现网站的整体架构和风格；pages.css 中的 CSS 代码用于具体页面特定设计的实现。**

3. 三级页面“王者荣耀-英雄介绍”的实现

三级页面“王者荣耀-英雄介绍”的效果如图 10-22 所示（限于篇幅，仅介绍一个英雄）。左边的“英雄背景”“技能介绍”和“使用建议”是折叠栏效果，单击标题可以折叠或展开对应内容，默认显示展开“英雄背景”；右边是响应式的英雄图片。

图 10-22 “王者荣耀-英雄介绍”效果

“王者荣耀-英雄介绍”移动版的页面效果如图 10-23 所示。该图同时显示了“技能介绍”部分的特殊效果，默认第 1 个图标高亮显示，内容显示为其对应的“火力压制”部分，如图 10-23 左图所示；鼠标指针悬停在第 2 个图标上，则该图标高亮显示，同时第 1 个图标变暗，内容显示为“河豚手雷”部分；鼠标指针悬停到其他技能图标上时，效果类似。

图 10-23 “王者荣耀-英雄介绍”移动版和“技能介绍”效果

HTML 代码如下（注意其中的注释）：

```
<!doctype html>
<html>
<head>
<meta charset="utf-8">
<meta name="viewport" content="width=device-width, initial-scale=1, shrink-to-fit=no">
<title>游戏天地-王者荣耀-英雄介绍</title>
<link rel="stylesheet" href="../bootstrap/css/bootstrap.min.css" >
<script src="../bootstrap/js/jquery-3.4.1.slim.min.js"></script>
<script src="../bootstrap/js/bootstrap.bundle.min.js"></script>
<script src="../bootstrap/js/bootstrap.min.js"></script>
<script src="../js/pages.js"></script>  <!-- pages.js 中包括必要的 JavaScript 代码 -->
<link rel="stylesheet" href="../css/main.css">  <!-- main.css 中包括网站通用的 CSS 代码 -->
<link rel="stylesheet" href="../css/pages.css">  <!-- pages.css 中包括修饰具体页面用的 CSS 代码 --></head>
<body>
<!-- 主导航 -->
<nav class="navbar navbar-expand-md bg-dark navbar-dark">
  <a class="navbar-brand" href="../index.html"><img class="logo-responsive" src="../images/logo.jpg" alt="logo"></a>
  <button class="navbar-toggler" type="button" data-toggle="collapse" data-target="#collapsibleNavbar"> <span class="navbar-toggler-icon"></span> </button>
  <div class="collapse navbar-collapse" id="collapsibleNavbar">
    <ul class="navbar-nav">
      <li class="nav-item"> <a class="nav-link text-light" href="#">游戏研究</a> </li>
      <li class="nav-item active"> <a class="nav-link text-light" href="#">仙剑奇侠传</a> </li>
      <li class="nav-item"> <a class="nav-link text-light" href="古剑奇谭-首页.html">古剑奇谭</a> </li>
      <li class="nav-item" id="current"> <a class="nav-link text-light" href="#">王者荣耀</a> </li>
      <li class="nav-item"> <a class="nav-link text-light" href="#">隐形守护者</a> </li>
    </ul>
  </div>
 </nav>
<!-- 面包屑&二级导航 -->
<div class="container-fluid padding" id="bread">
    <a href="../index.html">首页</a> &gt; <a href="#">王者荣耀</a> &gt; <span id="second-nav"><a href="#"><button>新手指南</button></a> | <button><strong>英雄介绍</strong></button> | <a href="#"><button>英雄攻略</button></a> | <a href="#"><button>成瘾机制</button></a></span>
</div>
<div class="container" id="page-nav">
  <ul class="pagination">
    <li class="page-item disabled"><a class="page-link" href="#"> &lt; </a></li>
    <li class="page-item disabled current"><a class="page-link" href="#">射手</a></li>
```

```
        <li class="page-item"><a class="page-link" href="#">法师</a></li>
        <li class="page-item"><a class="page-link" href="#">战士</a></li>
        <li class="page-item"><a class="page-link" href="#">坦克</a></li>
        <li class="page-item"><a class="page-link" href="#">刺客</a></li>
        <li class="page-item"><a class="page-link" href="#">辅助</a></li>
        <li class="page-item"><a class="page-link" href="#"> &gt; </a></li>
      </ul>
    </div>
    <!-- 页面主体内容 -->
    <div class="container-fluid">
        <div class="row">
            <div class="col-lg-6"> <!-- 左边列为折叠栏 accordion -->
            <div id="accordion">
            <div class="card">
        <div class="card-header">
          <a class="card-link" data-toggle="collapse" href="#collapseOne"> 英雄背景
</a>
        </div>
        <div id="collapseOne" class="collapse show" data-parent="#accordion">
          <div class="card-body">  <p class="card-text m-0">只有一个词汇，拥有荣幸冠名于
鲁班大师的大名之前——天才天才天才天天天天天天……才!</p>  <!-- Bootstrap类m-0用于消除margin -->
        <p class="card-text m-0">鲁班大师的年龄？秘密！鲁班大师的身高？秘密！鲁班大师的性别？
男！——少女崇拜者的情书，请尽情飞过来吧！鲁班大师每天会抽出宝贵的一小时回信，由机关鸟寄达！</p>
        <p class="card-text m-0">鲁班大师的真实面目？秘密！请忘记你眼前看到的样子！青春！潇洒！风
趣！讨人喜欢！每一个毛孔都彰显出碾压凡人的高等智商！鲁班大师，就是这么自信！（针对崇拜者的重要说明：发际
线也是很低的！）</p>  </div>
          </div>
        </div>
        <div class="card">
          <div class="card-header">
        <a class="collapsed card-link" data-toggle="collapse" href="#collapseTwo">技能
介绍</a>
          </div>
          <div id="collapseTwo" class="collapse" data-parent="#accordion">
            <div class="card-body">
              <div id="skills"> <!-- 悬停效果 -->
                    <a href="#" onmouseover="showHide(1)"><img src="../images/鲁班skill-
1.jpg" id="skillimage1"><img src="../images/鲁班skill-1-over.jpg" id=
"skillimageover1"></a>
                    <a href="#" onmouseover="showHide(2)"><img src="../images/鲁班skill-
2.jpg" id="skillimage2"><img src="../images/鲁班skill-2-over.jpg" id=
"skillimageover2"></a>
                    <a href="#" onmouseover="showHide(3)"><img src="../images/鲁班skill-
3.jpg" id="skillimage3"><img src="../images/鲁班skill-3-over.jpg" id=
"skillimageover3"></a>
                    <a href="#" onmouseover="showHide(4)"><img src="../images/鲁班skill-
4.jpg" id="skillimage4"><img src="../images/鲁班skill-4-over.jpg" id=
"skillimageover4"></a></div>
```

```
            <div id="skill1"><strong><big>火力压制</big></strong> 冷却值：0 消耗：0
    <p>被动：鲁班七号连续使用普通攻击时，第 5 次普通攻击会掏出机关枪进行扫射，扫射会造成 3 次伤害，对敌方英雄每次造成其最大生命 6%的物理伤害（每 100 点额外物理攻击提升 1%），对小兵、野怪、防御塔造成 120（+50%物理加成）点物理伤害；使用技能后鲁班七号下一次普通攻击变更为扫射。</p></div>
            <div id="skill2"><strong><big>河豚手雷</big></strong> 冷却值：7 消耗：50
    <p>鲁班七号向指定位置投掷一枚河豚手雷，对范围内的敌人造成 450/500/550/600/650/700（+75%物理加成）点物理伤害并减少其 25%移动速度，持续 2 秒。</p></div>
            <div id="skill3"><strong><big>无敌鲨嘴炮</big></strong> 冷却值：15/14/13/12/11/10 消耗：70
    <p>鲁班七号向指定方向发射火箭炮击退身前敌人，命中英雄后造成 400/450/500/550/600/650（+70%物理加成）点物理伤害，并附带目标已损生命 5/6/7/8/9/10%法术伤害。</p></div>
            <div id="skill4"><strong><big>空中支援</big></strong> 冷却值：40/30/20 消耗：100
    <p>鲁班七号召唤河豚飞艇向指定方向进行空中支援，支援持续 14 秒。河豚飞艇可照亮视野且每秒对范围内随机一个敌人投掷炸弹，炸弹会在 0.75 秒落下，对于目标范围内的敌人造成 500/625/750（+75%物理加成）点物理伤害。</p></div>
              </div>
          </div>
        </div>
        <div class="card">
          <div class="card-header">
      <a class="collapsed card-link" data-toggle="collapse" href="#collapseThree">使用建议</a>
          </div>
          <div id="collapseThree" class="collapse" data-parent="#accordion">
            <div class="card-body">
                  <h2>技能加点</h2>
                  <ul><li>主升：河豚手雷</li><li>副升：无敌鲨嘴炮</li><li>召唤师技能：疾跑/狂暴</li></ul>
                  <h2>铭文搭配</h2>
                  <ul><li>异变：物理攻击力+2，物理穿透+3.6</li>
                      <li>鹰眼：物理攻击+0.9，物理穿透+6.4</li>
                      <li>隐匿：物理攻击力+1.6，移速+1%</li>
                  </ul>
                  <h2>出装</h2>
                  <ul>
                      <li>极速战靴：+30%攻速；唯一被动：+60 移速</li>
                      <li>闪电匕首：+35%攻速，+35%暴击率，+8%移速；唯一被动：电弧</li>
                      <li>无尽战刃：+130 物理攻击，+20%暴击率；唯一被动：+40%暴击效果</li>
                      <li>泣血之刃：+100 物理攻击，+25%物理吸血</li>
                      <li>破晓：+50 物理攻击，+35%攻速，+10%暴击率；唯一被动：破甲（远程效果翻倍）；唯一被动：普攻+50（远程翻倍）</li>
                      <li>名刀·司命：+60 物理攻击，+5%冷却缩减；唯一被动：暗幕</li>
                  </ul>
                </div>
          </div>
        </div>
```

```
    </div></div>
            <div class="col-lg-6">  <!-- 右边为响应式图片(设置类为 img-fluid)-->
            <div class="image-right"><img src="../images/电玩小子.jpg" class="img-
fluid"></div>
            </div>
    </div>
   </div>
   <footer class="bg-dark text-light text-center">
       Game World. &copy;2020
   </footer>
   </body>
   </html>
```

pages.css 的代码如下(注意其中注释):

```
   /* CSS Document */
   .card {
        margin:25px 0px;
   }
   .card h1{
        font-size:24px;
   }
   .card h2{    /*"使用建议"中的二级标题*/
        font-weight:bold; font-size:18px;
   }
   #page-nav{    /*内容导航居中对齐*/
        margin:20px auto; width:400px; font-size:14px;
   }
   .pagination{  width:400px;  }
   .current{    /*当前页标签加粗显示*/
        font-weight:bold; }
   .image-right{
        padding-top:30px;
   }
   #skill1,#skill2,#skill3,#skill4{    /*默认时不显示块*/
         display:none;
         margin-top:12px;
   }
   #skill1{    /*默认时显示第 1 个块*/
         display:block;
   }
   #skill1 p,#skill2 p,#skill3 p,#skill4 p{
         margin-top:5px;
   }
   #skillimage1,#skillimageover2,#skillimageover3,#skillimageover4{    /*默认时显示第 1
个按钮的高亮状态和其他按钮的默认状态*/
         display:none;
   }
```

pages.js 的代码如下(注意其中注释):

```
   // JavaScript Document
   function showHide(id){
     for (var i = 1; i <= 4; i++){
```

```
        //默认不显示所有的块
        document.getElementById("skill"+i).style.display = "none";
        //默认显示所有初始按钮
        document.getElementById("skillimage"+i).style.display="inline";
        //默认不显示所有翻转按钮
        document.getElementById("skillimageover"+i).style.display="none";
        }
        //显示当前块
        document.getElementById("skill"+id).style.display = "block";
        //显示当前翻转按钮
        document.getElementById("skillimageover"+id).style.display="inline";
        //不显示当前初始按钮
        document.getElementById("skillimage"+id).style.display="none";
    }
```

说明 请读者沿着上述思路，将网站中的其他页面制作出来，并将它们链接成一个整体。

【要点回顾】

① 网站开发的基本流程是规划、设计、开发、发布和维护。
② 网站规划时需考虑站点目标、站点风格、相关的技术因素和站点的信息架构。
③ 网站设计包括导航设计、页面版式设计和主页设计。
④ 网站开发团队的角色主要包括：项目经理、系统分析员、程序员、设计师、网站编辑、测试人员。
⑤ 网站策划书一般包括前期调研分析、网站的开发目的及功能定位、网站技术解决方案、网站内容规划、网页设计、网站维护、网站测试、网站发布与推广、网站开发日程表、费用明细 10 部分。

练习题

一、客观题

1.（判断题）主持项目计划制定的团队成员应该是系统分析员。（　　）
2.（判断题）Firefox 是常见的浏览器之一。（　　）
3.（判断题）网站策划书中应包括市场竞争对手的信息。（　　）
4.（单选题）确定网站的内容结构是网站开发流程（　　）中的内容。
A．网站规划　　B．网站设计　　C．网站开发　　D．网站维护
5.（单选题）网站测试时通常不用考虑（　　）因素。
A．操作系统　　B．浏览器　　C．屏幕分辨率　　D．开发工具
6.（单选题）以下选项中，不属于网站策划书内容的是（　　）。
A．前期调研分析　　B．网站内容规划　　C．网站代码实现　　D．网页设计
7.（填空题）网站开发流程包括规划、设计、开发、发布和__________。
8.（填空题）网站规划时需考虑站点目标、站点风格、相关的技术因素和站点的__________。

9.（填空题）网页设计主要包括导航设计、页面版式设计和______设计。

10.（填空题）网站开发团队的成员角色包括项目经理、系统分析员、程序员、设计师、网站编辑和____________。

二、问答题

1. 简要说明网站开发的基本流程。
2. 作为网站开发人员，进行网站测试时应对哪些方面进行测试？简要说明理由。
3. 列举网站开发团队中的主要人员角色和相应的职责。
4. 简要说明网站策划书中应包含的内容。

三、综合实践

分成 3~6 人的小组，组成网站开发团队，进行适当的角色分工，选择特定主题开发一个网站，具体要求如下。

（1）撰写网站策划书和网站开发计划文档。

（2）撰写网站设计文档，内容至少包括导航设计、页面版式设计、主页设计、字体设计、颜色设计等。

（3）综合应用本书中介绍的知识，开发一个响应式的网站，页面数不少于 10 个。

（4）HTML、CSS 和 JS 代码编写正确，风格良好。

（5）网页设计符合本书第 8 章中介绍的原则（例如，符合“紧凑、对齐、重复、对比”原则，页面适合扫描，能够通过网站导航的“后备箱测试”，页面版式设计合理等）。

附录1
HTML和CSS颜色表

附表 1-1 列出了 HTML 和 CSS 颜色规范定义的颜色名称、十六进制值和相应的含义，以方便读者使用（在指定某颜色值时既可以直接使用颜色名称，也可以使用#RRGGBB 或#RGB 这种形式。注意不论是颜色名称还是 RGB 值，都不区分大小写）。

附表 1-1　HTML & CSS 颜色表

颜色名称	#RRGGBB	含义	颜色名称	#RRGGBB	含义
aliceblue	#F0F8FF	爱丽丝蓝色	antiquewhite	#FAEBD7	古典白色
aqua	#00FFFF	浅绿色	aquamarine	#7FFFD4	碧绿色
azure	#F0FFFF	天蓝色	beige	#F5F5DC	米色
bisque	#FFE4C4	橘黄色	black	#000000	黑色
blanchedalmond	#FFEBCD	白杏色	blue	#0000FF	蓝色
blueviolet	#8A2BE2	蓝紫色	brown	#A52A2A	褐色
burlywood	#DEB887	实木色	cadetblue	#5F9EA0	刺桧蓝色
chartreuse	#7FFF00	亮黄绿色	chocolate	#D2691E	巧克力色
coral	#FF7F50	珊瑚色	cornflower	#6495ED	矢车菊色
cornsilk	#FFF8DC	谷丝色	crimson	#DC143C	深红色
cyan	#00FFFF	蓝绿色	darkblue	#00008B	深蓝色
darkcyan	#008B8B	深青色	darkgoldenrod	#B8860B	深金杆色
darkgray	#A9A9A9	深灰色	darkgreen	#006400	深绿色
darkkhaki	#BDB76B	深黄褐色	darkmagenta	#8B008B	深洋红色
darkolivegreen	#556B2F	深橄榄绿色	darkorange	#FF8C00	深橙色
darkorchid	#9932CC	深紫色	darkred	#8B0000	深红色
darksalmon	#E9967A	深肉色	darkseagreen	#8FBC8B	深海绿色
darkslateblue	#483D8B	深暗蓝灰色	darkslategray	#2F4F4F	深暗蓝灰色
darkturquoise	#00CED1	深青绿色	darkviolet	#9400D3	深紫色
deeppink	#FF1493	深粉色	deepskyblue	#00BFFF	深天蓝色
dimgray	#696969	暗灰色	dodgerblue	#1E90FF	遮板蓝色
firebrick	#B22222	砖色	floralwhite	#FFFAF0	花白色
forestgreen	#228B22	葱绿	fuchsia	#FF00FF	紫红色
gainsboro	#DCDCDC	庚斯博罗灰色	ghostwhite	#F8F8FF	幽灵白色
gold	#FFD700	金黄色	goldenrod	#DAA520	金杆黄色
gray	#808080	灰色	green	#008000	绿色
greenyellow	#ADFF2F	绿黄色	honeydew	#F0FFF0	蜜汁色
hotpink	#FF69B4	亮粉色	indianred	#CD5C5C	印第安红色
indigo	#4B0082	靛青色	ivory	#FFFFF0	象牙色
khaki	#F0E68C	黄褐色	lavender	#E6E6FA	淡紫色

续表

颜色名称	#RRGGBB	含义	颜色名称	#RRGGBB	含义
lavenderblush	#FFF0F5	浅紫红色	lawngreen	#7CFC00	草绿色
lemonchiffon	#FFFACD	柠檬纱色	lightblue	#ADD8E6	浅蓝色
lightcoral	#F08080	浅珊瑚色	lightcyan	#E0FFFF	浅青色
lightgoldenrodyellow	#FAFAD2	浅金杆黄色	lightgreen	#90EE90	浅绿色
lightgray	#D3D3D3	浅灰色	lightpink	#FFB6C1	浅粉色
lightsalmon	#FFA07A	浅肉色	lightseagreen	#20B2AA	浅海绿色
lightskyblue	#87CEFA	浅天蓝色	lightslategray	#778899	浅暗蓝灰色
lightsteelblue	#B0C4DE	浅钢蓝色	lightyellow	#FFFFE0	浅黄色
lime	#00FF00	酸橙色	limegreen	#32CD32	酸橙绿色
linen	#FAF0E6	亚麻色	magenta	#FF00FF	红紫色
maroon	#800000	栗色	mediumaquamarine	#66CDAA	中碧绿色
mediumblue	#0000CD	中蓝色	mediumorchid	#BA55D3	中淡紫色
mediumpurple	#9370DB	中紫色	mediumseagreen	#3CB371	中海绿色
mediumslateblue	#7B68EE	中暗蓝灰色	mediumspringgreen	#00FA9A	中春绿色
mediumturquoise	#48D1CC	中青绿色	mediumvioletred	#C71585	中紫红色
midnightblue	#191970	午夜蓝色	mintcream	#F5FFFA	薄荷奶油色
mistyrose	#FFE4E1	雾玫瑰色	moccasin	#FFE4B5	鹿皮色
navajowhite	#FFDEAD	海白色	navy	#000080	海军蓝色
oldlace	#FDF5E6	花边黄色	olive	#808000	橄榄色
olivedrab	#6B8E23	橄榄褐色	orange	#FFA500	橙色
orangered	#FF4500	橙红色	orchid	#DA70D6	淡紫色
palegoldenrod	#EEE8AA	淡金杆黄色	palegreen	#98FB98	淡绿色
paleturquoise	#AFEEEE	淡青绿色	palevioletred	#DB7093	淡紫红色
papayawhip	#FFEFD5	木瓜色	peachpuff	#FFDAB9	桃黄色
peru	#CD853F	秘鲁黄色	pink	#FFC0CB	粉红色
plum	#DDA0DD	梅红色	powderblue	#B0E0E6	深蓝色
purple	#800080	紫色	red	#FF0000	红色
rosybrown	#BC8F8F	玫瑰褐色	royalblue	#4169E1	品蓝色
saddlebrown	#8B4513	棕褐色	salmon	#FA8072	肉红色
sandybrown	#F4A460	沙褐色	seagreen	#2E8B57	海绿色
seashell	#FFF5EE	海贝壳色	sienna	#A0522D	赭色
silver	#C0C0C0	银色	skyblue	#87CEEB	天蓝色
slateblue	#6A5ACD	暗蓝色	slategray	#708090	暗蓝灰色
snow	#FFFAFA	纯白色	springgreen	#00FF7F	春绿色
steelblue	#4682B4	钢青色	tan	#D2B48C	棕褐色
teal	#008080	凫蓝色	thistle	#D8BFD8	蓟色
tomato	#FF6347	蕃茄色	turquoise	#40E0D0	青绿色
violet	#EE82EE	紫罗兰色	wheat	#F5DEB3	淡黄色
white	#FFFFFF	白色	whitesmoke	#F5F5F5	白雾色
yellow	#FFFF00	黄色	yellowgreen	#9ACD32	黄绿色

附录2
HTML5快速参考

本附录首先列举了多数 HTML 元素所具有的通用属性，然后按照类别列举了 HTML5 的常用标记符和说明，以供读者参考。

附录 2.1　通用属性

附表 2-1 列出了多数 HTML 元素所具有的通用属性。

附表 2-1　通用属性

通用属性	说明
accesskey	设置访问元素的键盘快捷键
class	class 属性定义了特定标记符的类，用于样式表和脚本引用
id	id 属性为文档中的元素指定了一个独一无二的身份标识，用于样式表和脚本引用
style	style 属性用于为一个单独的标记符指定样式
tabindex	设置元素的【Tab】键控制次序
title	title 属性可以为文档中任意标记符指定参考标题信息（注意它与 title 标记符完全不同）。通常浏览器将参考标题信息以即时提示（tooltip，也叫作工具提示）的方式显示出来，以便浏览者查看

附录 2.2　常见 HTML5 标记符

附表 2-2 列出了常见的 HTML5 标记符。

附表 2-2　常见 HTML5 标记符

类别	标记符	说明
基础	<!DOCTYPE>	定义文档类型
	<html>	定义 HTML 文档
	<title>	定义文档的标题，注意应使每个文档具有一个有清楚含义的标题
	<body>	定义文档的主体
	<h1>～<h6>	定义 HTML 标题，注意应按照逻辑含义而非显示效果定义标题
	<p>	定义段落
	 	定义断行
	<hr>	定义水平线，注意应使用 CSS 而非已经废弃的 size 等属性修饰水平线
	<!--……-->	定义注释

续表

类别	标记符	说明
格式	<abbr>	定义缩写
	<address>	定义文档作者或拥有者的联系信息
	<b>	定义粗体文本，注意只有在没有其他合适的元素（例如<strong>等）时才使用此标记符
	<blockquote>	定义长的引用
	<cite>	定义引用（citation）
	<code>	定义计算机代码文本
	<del>	定义被删除文本
	<dfn>	定义术语
	<em>	定义强调文本
	<i>	定义斜体文本，注意只有在没有其他合适的元素（例如<em>等）时才使用此标记符
	<ins>	定义被插入文本
	<kbd>	定义键盘文本
	<pre>	定义预格式化文本
	<q>	定义短的引用
	<s>	定义加删除线的文本
	<samp>	定义计算机代码样本
	<small>	定义小号文本
	<strong>	定义语气更为强烈的强调文本
	<sup>	定义上标文本
	<sub>	定义下标文本
	<u>	定义下画线文本。注意应避免用此标记符加下画线，因为用户会将其混淆为一个超链接。<u>标记符定义与常规文本风格不同的文本，比如拼写错误的单词或者汉语中的专有名词等
	<var>	定义文本的变量部分
样式/节	<style>	定义文档的样式信息，常用属性有 media 和 type
	<div>	在文档中定义一个区块（自定义的块元素）
	<span>	在文档中定义一个自定义的行内元素，一般用来将文本的一部分独立出来
	<main>	定义文档的主体部分
	<header>	定义页面或文档某部分（例如一个<article>）的页眉
	<footer>	定义页面或文档某部分（例如一个<article>）的页脚
	<section>	定义了文档的某个区域，比如章节、头部、底部或者文档的其他区域
	<article>	定义文章
	<aside>	定义页面内容之外的内容，其中的内容应该与附近内容相关，比如可用作文章的侧栏

续表

类别	标记符	说明
元信息/编程	<head>	定义关于文档的信息
	<meta>	定义关于 HTML 文档的元信息，常见属性包括 name、content 和 charset
	<base>	定义页面中所有链接的默认地址（href 属性）和默认目标窗口（target 属性）
	<script>	定义客户端脚本，常用属性有 src 和 type
	<embed>	定义了一个容器，用来嵌入外部应用或者互动程序（插件）
	<object>	定义嵌入的对象
	<param>	定义对象的参数
链接	<a>	定义超链接，常用属性为 href 和 target
	<link>	定义文档与外部资源的关系，常用属性为 rel、type、href 和 media
	<nav>	定义导航链接
图像/媒体/框架	<img>	定义图像，常用属性是 src 和 alt
	<map>	定义图像映射
	<area>	定义图像映射内部的区域
	<audio>	定义声音
	<source>	为 audio 和 video 定义媒体源
	<track>	为 audio 和 video 定义外部文本轨道（如字幕文件）
	<video>	定义视频
	<iframe>	定义内联框架，用来在当前 HTML 文档中嵌入另一个文档
列表	<ul>	定义无序列表
	<ol>	定义有序列表
	<li>	定义列表的项目
表格	<table>	定义表格
	<caption>	定义表格标题
	<th>	定义表格中的表头单元格
	<tr>	定义表格中的行
	<td>	定义表格中的单元格
	<thead>	定义表格中的表头内容
	<tbody>	定义表格中的主体内容
	<tfoot>	定义表格中的表注内容（脚注）
	<col>	定义表格中一个或多个列的属性值
	<colgroup>	定义表格中供格式化的列组

续表

类别	标记符	说明
表单	<form>	定义供用户输入的 HTML 表单
	<input>	定义输入控件，最基本的属性是 type
	<textarea>	定义多行的文本输入控件
	<button>	定义按钮
	<select>	定义选择列表（下拉列表）
	<optgroup>	定义选择列表中相关选项的组合
	<option>	定义选择列表中的选项
	<label>	定义 input 元素的标签文本
	<fieldset>	定义围绕表单中元素的边框
	<legend>	定义 fieldset 元素的标题

附录3

CSS3快速参考

附表 3-1 按字母顺序列出了常见的 CSS 属性和对应的 JavaScript 名称（即在脚本中引用时应使用的名称，例如 document.body.style.backgroundColor），并对它们进行了一定的说明，供读者在设计网页时参考。

附表 3-1　CSS 属性参考

CSS 属性	JavaScript 名称	说明
background	background	一次性设置多个背景属性（不限个数和顺序）
background-attachment	backgroundAttachment	指定背景图像是否与内容一起滚动，取值为 scroll | fixed | local。默认值 scroll 表示背景图像随着页面一起滚动；fixed 表示背景图像静止，而内容可以滚动；local 表示背景图像随着内容一起滚动
background-clip	backgroundClip	指定背景图像向外裁剪的区域，取值为 border-box | padding-box | content-box。默认值为 border-box，表示背景绘制在边框内；padding-box 表示背景绘制在填充内（不包括边框）；content-box 表示背景绘制在内容框内（不包括边框和填充）
background-color	backgroundColor	指定背景颜色，取值为 transparent 或具体颜色值
background-image	backgroundImage	指定背景图像，常见取值为 none | url(imageurl)（在指定其他背景图像属性时，应先指定此属性）
background-origin	backgroundOrigin	指定 background-position 属性相对于什么位置来定位，取值为 padding-box（默认值）| border-box | content-box
background-position	backgroundPosition	指定背景图像的位置，取值为由空格隔开的两个值，既可以使用关键字 left | center | right 和 top | center | bottom，也可以指定百分数值，或者指定以标准单位计算的距离
background-repeat	backgroundRepeat	指定背景图像是否重复，取值为 repeat | repeat-x | repeat-y | no-repeat
background-size	backgroundSize	指定背景图像的尺寸，取值为 auto（默认值）|数值（宽）数值（高）|百分比（宽）百分比（高）|contain | cover。取值为 contain 时，表示保持图像的纵横比并将图像缩放成适合背景定位区域的最大大小；取值为 cover 时，表示把背景图像扩展至足够大，以使背景图像完全覆盖背景区域（此时背景图像的某些部分也许无法显示在背景定位区域中）
border	border	一次性指定四个框线的宽度、样式和颜色

续表

CSS 属性	JavaScript 名称	说明
border-bottom	borderBottom	指定边框底边的宽度、样式和颜色
border-bottom-color	borderBottomColor	指定边框底边的颜色，取值可以是任意颜色值
border-bottom-style	borderBottomStyle	指定边框底边的样式，取值可以是：none | dotted | dashed | solid | double | groove | ridge | inset | outset，默认值是 none
border-bottom-width	borderBottomWidth	指定边框底边的宽度，取值可以是：thin | medium | thick 或长度值
border-collapse	borderCollapse	设置表格的边框是否被合并为一个单一的边框，取值为 separate | collapse。默认值是 separate，表示边框不合并；collapse 表示边框合并
border-color	borderColor	设置边框的颜色，取值可以是任意颜色值。可以指定多个值，按上、右、下、左的顺序指定边框的颜色，如果指定了 2 个或 3 个值，则未指定颜色的边框采用相对边框的颜色值
border-left	borderLeft	指定边框左边的宽度、样式和颜色
border-left-color	borderLeftColor	指定边框左边的颜色，取值可以是任意颜色值
border-left-style	borderLeftStyle	指定边框左边的样式，取值可以是：none | dotted | dashed | solid | double | groove | ridge | inset | outset，默认值是 none
border-left-width	borderLeftWidth	指定边框左边的宽度，取值可以是：thin | medium | thick 或长度值
border-radius	borderRadius	一次性指定 4 个方向上的圆角边框，取值是百分比或长度值
border-right	borderRight	指定边框右边的宽度、样式和颜色
border-right-color	borderRightColor	指定边框右边的颜色，取值可以是任意颜色值
border-right-style	borderRightStyle	指定边框右边的样式，取值可以是：none | dotted | dashed | solid | double | groove | ridge | inset | outset，默认值是 none
border-right-width	borderRightWidth	指定边框右边的宽度，取值可以是：thin | medium | thick 或长度值
border-spacing	borderSpacing	设置相邻单元格的边框间的距离（只有在 border-collapse 为 separate 时有效），取值可以是一个或两个值（水平和垂直间距）
border-style	borderStyle	设置边框的样式，取值可以是：none | dotted | dashed | solid | double | groove | ridge | inset | outset，默认值是 none。当取多个值时，也按上、右、下、左的顺序为 4 个边框设置不同的样式；如果指定了 2 个或 3 个值，则未指定样式的边框采用相对边框的样式值
border-top	borderTop	指定边框顶边的宽度、样式和颜色

续表

CSS 属性	JavaScript 名称	说明
border-top-color	borderTopColor	指定边框顶边的颜色，取值可以是任意颜色值
border-top-style	borderTopStyle	指定边框顶边的样式，取值可以是：none | dotted | dashed | solid | double | groove | ridge | inset | outset，默认值是 none
border-top-width	borderTopWidth	指定边框顶边的宽度，取值可以是：thin | medium | thick 或长度值
border-width	borderWidth	此属性是设置 border-top-width、border-right-width、border-bottom-width 和 border-left-width 的快捷方式（以此给定顺序，即上、右、下、左的顺序）。如果只给定一个值，则它应用于所有 4 个边框线。如果给定 2 个或 3 个值，则未指定的边框采用与其相对边框的设置
bottom	bottom	确定元素下方向的位置
box-shadow	boxShadow	向框添加一个或多个阴影。该属性是由逗号分隔的阴影列表，每个阴影由 2~4 个长度值（h-shadow、v-shadow、blur、spread）、可选的颜色值以及可选的 inset 关键词来规定
box-sizing	boxSizing	以特定方式定义匹配某个区域的元素，取值为 content-box | border-box。默认值是 content-box，表示宽度和高度应用到元素的内容框，在宽高之外绘制填充和边框；border-box 表示边框和填充都在宽高之内绘制
clear	clear	指定元素是否允许浮动元素在它旁边，取值可以是：none | left | right | both，默认值为 none
clip	clip	控制绝对定位元素的剪裁，默认值是 auto（不剪裁），唯一合法的形状值是：rect (top, right, bottom, left)
color	color	指定特定 HTML 元素内文本的显示颜色，取值为任何合法的颜色值
cursor	cursor	控制鼠标指针的样式，取值可以是 auto | crosshair | default | hand | move | e-resize | ne-resize | nw-resize | n-resize | se-resize | sw-resize | s-resize | w-resize | text | wait | help
display	display	确定元素是否应绘制在页面上，常见取值包括：block | inline | inline-block | list-item | none
float	cssFloat	指定元素在何处浮动，取值为：none | left | right，默认值为 none
font	font	提供多个字体属性的组合
font-family	fontFamily	指定要使用的“字体”优先级序列，取值可以是字体名称，也可以是字体族名称，值之间用逗号分隔

续表

CSS 属性	JavaScript 名称	说明
font-size	fontSize	指定所用字体的大小，取值为 xx-small | x-small | small | medium | large | x-large | xx-large | smaller | larger，或者是具体的长度值或百分比
font-style	fontStyle	指定选定字体的样式，取值为 normal | italic | oblique，后两者表示斜体
font-variant	fontVariant	选择正常或小写变体，取值为 normal | small-caps
font-weight	fontWeight	指定所用字体的粗细，取值为 normal | bold | bolder | lighter | 100 | 200 | 300 | 400 | 500 | 600 | 700 | 800 | 900
height	height	指定元素的高度
left	left	确定元素左方向的位置
letter-spacing	letterSpacing	指定文本字母间的间距，取值为 normal 或具体的长度值
line-height	lineHeight	指定目标选项内文本的行高，取值可以是数字、长度或百分比，默认值是 normal
list-style	listStyle	一次性指定列表项目标记的图片、类型和位置
list-style-image	listStyleImage	为列表指定图片作为项目标记，取值可以是 none | url(imageurl)
list-style-position	listStylePosition	指定列表项目标记的位置，取值可以是 inside 或 outside，默认值是 outside
list-style-type	listStyleType	指定列表项目标记的类型，取值可以是 disc | circle | square | decimal | lower-roman | upper-roman | lower-alpha | upper-alpha | none
margin	margin	指定边距宽度的简捷方式，可同时指定上、右、下、左（以此顺序）边距的宽度。如果只指定一个值，则 4 个方向都采用相同的边距宽度；如果指定了 2 个或 3 个值，则没有指定边距宽度的边采用对边的边距宽度
margin-bottom	marginBottom	设置底端边距的宽度，取值可以是长度、百分比或 auto
margin-left	marginLeft	设置左端边距的宽度，取值可以是长度、百分比或 auto
margin-right	marginRight	设置右端边距的宽度，取值可以是长度、百分比或 auto
margin-top	marginTop	设置顶端边距的宽度，取值可以是长度、百分比或 auto
max-height	maxHeight	设置元素的最大高度
max-width	maxWidth	设置元素的最大宽度
min-height	minHeight	设置元素的最小高度
min-width	minWidth	设置元素的最小宽度

续表

CSS 属性	JavaScript 名称	说明
opacity	opacity	设置元素的不透明度，取值是 0~1 的数字，默认值是 1，表示完全不透明
outline	outline	outline 是绘制于元素周围的一条线，位于边框边缘的外围，可起到突出元素的作用。此属性的取值与 border 属性类似，可以一次性指定 outline-color、outline-style 和 outline-width
overflow	overflow	控制元素内容溢出元素框时的处理，取值为 visible | hidden | scroll | auto。默认值是 visible，表示超出内容不会被修剪，会呈现在元素框之外；hidden 表示超出部分会不显示；scroll 表示不论是否超出，一直显示滚动条；auto 表示有多余内容时显示滚动条，否则不显示滚动条
padding	padding	指定填充的简捷方式，可同时指定上、右、下、左 4 个方向（以此顺序）填充的宽度。如果只指定一个值，则 4 个方向都采用相同的填充宽度；如果指定了 2 个或 3 个值，则没有指定填充宽度的边采用对边的填充宽度
padding-bottom	paddingBottom	设置底端填充，取值可以是长度和百分数，但不允许使用负值
padding-left	paddingLeft	设置左端填充，取值可以是长度和百分数，但不允许使用负值
padding-right	paddingRight	设置右端填充，取值可以是长度和百分数，但不允许使用负值
padding-top	paddingTop	设置顶端填充，取值可以是长度和百分数，但不允许使用负值
position	position	确定元素的定位方式，取值可以是 static | relative | absolute，默认值为 static
right	right	确定元素右方向的位置
text-align	textAlign	指定目标选项内文本的对齐方式，取值是：left | right | center | justify
text-decoration	textDecoration	对文本施加修饰效果，取值为 none | underline | overline | line-through | blink
text-indent	textIndent	按指定数值缩进文本，取值可以是长度值或百分比，默认值是 0
text-shadow	textShadow	向文本添加一个或多个阴影。该属性是逗号分隔的阴影列表，每个阴影由 2~3 个长度值（h-shadow、v-shadow 和 blur）和一个可选的颜色值进行规定
text-transform	textTransform	对文本进行大小写转换，取值为：capitalize | uppercase | lowercase | none，默认值是 none。capitalize 值指示所选元素中文本的每个单词的首字母为大写；uppercase 值指示所有的文本都为大写，lowercase 值指示所有文本都以小写显示

续表

CSS 属性	JavaScript 名称	说明
text-overflow	textOverflow	指定当文本溢出包含元素时的处理方式，取值为 clip | ellipsis | string。默认值为 clip，表示修剪掉溢出的文本；ellipsis 表示用省略号来代表被修剪的文本；string 表示用给定字符串来代表被修剪的文本
top	top	确定元素上方向的位置
transform	transform	向元素应用 2D 或 3D 转换，该属性允许我们对元素进行旋转、缩放、移动或倾斜，常见取值包括：none（默认值）| scale(x[,y]?) | rotate(angle) | skew(x-angle,y-angle)
transition	transition	用于一次性设置 4 个过渡属性：transition-property、transition-duration、transition-timing-function、transition-delay，实现过渡效果
vertical-align	verticalAlign	确定垂直方向上的对齐，取值为 baseline | sub | super | top | text-top | middle | bottom | text-bottom 或百分比
visibility	visibility	确定定位的元素是否可见，取值可以是 inherit | visible | hidden，默认值是 inherit
white-space	whiteSpace	设置如何处理元素内的空白，常见取值为 normal | pre | nowrap。默认值是 normal，表示空白会被浏览器忽略；pre 表示空白会保留，就像<pre>标记符一样；nowrap 表示文本不会换行
width	width	指定元素的宽度
word-spacing	wordSpacing	指定单词之间的额外间距，取值为 normal 或长度值
z-index	zIndex	控制元素的堆叠，取值为整数，也可以是负数，数值越大，越在上层